Dr. Ronaldo Santana Santos

VPSA
para produção de oxigênio
Princípios, operação e engenharia

SÃO PAULO

2026

GASES PRESS

Editora: Gas Press
Curadoria Editorial e Capa: Rebeca Silva Santana
Diagramação: próprio autor

Santos, Ronaldo Santana
VPSA para produção de oxigênio : princípios, operação e engenharia / Ronaldo Santana Santos. -- 1. ed. -- Jundiaí, SP : Ed. do Autor, 2026.

ISBN 978-65-02-21175-5

1. Engenharia 2. Gases - Propriedades 3. Química I. Título.

26-374804.0 CDD-620.0042

Índices para catálogo sistemático:

1. Engenharia : Projetos : Tecnologia 620.0042

Livia Dias Vaz - Bibliotecária - CRB-8/9638

Gas Press

São Paulo

ronaldo@rssantosconsultoria.com.br

Sumário

Lista de Figuras

Agradecimentos

Este livro é o resultado de uma trajetória que une o rigor acadêmico à prática industrial. Expresso minha profunda gratidão à Escola de Engenharia da Universidade Federal do Rio Grande do Sul e à Faculdade de Engenharia Mecânica da Unicamp. O convívio com mestres e doutores de excelência foi fundamental para a minha formação científica e para a consolidação do método e da disciplina intelectual que sustentam esta obra.

Agradeço, de forma coletiva, aos inúmeros profissionais — engenheiros, técnicos e operadores — com quem compartilhei jornadas em plantas industriais ao redor do mundo. O aprendizado mútuo no "chão de fábrica" foi a escola prática que validou as teorias aqui expostas. Da mesma forma, estendo minha gratidão aos executivos e lideranças dos setores químico, siderúrgico e de gases industriais na América Latina, cuja confiança em minha assessoria estratégica permitiu converter desafios complexos em conhecimento estruturado.

À minha família, que proveu suporte silencioso, porém essencial, para que este trabalho pudesse ser conduzido com foco e constância.

Um agradecimento especial à minha filha, Rebeca Silva Santana. Pesquisadora e graduada em Letras pela Universidade de São Paulo (USP), Rebeca não apenas compartilha comigo o cotidiano no atendimento aos clientes, mas foi a responsável pela revisão e lapidação editorial desta obra. Sua sensibilidade linguística e seu rigor foram vitais para tornar este material técnico acessível, claro e fiel à magnitude do tema.

Por fim, registro meu sincero agradecimento a todos aqueles que de forma direta ou indireta contribuíram para a consolidação desta obra. Cada diálogo, questionamento, experiência compartilhada e desafio enfrentado ao longo do caminho deixou marcas que se refletem no conteúdo aqui apresentado. A todos, minha consideração e respeito.

Prefácio

A gênese desta obra remonta a minha residência em Jundiaí (SP), onde as primeiras ideias começaram a ganhar forma no papel. Com o tempo, essas reflexões amadureceram em minhas atividades laborais em uma VPSA em Corumbá (MS), em meio à paisagem pantaneira, durante a escrita do capítulo dedicado aos ciclos da VPSA.

O manuscrito ultrapassou fronteiras e recebeu novos acréscimos ao longo de estadias na Guatemala, onde longas horas de trabalho permitiram aprofundar conceitos e ampliar perspectivas.

Foi, porém, em Salvador (BA) — cidade que transborda a inspiração intrínseca ao meu processo criativo — que a obra encontrou sua forma definitiva. Ali estabeleci as conexões essenciais, organizei sistematicamente as ideias e realizei a revisão minuciosa que confere unidade e consistência a este livro.

Trabalhando ativamente no mercado de gases industriais, deparei-me com uma lacuna persistente e desconcertante: a ausência de obras teóricas capazes de dialogar com todos os atores envolvidos na cadeia.

Sempre me causou profundo inconformismo o fato de grandes executivos, profissionais técnicos, médicos, administradores hospitalares, advogados e estudantes precisarem navegar por fragmentos de informação, muitas vezes desconectados entre si. Essa fragmentação não é apenas acadêmica — ela se traduz em riscos operacionais, decisões equivocadas, ineficiências econômicas e impactos diretos sobre a segurança e a confiabilidade do fornecimento de gases.

Até então, o conhecimento sobre a tecnologia VPSA permanecia confinado a capítulos isolados de livros de engenharia química que, em muitos casos, ignoram a compreensão sistêmica do processo.

Atualmente, a tecnologia VPSA é sempre tratada como um "apêndice" ou um capítulo secundário em livros gerais sobre PSA (*Pressure Swing Adsorption*) ou Separação de Gases.

Ao organizar este material, percebi uma realidade surpreendente: este livro é o único no mundo dedicado exclusivamente ao tema VPSA. Não foram encontradas obras semelhantes na literatura técnica consolidada, nas bases acadêmicas disponíveis ou nos registros editoriais especializados.

Como profissional atuante há mais de três décadas no setor, sei o quão difícil é encontrar material confiável, integrado e verdadeiramente explicativo sobre essa tecnologia. Embora existam artigos, capítulos de livros e manuais técnicos, não havia, até o momento, uma obra dedicada exclusivamente à tecnologia VPSA. Isso torna este livro — ainda que introdutório em determinados aspectos — verdadeiramente inédito em escala global. Ele é fruto de minha insurgência intelectual.

Existem milhares de plantas VPSA de oxigênio em operação ao redor do mundo, sustentando processos industriais, hospitais e sistemas críticos. No entanto, este é o primeiro livro dedicado exclusivamente a explicar, contextualizar e integrar o funcionamento dessa tecnologia. Ao reunir informações dispersas e muitas vezes pouco acessíveis, esta obra abre portas ao conhecimento, tornando esse tema mais acessível.

Este livro não foi concebido como um manual de operação, mas como uma estrutura de compreensão. Ao longo dos capítulos, o leitor perceberá que a VPSA não se resume a uma sequência de etapas, mas a um sistema onde variáveis físicas, tempos de ciclo e condições operacionais estão profundamente interligados. Compreender essa lógica é o que permite interpretar o processo com precisão, indo além da execução e alcançando consistência operacional.

Este livro não exige formação técnica prévia, mas exige atenção. Os conceitos apresentados partem de fundamentos reais de engenharia e foram estruturados para que qualquer leitor consiga compreender o funcionamento da tecnologia sem distorções. Para profissionais experientes, o objetivo não é simplificar, mas organizar e tornar explícita a lógica que, muitas vezes, já é aplicada de forma intuitiva no campo.

Esta obra trata do que uma VPSA é e de como ela funciona. Mas ao longo de três décadas neste setor, aprendi que compreender um ativo não é suficiente para financiá-lo. Existe uma lacuna entre a excelência técnica de uma planta industrial e a legibilidade que o capital exige para alocá-la. Essa lacuna — silenciosa, persistente e frequentemente decisiva — é o tema da minha próxima obra: Engenharia de investibilidade: Por que ativos tecnicamente viáveis falham em atrair capital global.

O autor.

Introdução

O oxigênio e a tecnologia VPSA

O ar que respiramos é composto por diversos gases, entre eles oxigênio (O_2), nitrogênio (N_2), argônio (Ar) e dióxido de carbono (CO_2). Embora o oxigênio esteja presente em abundância na atmosfera e seja naturalmente disponível para a respiração, há inúmeras situações em que sua concentração e pureza naturais não são suficientes.

Quando aplicações médicas e industriais exigem maior concentração e controle de qualidade, torna-se necessário recorrer a processos industriais capazes de concentrar e separar esse gás.

Entre as tecnologias disponíveis, a VPSA — Adsorção por Alternância de Pressão com Vácuo — destaca-se por combinar eficiência energética, modularidade, robustez operacional e viabilidade econômica, especialmente em aplicações de alta criticidade.

Esse processo separa o oxigênio dos demais gases do ar, fornecendo-o em uma concentração adequada tanto para aplicações médicas quanto industriais, com elevado grau de confiabilidade quando corretamente projetado, operado e mantido.

Público-alvo e democratização do conhecimento

Entender o funcionamento de uma VPSA é apenas parte da história. Também é essencial compreender para quem esse conhecimento se destina. Nem todos os profissionais que lidam com oxigênio são engenheiros ou químicos.

Advogados, administradores, gestores hospitalares, profissionais da área médica e demais interessados frequentemente necessitam de informações claras, técnicas e confiáveis sobre a produção de oxigênio. Este livro foi escrito para o engenheiro que busca a máxima eficiência do leito de zeólitas, mas também para o advogado que precisa compreender termos técnicos presentes em contratos de fornecimento, e para o gestor responsável por decisões de investimento em ativos críticos.

Ao democratizar o acesso ao funcionamento dessa tecnologia, o objetivo é garantir que segurança, economia e eficiência deixem de ser conceitos abstratos e passem a se materializar em práticas concretas, compreendidas e compartilhadas em todos os níveis da organização.

Experiência prática e convenções da obra

Com mais de trinta anos de experiência na área de gases, tenho auxiliado profissionais do direito, administradores, gestores e técnicos em processos relacionados à produção, distribuição e comercialização de oxigênio. Ao longo desse percurso, tornou-se evidente que o excesso de jargões técnicos frequentemente cria barreiras desnecessárias ao entendimento dos termos utilizados.

Este livro busca esclarecer esses conceitos de forma acessível, sem comprometer a precisão técnica.

Ao longo desta obra, os termos 'zeólita', 'adsorvente' e 'peneira molecular' são utilizados como sinônimos para designar o material presente nos vasos adsorvedores. Do ponto de vista técnico estrito, zeólita refere-se ao material, adsorvente à sua função e peneira molecular à classe tecnológica a que pertence. Para os fins desta obra introdutória, as distinções entre esses termos não afetam a compreensão do processo.

Da mesma forma, os termos "fábrica", "usina" e "planta" são utilizados de maneira intercambiável, assim como as expressões "usina VPSA", "fábrica VPSA" e "planta VPSA". Embora eu não utilize o termo "FOX" — Fábrica de OXigênio — ele também é empregado por produtores nesse contexto.

Essas convenções não simplificam o conteúdo; eliminam ambiguidades e tornam a leitura mais fluida e objetiva.

Para fins desta obra, o termo VSA/VPSA será utilizado para designar genericamente os processos de adsorção com regeneração a vácuo empregados na separação de gases.

Embora existam diferenças operacionais entre as configurações conhecidas como Vacuum Swing Adsorption (VSA) e Vacuum Pressure Swing Adsorption (VPSA), seus princípios de funcionamento, mecanismos de separação, equipamentos principais e aplicações industriais são amplamente semelhantes.

A principal distinção técnica reside no fato de que o VPSA utiliza uma etapa de adsorção sob pressão positiva, enquanto o VSA opera próximo à pressão atmosférica.

Apesar dessa diferença operacional, VSA e VPSA compartilham características técnicas tão semelhantes que suas denominações são frequentemente utilizadas como sinônimos na prática industrial.

Escala, visualização e metodologia

As plantas VPSA variam consideravelmente em tamanho e capacidade. Algumas são suficientemente compactas para caber na carroceria de uma caminhonete, enquanto outras ocupam áreas equivalentes a um gramado de estádio de futebol. Apesar dessas diferenças físicas, todas operam com o mesmo princípio fundamental, seguindo ciclos e processos semelhantes para produzir oxigênio.

A maior parte das fotos e ilustrações deste livro retrata uma planta de médio porte, com capacidade de produção de 60 toneladas métricas de oxigênio por dia. Essa escolha permite compreender tanto a simplicidade das pequenas instalações quanto a complexidade das maiores, sempre a partir dos mesmos fundamentos operacionais.

Todos os quadros, diagramas e fotografias foram padronizados como "figura", garantindo clareza técnica e fidelidade ao conteúdo.

Este livro não apresenta cálculos ou fórmulas complexas. Essa ausência é uma decisão deliberada para oferecer uma compreensão clara, prática e sistêmica do funcionamento das plantas VPSA, com foco em segurança e tomada de decisão. As fórmulas aplicadas à PSA são análogas às da VPSA; como já existe literatura farta para quem busca o rigor matemático nos livros sobre PSA, o propósito desta obra é preencher a lacuna operacional e sistêmica, até então inexistente.

A presente obra é o resultado de uma análise transversal de dados técnicos e inteligência competitiva. As premissas aqui apresentadas foram rigorosamente confrontadas com os padrões globais das principais entidades do setor — incluindo CGA, EIGA e AIGA — e validadas através do mapeamento de tendências tecnológicas nas bases de patentes USPTO e EPO. O ciclo de consultas, realizado entre 2024 e 2026, garante a precisão e a atualidade técnica do cenário e das inovações aqui discutidos.

Esta obra adota uma abordagem sistêmica. Por esse motivo, alguns conceitos e descrições de componentes fundamentais reaparecem em diferentes capítulos. Essa repetição é intencional. O objetivo é garantir que o leitor compreenda cada elemento sob diferentes perspectivas: primeiro em um equipamento isolado e, posteriormente, como parte integrante de um processo dinâmico. Essa estrutura reforça o aprendizado e permite a consulta independente de cada capítulo, mantendo a clareza técnica necessária para o entendimento.

Convite ao aprendizado

Escrever uma obra técnica voltada a públicos diversos foi um desafio gratificante. O livro vai proporcionar uma leitura objetiva, permitindo que o leitor absorva o conteúdo sem se perder em complexidades desnecessárias. As figuras reforçam cada conceito e facilitam a visualização dos processos.

Convido você a seguir pelas próximas páginas com curiosidade e atenção. Cada capítulo foi estruturado para guiá-lo do entendimento básico à compreensão aprofundada.

Esta obra não é um ponto de chegada. Os temas abordados não foram esgotados; meu desejo é que outros autores tragam novas contribuições para disseminar o conhecimento sobre a tecnologia VPSA.

Desejo a você uma excelente e produtiva leitura.

Capítulo 1

Aplicações do oxigênio

O oxigênio constitui uma expressiva porcentagem da massa terrestre e é o segundo componente mais abundante da atmosfera. Sob Condições Normais de Temperatura e Pressão (CNTP), apresenta-se em estado gasoso, incolor, inodoro e com densidade levemente superior à do ar atmosférico. Em sua fase líquida, exibe uma coloração azulada característica. Na molécula de água (H_2O), cada átomo de oxigênio estabelece ligações com dois átomos de hidrogênio. Essa característica evidencia sua elevada versatilidade química.

Para que essa versatilidade se traduza em uso prático, a extração a partir do ar atmosférico é o método de maior simplicidade. Para sua obtenção comercial em larga escala a indústria emprega diversas tecnologias de separação de gases. Uma unidade VPSA é capaz de produzir oxigênio para demandas hospitalares e industriais com elevados índices de eficiência e confiabilidade operacional, permitindo autonomia produtiva *in loco*.

Oxigênio hospitalar e medicinal

No ambiente da saúde, o oxigênio é um insumo crítico em clínicas, hospitais, unidades móveis e atendimentos domiciliares via concentradores portáteis ou estacionários. Classificado legalmente como medicamento essencial e insubstituível, é protagonista em procedimentos cirúrgicos e em unidades de terapia intensiva (UTI). Também é indispensável no tratamento de patologias respiratórias graves, incluindo quadros de pneumonia e complicações decorrentes da COVID-19.

O fornecimento é vital para grupos vulneráveis, como recém-nascidos. Também é importante para pacientes com quadros severos de malária ou tuberculose. No ambiente clínico, o gás é utilizado em protocolos de anestesia, reanimação cardiorrespiratória e nebulização de fármacos. Adicionalmente, a terapia hiperbárica utiliza o oxigênio sob alta pressão em câmaras especializadas para o tratamento de embolias gasosas, intoxicações por monóxido de carbono e regeneração de tecidos complexos do corpo humano.

Oxigênio industrial

Fora do ambiente hospitalar, o impacto do oxigênio é ainda mais amplo. No setor industrial, a siderurgia configura-se como o segmento de maior demanda de oxigênio. As usinas utilizam o gás para o enriquecimento do ar nos altos-fornos, elevando a temperatura de combustão e otimizando a fusão do minério de ferro para a produção de ferro-gusa e aço. Durante o refino do aço, o oxigênio reage com o excesso de carbono no metal líquido. Essa reação gera óxidos gasosos que são eliminados, promovendo a descarbonetação do metal. O gás também é essencial na reciclagem do aço em fornos elétricos a arco, facilitando a fusão de sucata metálica.

Na metalurgia de não ferrosos (cobre, chumbo e zinco), o oxigênio acelera as reações térmicas e amplia a produtividade. O enriquecimento de ar é padrão em fundições de vidro, produção de lã mineral e fornos de cal e cimento. O uso de queimadores de oxicombustão otimiza a transferência de calor, resultando em redução direta no consumo energético global da operação.

Outras aplicações relevantes do oxigênio

- Celulose e papel: Atua no branqueamento da celulose, substituindo agentes químicos de maior impacto ambiental e custo.
- Aeroespacial: Utilizado como oxidante em sistemas de propulsão, viabilizando a combustão em ambientes extra-atmosféricos.
- Tratamento de efluentes: Estimula a proliferação de bactérias aeróbicas para a decomposição de matéria orgânica e redução da carga poluente.
- Petroquímica: Enriquecimento de ar em regeneradores de craqueamento catalítico (FCC), aumentando a capacidade de remoção de enxofre e a vida útil de catalisadores.
- Aquicultura: A injeção direta de oxigênio mantém a saturação ideal para a piscicultura, acelerando o crescimento dos peixes e reduzindo taxas de mortalidade.

- Biotecnologia: Atua como substrato essencial para a respiração celular em biorreatores destinados à produção de vacinas e antibióticos.

O oxigênio, portanto, não é apenas um insumo técnico, mas um recurso estratégico para a sociedade moderna. Os capítulos seguintes detalham como o processo VPSA transforma o ar atmosférico em um insumo de alto valor para a economia global.

Capítulo 2

O ar como matéria-prima

O ar atmosférico é o insumo básico para a produção de oxigênio em uma unidade VPSA. Para iniciar a operação, ele é aspirado do ambiente e conduzido ao sistema por meio de um soprador de alta eficiência. Em seguida, o ar passa por etapas cuidadosamente projetadas para separar seus principais componentes. Durante esse processo, o oxigênio é isolado dos demais gases do ar, tornando-se disponível para aplicações médicas, industriais e outras finalidades.

O ar é uma mistura gasosa composta por diferentes moléculas, formadas por átomos de um mesmo elemento químico ou de elementos diferentes (Figura 1).

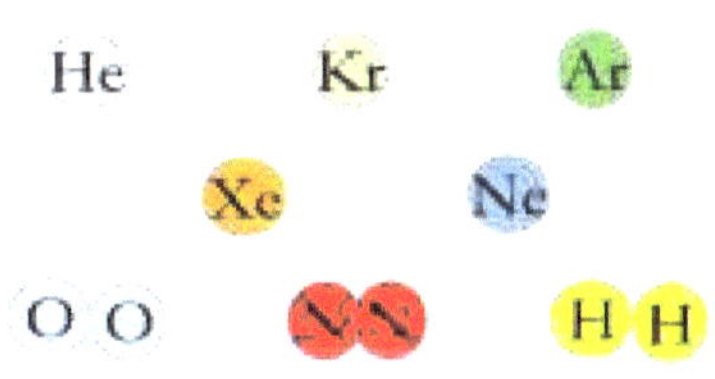

Figura 1 - Alguns dos gases presentes no ar

Dentro dessa composição, o nitrogênio é o gás mais abundante, representando mais de 78% do volume total. O oxigênio, com aproximadamente 21%, é o segundo elemento majoritário, seguido pelo argônio, com cerca de 0,93%. Os demais componentes encontram-se em concentrações menores, conforme detalhado abaixo:

- 78,08% de nitrogênio (N_2)
- 20,95% de oxigênio (O_2)
- 0,93% de argônio (Ar)
- 0,002% de neônio (Ne)
- 0,0005% de hélio (He)
- 0,00014% de metano (CH_4)
- 0,00010% de criptônio (Kr)
- 0,000005% de hidrogênio (H_2)
- 0,000009% de xenônio (Xe)

Além dos gases citados, o ar contém ainda dióxido de carbono (CO_2), monóxido de carbono (CO), dióxido de enxofre (SO_2), óxido nitroso (N_2O) e ozônio (O_3). Também estão presentes partículas sólidas em suspensão, substâncias orgânicas — como hidrocarbonetos — e vapor de água, cuja concentração varia conforme a umidade local.

Contaminantes e variabilidade do ar

A concentração de CO_2, vapor de água e partículas sólidas em forma de poeira oscila conforme as condições ambientais.

Em regiões desérticas, por exemplo, a presença de vapor de água no ar atmosférico é inferior à de áreas com pluviosidade frequente. O CO_2 tende a ser mais concentrado em zonas urbanas e industrializadas devido à queima de combustíveis fósseis e, no meio rural, em função de queimadas de matas e de pastagens. As partículas sólidas, por sua vez, tendem a se concentrar em regiões de mineração, locais com solo exposto (sem vegetação) ou zonas industriais onde chaminés liberam poeira e cinzas.

Em uma VPSA, o processo deve separar oxigênio dos componentes indesejáveis, como nitrogênio, CO_2, hidrocarbonetos e vapor de água. Esse controle é essencial para que o oxigênio produzido atinja a pureza exigida conforme a sua aplicação.

Em teoria, seria possível extrair a totalidade dos 21% de oxigênio presentes no ar, atingindo pureza de 100%. Entretanto, esse nível não é alcançável em operações comerciais de VPSA, nas quais a pureza habitual geralmente varia entre 85% e 96%. Embora existam métodos capazes de atingir valores superiores de pureza, eles fogem ao padrão econômico adotado pelo mercado.

A localização de uma unidade de produção de oxigênio deve ser estratégica, pois contaminantes ambientais podem comprometer severamente o desempenho da fábrica. Para assegurar a integridade operacional, é imprescindível que o ar aspirado apresente baixa concentração de resíduos, como fuligem e poluentes químicos, especialmente compostos sulfurados. Áreas descampadas com alta incidência de poeira ou regiões propensas a queimadas devem ser evitadas, a fim de preservar os sistemas de filtragem.

Capítulo 3

Utilidades como insumos

No contexto fabril, os recursos necessários para o funcionamento da planta são essenciais para que os equipamentos operem de forma contínua, estável e segura.

Em uma VPSA, alguns insumos básicos são indispensáveis: água tratada, usada para resfriar os equipamentos e remover o calor do ar; energia elétrica, que aciona os motores e outros equipamentos elétricos; e ar comprimido, necessário para abrir e fechar válvulas de controle pneumáticas. Esses insumos são fundamentais: sem eles, o processo de separação do oxigênio não seria possível.

Vale destacar que o termo "insumo" se refere a tudo aquilo que é imprescindível para a obtenção do oxigênio produzido que está diretamente relacionado ao funcionamento do processo. Os insumos constituem as entradas do processo e podem ser divididos em duas categorias: aqueles usados para manter o processamento e o insumo propriamente dito, que será transformado no oxigênio produzido (Figura 2).

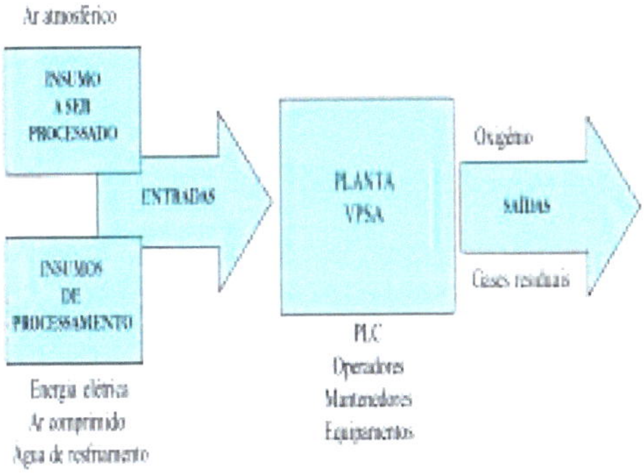

Figura 2 - Fluxo de entradas e saídas de uma VPSA

A seguir, comenta-se sobre a importância dos principais insumos em uma VPSA de oxigênio.

A energia elétrica

A energia elétrica é a força motriz que viabiliza o funcionamento de todos os equipamentos elétricos na VPSA. Bombas, sopradores, compressores e sistemas auxiliares dependem diretamente do fornecimento elétrico para operar de forma contínua e controlada. Além disso, diversos dispositivos de medição, controle de pressão, vazão e temperatura também dependem desse insumo. O mesmo ocorre com os sistemas de automação, iluminação e infraestrutura de tecnologia da informação.

A energia elétrica chega à planta por meio de cabos elétricos e é direcionada a um transformador que pode elevar ou reduzir a tensão elétrica conforme a necessidade dos diferentes equipamentos. Após o transformador, a energia é conduzida a uma subestação elétrica, onde é distribuída para motores, quadros de iluminação e demais sistemas.

Na subestação, encontram-se dispositivos de proteção, como fusíveis, relés e disjuntores. Esses componentes são responsáveis por preservar a integridade do transformador, dos motores e da própria planta. Eles protegem o sistema contra falhas, curtos-circuitos ou irregularidades da rede elétrica (Figura 3).

Figura 3 - Subestação Elétrica

A energia elétrica é o insumo de maior custo operacional na VPSA. Por essa razão, a eficiência global da unidade está diretamente associada ao consumo energético. Quanto menor a quantidade de eletricidade necessária para produzir um determinado volume de oxigênio, mais eficiente será o processo.

O consumo médio de energia elétrica em uma VPSA de oxigênio é de aproximadamente 0,35 kWh/m^3. Isso significa que são necessários cerca de 0,35 kWh para produzir um metro cúbico de oxigênio. Esse indicador é conhecido como consumo específico e é amplamente utilizado para avaliar o desempenho da planta. Valores mais baixos indicam melhor aproveitamento energético. Já consumos específicos elevados refletem ineficiências operacionais e aumento direto do custo do oxigênio produzido.

O ar comprimido

O ar comprimido é um insumo fundamental em processos industriais e exerce papel crítico na VPSA de oxigênio. Sua principal função é acionar válvulas pneumáticas responsáveis pelo controle automático das diversas etapas do processo. Essas válvulas permitem abertura e fechamento precisos conforme a lógica de operação adotada. Adicionalmente, o ar comprimido pode ser utilizado para alimentar ferramentas pneumáticas empregadas em atividades de manutenção.

O ar comprimido é gerado por um equipamento, o compressor de ar, que aspira o ar atmosférico e o comprime, elevando sua pressão. Para assegurar o correto funcionamento dos equipamentos e a confiabilidade do processo, esse ar deve estar seco e livre de contaminantes, como partículas sólidas, água e óleo. Os principais contaminantes e seus impactos são:

a) Sólidos em suspensão: oriundos do ambiente ou do desgaste interno das tubulações (crostas de ferrugem), podem danificar atuadores pneumáticos e válvulas solenoides. Esses danos comprometem a automação do processo. A instalação de filtros adequados é essencial para a retenção dessas partículas.

b) Água (condensado): proveniente do vapor de água presente no ar que é aspirado, pode causar corrosão das tubulações e falhas nos equipamentos pneumáticos. O vapor se condensa dentro do sistema sendo necessário removê-lo. Purgadores automáticos expulsam o condensado, reduzindo esses riscos.

c) Óleo: resultante do contato do ar com partes lubrificadas do compressor, pode comprometer instrumentos pneumáticos e contaminar sistemas sensíveis. Filtros específicos são utilizados para reter esse contaminante.

Além da qualidade do ar comprimido, é fundamental garantir pressão e vazão adequadas. Vazamentos ou falhas no compressor podem reduzir a pressão disponível. Essa redução impede o acionamento correto das válvulas pneumáticas e compromete a operação da planta.

A instalação de um reservatório de ar comprimido é recomendada para amortecer oscilações de pressão. O reservatório também permite a separação adicional de condensado ou óleo. Esses contaminantes podem ser drenados periodicamente, preservando a integridade dos instrumentos pneumáticos.

A água de resfriamento

A água de resfriamento, também chamada de água de refrigeração, tem a função de remover o calor gerado nos gases do processo por meio de trocadores de calor. Ela também é utilizada para resfriar o ar e o oxigênio comprimidos nos compressores. A ausência de remoção adequada do calor pela água pode causar danos permanentes aos equipamentos, degradar o óleo lubrificante dos sistemas de lubrificação e provocar instabilidades operacionais associadas a temperaturas elevadas.

A água de resfriamento circula no processo por meio de uma torre de resfriamento (Figura 4). Nessa estrutura, a água permanece em um reservatório denominado bacia. Nesse reservatório, a água recebe tratamento químico contínuo com produtos anticorrosivos, agentes dispersantes e biocidas. Esses produtos têm como objetivo minimizar corrosão, incrustações e a proliferação de algas, fungos e bactérias.

Figura 4 - Torre de resfriamento

A qualidade da água é monitorada periodicamente para garantir que suas características físico-químicas permaneçam dentro de parâmetros adequados. Esse controle preserva tubulações, trocadores de calor e demais equipamentos.

A água da bacia é bombeada em circuito fechado até os trocadores de calor, onde remove energia térmica do fluido de processo sem contato direto. Após absorver o calor, a água retorna aquecida à torre. Nesse estágio, ventiladores promovem a dissipação térmica para a atmosfera, permitindo que a água resfriada retorne à bacia e reinicie o ciclo.

Capítulo 4

Os equipamentos

A VPSA de oxigênio é composta por diversos equipamentos que trabalham em conjunto para garantir a produção contínua e a pureza requerida.

O filtro de ar

Entre os principais componentes está o filtro de ar. O filtro retém a maior parte das partículas sólidas presentes no ar atmosférico. Sem ele, poeira e outros materiais poderiam danificar os equipamentos ou comprometer a produtividade. Em plantas VPSA, geralmente são utilizados conjuntos de filtros de papel ou papelão, montados em estruturas resistentes. Essas estruturas permitem a passagem do ar, ao mesmo tempo em que retêm o pó e partículas maiores.

As partículas maiores ficam retidas predominantemente na superfície do elemento filtrante. Com o acúmulo contínuo, forma-se uma camada de material particulado sobre o filtro, fazendo com que a perda de carga cresça de maneira quase linear. Essa perda de carga resulta da dificuldade progressivamente maior do ar em atravessar o meio filtrante, exigindo mais energia do soprador para manter a mesma vazão.

Com o avanço do acúmulo de material, o meio filtrante pode atingir seu limite estrutural, ocasionando aumento acentuado da perda de carga, redução significativa da vazão de ar e risco de colapso mecânico do filtro. Assim, com a operação contínua, o filtro acaba saturando e precisando ser limpo ou substituído com o passar do tempo. A substituição é necessária porque o filtro saturado eleva o consumo de energia elétrica da planta. Quando maior for a concentração de sujeira, mais esforço é necessário para fazer o ar atravessar o sistema de filtragem.

Além disso, se o filtro estiver danificado, permitirá a passagem de impurezas que deveriam ser retidas. Por isso, a troca do filtro deve ser feita sempre que ele atingir o limite de saturação estabelecido pelo fabricante, evitando perdas de eficiência no processo. A periodicidade da troca dos filtros dependerá do nível de contaminação do ar (Figura 5).

Figura 5 - Filtros de ar

O soprador de ar e a bomba de vácuo

O soprador de ar, também chamado de *blower*, aspira o ar atmosférico e o movimenta para dentro da planta, passando pelos demais equipamentos do processo. Ele é projetado para deslocar altas vazões de ar com pressão positiva. Nesse tipo de equipamento, os lóbulos rotativos, acionados pelo motor, giram em alta velocidade e aprisionam volumes de ar, transportando-os da sucção (entrada) para a descarga (saída). Durante esse processo, o ar recebe energia mecânica para vencer a contrapressão do sistema. A energia fornecida converte-se em energia interna, provocando elevação de pressão e da temperatura. A bomba de vácuo, por sua vez, remove os gases indesejáveis do processo produtivo — aqueles separados do oxigênio — e opera com pressão negativa (Figura 6).

Figura 6 - Soprador e bomba de vácuo (mesmo motor)

Em algumas plantas, o soprador de ar e a bomba de vácuo são equipamentos independentes. No entanto, existem fábricas que utilizam um único equipamento capaz de executar ambas as funções de forma alternada. Nesse caso, um único motor aciona o soprador de ar (*feed blower*) e a bomba de vácuo (*vacuum blower*), conforme observado na Figura 7.

Figura 7 - Bomba de vácuo, motor e soprador

O soprador de ar e a bomba de vácuo são acionados por um motor elétrico e operam conjuntamente em ciclos contínuos. Esses equipamentos utilizam óleo e graxas para lubrificação. A lubrificação reduz o atrito entre componentes móveis, limita o desgaste mecânico e auxilia na dissipação de calor. Óleos e graxas se degradam ao longo do tempo por oxidação, contaminação por partículas e variações térmicas. A substituição deve seguir rigorosamente os prazos e critérios definidos pelo fabricante. A falta de troca adequada provoca aumento de atrito, elevação de temperatura e falhas prematuras.

O monitoramento operacional é indispensável. Parâmetros como vibração, temperatura e pressão devem ser acompanhados por sensores e instrumentos dedicados. A análise desses sinais permite identificar problemas como desalinhamentos, desbalanceamentos, falhas em rolamentos, e perdas de eficiência. O sistema gera alarmes para que técnicos e operadores intervenham diante de desvios operacionais e problemas potenciais.

O trocador de calor

O trocador de calor é um equipamento cuja função principal é realizar a transferência de calor entre fluidos que se encontram em temperaturas diferentes.

Na VPSA, a água é utilizada para resfriar o ar aquecido após a passagem pelo soprador. No trocador instalado após o soprador, a água circula por canais separados dos canais de circulação do ar. Os fluidos compartilham apenas a mesma superfície ou parede de contato. É nessa superfície que ocorre a troca térmica, permitindo que o ar ceda calor à água sem que os fluidos se misturem (Figura 8).

Figura 8 - Trocador de calor

O silenciador

O silenciador é um equipamento responsável por direcionar o ar do soprador de volta para a atmosfera quando o fluxo de ar não é direcionado para produzir oxigênio. Nesse caso, o ar passa por um vaso que reduz o ruído durante a expulsão (Figura 9). Esse processo ocorre principalmente no início da operação da planta, quando ainda não há produção de oxigênio, e durante a etapa de equalização. Esse tema será detalhado no Capítulo 6.

Figura 9 - Vaso silenciador

Os vasos adsorvedores

Em geral, as plantas VPSA de oxigênio operam com dois vasos adsorvedores (Figura 10). No entanto, existem plantas com três, quatro ou até mais de dez vasos. Como os sistemas de dois vasos são os mais comuns, o foco daqui para frente será nesse tipo de configuração.

Figura 10 - Vasos adsorvedores

Os vasos adsorvedores têm a função de acomodar o material adsorvente, responsável por separar o oxigênio dos gases indesejáveis, como o nitrogênio e o dióxido de carbono. Enquanto um vaso está em operação, recebendo ar do soprador e produzindo oxigênio, o outro passa pelo processo de regeneração. Nessa etapa, a bomba de vácuo remove os gases residuais expelidos do sistema.

As válvulas automáticas

A maioria das válvulas em uma planta de oxigênio são automáticas do tipo *on-off*, funcionando sem a necessidade de intervenção manual. Uma válvula *on-off* opera totalmente aberta ou totalmente fechada. O ciclo operacional da VPSA é muito rápido, geralmente durando apenas alguns segundos por etapa. Um atraso de apenas um segundo, em relação ao tempo projetado, pode causar problemas no processo ou até mesmo levar à parada da planta.

Quando o PLC envia um comando para abrir ou fechar uma válvula, outros dispositivos entram em ação, como as válvulas solenoides e os atuadores.

Válvula solenoide: controla a passagem do ar comprimido para as válvulas automáticas. É um dispositivo eletromecânico comandado por corrente elétrica. Quando a bobina é energizada, um campo magnético move um êmbolo que abre ou bloqueia o fluxo de ar (Figura 11).

Figura 11 - Atuador, válvula e solenoide instalados

Atuador: é o dispositivo que gera o movimento físico para abrir ou fechar a válvula principal. Quando o ar é liberado pela válvula solenoide, ele entra na câmara do atuador e move seu pistão, que por sua vez aciona a válvula (Figura 12).

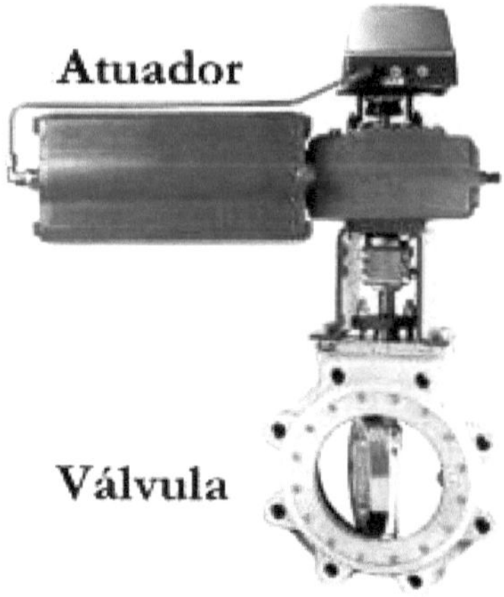

Figura 12 - Válvula de controle automático

As dez principais válvulas automáticas de uma VPSA estão listadas na Figura 13. Todas são válvulas *on-off*, exceto a V-EQ (equalização) e a V-PU (purga). Nessas duas, a abertura pode ser ajustada em percentuais específicos (ex.: 20%, 45%, 70%), permitindo controle fino da passagem do fluido.

VÁLVULAS AUTOMÁTICAS	
V-1	Válvula de ar para o silenciador
V-2	Válvula de ar para a bomba de vácuo
V-PA	Válvulas de pressurização do Vaso A
V-PB	Válvulas de pressurização do Vaso B
V-RA	Válvulas de gás residual do Vaso A
V-RB	Válvulas de gás residual do Vaso B
V-GA	Válvulas de geração de O_2 do Vaso A
V-GB	Válvulas de geração de O_2 do Vaso B
V-EQ	Válvula de equalização
V-PU	Válvula de purga

Figura 13 - Relação das válvulas automáticas

O sistema de controle

O "cérebro" da planta é o sistema de controle, baseado em um PLC (*Programmable Logic Controller* ou CLP — Controlador Lógico Programável). Ele possui memória interna programável para gerenciar as tarefas automaticamente, recebendo informações dos instrumentos e enviando comandos aos equipamentos.

A estrutura básica de um PLC compreende:

a) Fonte de alimentação: garante energia 24 horas por dia, muitas vezes com redundância.

b) CPU (*Central Processing Unit* - Unidade Central de Processamento): responsável por armazenar e executar a programação do sistema. A CPU analisa variáveis de processo, como temperatura e pressão, e envia comandos de controle para os dispositivos de campo.

c) Cartões de entrada e saída (analógicos e digitais): os digitais registram apenas dois estados (aberto/fechado), enquanto os analógicos registram valores contínuos, como temperatura e pressão, permitindo controle preciso.

Geralmente, uma tela de acesso, denominada IHM (*Human Machine Interface* - Interface Homem-Máquina), é instalada no painel para a visualização de dados do sistema. Além de exibir variáveis vitais do processo — como temperaturas, pressões, vazões e estados de alarmes — as IHMs modernas atuam como uma ponte essencial entre o operador humano e a complexa rede de automação industrial, aumentando a eficiência operacional, a segurança da planta e a facilidade na tomada de decisões (Figura 14).

Figura 14 – Painel (à esquerda) e a IHM (à direita)

Além disso, existe o sistema SCADA (*Supervisory Control and Data Acquisition* – Controle Supervisório e Aquisição de dados), que permite o monitoramento da planta a partir de uma sala de controle, por meio de computadores. O SCADA é mais conhecido como supervisório (Figura 15).

Figura 15 - O autor no monitor do sistema supervisório

Analogia didática: Imagine que a IHM é o terminal de um caixa eletrônico de banco: permite realizar operações básicas de forma direta. Já o sistema supervisório é como o aplicativo do banco no celular ou computador, oferecendo uma visão completa dos recursos e históricos. Em termos técnicos: a IHM opera localmente no painel da planta; o SCADA opera remotamente, com visão global do processo.

O vaso de baixa pressão

A VPSA produz oxigênio em pulsos alternados. Para suavizar essas oscilações, o vaso de baixa pressão atua como um amortecedor (*buffer*). Ele armazena o oxigênio temporariamente, garantindo um fornecimento estável ao compressor de oxigênio (Figura 16).

Figura 16 - Vaso de baixa pressão

O compressor de oxigênio

Como a planta produz oxigênio em pressão baixa, utiliza-se um compressor para elevar essa pressão até valor desejado no ponto de consumo (Figura 17).

Figura 17 - Compressor de oxigênio

Enquanto o soprador opera com pressão de até 1 bar(g), o compressor de oxigênio pode alcançar pressões superiores a 20 bar(g).

Nota: *1 bar equivale a aproximadamente 0,987 atm, ou 98,7% da pressão atmosférica padrão ao nível do mar.*

O compressor é lubrificado por óleo e graxa especiais, compatíveis com oxigênio. Ele possui sensores de segurança que provocam a parada automática (*trip*) em casos de pressão anormal, temperatura elevada ou falta de água de refrigeração.

O analisador de oxigênio

Esse equipamento mede o teor de pureza do oxigênio produzido. Se o analisador aponta 90%, significa que 90% do gás é oxigênio puro, e o restante corresponde a frações de nitrogênio e argônio. Sem esse equipamento, não há como garantir que o gás atende às especificações hospitalares ou industriais (Figura 18).

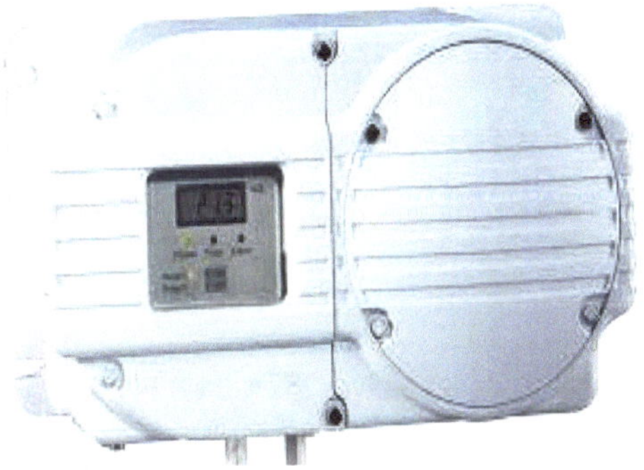

Figura 18 - Analisador de oxigênio

O analisador deve ser calibrado periodicamente com um gás padrão de pureza conhecida para assegurar a exatidão das medições. A calibração consiste em expor o sensor do analisador a um gás com concentração certificada e comparar o valor medido com o valor real. Caso exista desvio, o equipamento realiza o ajuste de zero e de *span*.

Zero é o ajuste realizado na faixa inferior de medição. Já o *span* é o ajuste realizado na faixa superior de medição. Sensores sofrem deriva ao longo do tempo devido a envelhecimento, contaminação e variações térmicas.

Sem calibração, o sistema pode indicar valores incorretos e comprometer o controle do processo e a qualidade do produto. Isso assegura que as medições exibidas nos displays do analisador e da IHM, e no sistema supervisório estejam corretas.

Vaso de estocagem de oxigênio

Também chamado de vaso de alta pressão, o vaso de estocagem armazena o oxigênio recém-comprimido. Esse vaso pode suprir temporariamente o consumo de oxigênio enquanto houver pressão e produto suficientes em seu interior. Essa função é especialmente útil em casos de parada do compressor ou da planta por falhas operacionais, evitando a interrupção do fornecimento do produto (Figura 19). O vaso é projetado para suportar pressões superiores à pressão máxima de descarga do compressor.

Figura 19 - Vaso de estocagem ou de alta pressão

Visão conjunta dos equipamentos

Na Figura 20, é possível observar a bomba de vácuo, o silenciador, os vasos adsorvedores e o vaso de baixa pressão trabalhando de forma integrada. No próximo capítulo, será detalhado o passo a passo da operação da planta e o posicionamento das válvulas em cada etapa do ciclo.

Figura 20 - Visão panorâmica de uma VPSA

Capítulo 5

Uma visão ampla da VPSA

A captação do ar atmosférico

A primeira etapa na produção de oxigênio em uma planta VPSA é a captação do ar atmosférico. Essa tarefa é realizada por um soprador ou compressor, cuja função principal é introduzir o ar no processo produtivo.

A qualidade do ar é essencial: quanto mais limpo, maior a eficiência energética da fábrica. Por isso, o ar atravessa um conjunto de filtros que retêm partículas sólidas. Uma vez limpo de partículas sólidas, o ar segue pelo sistema de tubulações, impulsionado pelo soprador. Durante essa passagem, o ar aquece devido ao atrito com os elementos rotativos do equipamento. Esse aquecimento indesejado é corrigido na etapa seguinte.

O ar é resfriado em um trocador de calor, no qual transfere energia térmica para a água de resfriamento. A água aquecida retorna à torre de resfriamento, onde é novamente resfriada antes de recircular no sistema.

Após o resfriamento, o ar segue até os vasos adsorvedores. É nesta etapa que ocorre a separação do oxigênio dos demais componentes do ar.

Zeólitas e produção de oxigênio

A adsorção é o fenômeno pelo qual moléculas de um gás ou líquido aderem à superfície de um sólido. Diferentemente da *absorção*, em que as moléculas penetram no interior do material, na adsorção elas ficam retidas apenas na superfície ou nos poros do sólido.

O adsorvente, representado pelas zeólitas, é um material sólido com poros microscópicos que funcionam como filtros seletivos. Esses poros permitem que as moléculas de oxigênio passem livremente, enquanto as demais sejam retidas. As zeólitas atuam como "peneira molecular" (do inglês *molecular sieves*). Para utilização em VPSA são comercializadas em grânulos esféricos ou cilíndricos (Figura 21).

Figura 21 - Zeólitas em um frasco de amostra

As zeólitas possuem uma estrutura altamente porosa, o que lhes confere uma enorme área de superfície. Um pequeno grânulo do material pode adsorver centenas de vezes seu próprio volume em moléculas gasosas. Nas plantas VPSA, essa característica é fundamental para reter impurezas como vapor de água, hidrocarbonetos, dióxido de carbono (CO_2) e nitrogênio (N_2).

Nas VPSA modernas, é comum o uso de duas camadas de zeólitas:

Primeira camada – Zeólitas 13X: Ocupa cerca de 25% do volume total de adsorventes e fica posicionada no fundo do vaso. Possui poros de aproximadamente 9 Å. O angstrom (símbolo Å) é uma unidade de medida de comprimento utilizada para mensurar estruturas em escala atômica e molecular (onde 1 Å = 10^{-8} cm). Essas zeólitas retém vapor de água, hidrocarbonetos e CO_2 presentes no ar. O nitrogênio é parcialmente retido, enquanto o oxigênio atravessa livremente.

Segunda camada – Zeólitas LiX: Ocupa cerca de 75% do volume total e está localizada acima da camada de zeólitas 13X. Ela contém lítio e apresenta alta seletividade para a retenção de nitrogênio, permitindo que o oxigênio passe com facilidade. Essas zeólitas são mais onerosas: em períodos de alta demanda global, como ocorreu na pandemia da COVID-19, seu custo pode aumentar significativamente — chegando a ser dez vezes superior ao valor habitual.

Existem diferentes tipos de zeólitas que podem ser usadas na VPSA de oxigênio. As 5A e CaX são opções mais econômicas quando comparadas com a LiX, porém removem o nitrogênio com menor eficiência. Existem também zeólitas tratadas com prata, que podem apresentar desempenho superior em determinadas aplicações. Elas permitem produzir oxigênio com pureza superior a 99%, mas têm custo mais elevado.

Regeneração dos vasos adsorvedores

Após um período de operação, sempre um dos vasos adsorvedores satura-se de contaminantes e precisa ser regenerado. Nesse processo, o vaso é despressurizado para liberar os gases retidos. Uma bomba de vácuo remove esses componentes, que são então expelidos para a atmosfera.

A seletividade das zeólitas determina a eficiência da separação. Ela depende da afinidade entre a molécula e o adsorvente. O tamanho e a forma dos poros fazem com que certas moléculas fiquem presas com mais facilidade, garantindo a passagem do oxigênio com alta pureza.

As zeólitas sintéticas, produzidas industrialmente, são preferidas em relação às naturais. Essa preferência se deve à uniformidade e ao controle de pureza, características essenciais para a produção de oxigênio em larga escala.

Etapas do processo VPSA

O processo de separação ocorre em ciclos contínuos, alternando adsorção e regeneração:

1. Adsorção: o ar passa pelo leito de zeólitas, os contaminantes são retidos e o oxigênio passa livremente.
2. Regeneração (dessorção): os vasos são despressurizados, os contaminantes são liberados para o ar atmosférico.

Na prática, o ciclo VPSA envolve as etapas de pressurização, geração, equalização, despressurização e purga. O ciclo inicia com a pressurização, elevando a pressão ao nível operacional. Em seguida ocorre a geração, onde o oxigênio é efetivamente produzido. Na equalização, parte do oxigênio do vaso saturado é transferida para o outro vaso, equilibrando a pressão e aumentando a eficiência. Durante a despressurização e a purga, os contaminantes são removidos, preparando o leito para um novo ciclo.

O transporte do oxigênio no processo

Após sair do vaso adsorvedor, o oxigênio é encaminhado ao Vaso de Baixa Pressão, que atua como reservatório para estabilizar o fluxo e garantir suprimento contínuo ao compressor. Sem esse vaso, o fornecimento seria intermitente e inadequado para operação contínua.

O compressor então eleva a pressão do gás e o envia ao ponto de consumo. Instalado entre o compressor e a linha de distribuição do produto para o ponto de consumo, o Vaso de Alta Pressão assegura um estoque de produto pressurizado, permitindo a disponibilidade de oxigênio mesmo durante paradas momentâneas da planta.

O transporte ocorre por tubulações, sempre do ponto de maior pressão para o de menor pressão. O destino final varia: em hospitais, pode ser uma sala de cirurgia; na indústria, são as unidades fabris que integram o gás em seus processos produtivos.

Capítulo 6

O ciclo da VPSA

Uma VPSA produz oxigênio a partir do ar ambiente utilizando dois vasos preenchidos com peneiras moleculares, que atuam como adsorventes seletivos. O processo é cíclico e alterna continuamente entre as etapas de adsorção e regeneração.

Em geral, uma VPSA é composta por dois vasos adsorvedores, suficientes para garantir o ciclo de adsorção e regeneração. No entanto, em plantas de maior porte, podem ser utilizados múltiplos vasos com o objetivo de aumentar a produção de oxigênio. Plantas industriais de grande capacidade operacional frequentemente empregam arranjos avançados compostos por três, quatro e até mais de dez vasos adsorvedores.

Apesar da diferença de escala, o princípio de funcionamento permanece essencialmente o mesmo. Ao longo deste livro, será adotada a configuração com dois vasos, por ser a mais comum e didática.

Etapas do ciclo

1. Adsorção, geração ou produção (pressão positiva)

Na entrada do processo produtivo, o ar ambiente passa por um filtro, que remove partículas sólidas. Em seguida, o ar é comprimido por um soprador de lóbulos rotativos até uma pressão entre 0,5 e 1 bar(g).

Esse ar levemente pressurizado entra em um dos vasos adsorvedores, onde a peneira molecular retém seletivamente o nitrogênio (N_2) e outros gases indesejados. O oxigênio (O_2), por sua vez, atravessa o leito adsorvente composto de zeólitas e é coletado como oxigênio produzido. Antes que o leito se sature com nitrogênio, o fluxo de ar é direcionado por um conjunto de válvulas automáticas para o segundo vaso, assegurando a produção contínua.

2. Regeneração (pressão negativa)

Enquanto um vaso está na fase de adsorção, o outro é submetido ao processo de regeneração. Nessa etapa, um conjunto de válvulas automáticas permite que a bomba de vácuo reduza a pressão interna do vaso até valores inferiores à pressão atmosférica, promovendo a dessorção (liberação) do nitrogênio retido.

Em seguida, aplica-se uma purga com parte do próprio oxigênio produzido no outro vaso adsorvedor, garantindo a completa regeneração do leito adsorvente. Concluída essa etapa, os vasos trocam de função e o ciclo se repete. Além dessas duas etapas principais, adsorção e regeneração, o ciclo VPSA inclui fases intermediárias que serão comentadas oportunamente.

Características do processo

O PLC ajusta automaticamente a operação da VPSA conforme a demanda de produção, minimizando o consumo de energia.

A operação da VPSA não gera emissões relevantes além dos componentes já presentes no ar atmosférico. Os gases rejeitados durante a regeneração — basicamente nitrogênio, gás carbônico, vapor de água e traços de hidrocarbonetos — são enviados à atmosfera. A água é utilizada apenas para resfriamento em circuito fechado, o que evita sua contaminação e geração de efluentes. Por esse motivo, esse tipo de planta não enfrenta problemas específicos de emissões.

As peneiras moleculares utilizadas podem apresentar vida útil superior a 10 anos, desde que a planta receba manutenção adequada. Isso garante confiabilidade operacional e reduz custos de longo prazo. Contudo, o material adsorvente, como as zeólitas, precisa ser descartado ou reciclado corretamente ao final de sua vida útil.

Dessa forma, a operação da VPSA pode ser considerada sustentável, desde que práticas adequadas de gestão sejam seguidas, garantindo segurança, eficiência e responsabilidade ambiental.

O PLC

A operação da planta é totalmente automatizada e controlada por PLC, responsável por:

- Coordenar a sequência de abertura e fechamento das válvulas automáticas, conforme tempos pré-definidos;

- Monitorar a produção e o consumo de energia, mantendo a eficiência do sistema;
- Acionar alarmes e intertravamentos de segurança, desligando a planta em caso de falha inesperada;
- Permitir partida, parada e ajustes remotos;
- Acompanhar continuamente a pureza do oxigênio por meio do monitoramento de um analisador.

Diagrama de fluxo de processos (PFD)

O PFD (*Process Flow Diagram*), ou Diagrama de Fluxo de Processos, é um esquema simplificado que representa os principais equipamentos e fluxos de uma planta industrial, facilitando a compreensão do processo como um todo.

Na VPSA, o PFD representa graficamente os principais componentes, incluindo os vasos adsorvedores, o soprador de ar, a bomba de vácuo, o compressor de oxigênio e as válvulas de controle. Para facilitar a leitura, todos os equipamentos principais são identificados pelo nome, ou uma identificação única por meio de um TAG.

Um TAG é um identificador alfanumérico único atribuído a equipamentos, instrumentos ou linhas de processo, funcionando como um identificador permanente e inequívoco para rastreabilidade, operação, segurança e manutenção ao longo de todo o ciclo de vida do ativo.

Cada válvula ou equipamento é identificado por esse código alfanumérico, que garante a distinção única de cada componente no diagrama. Por exemplo, a válvula automática número 1 recebe a identificação V-1, enquanto a válvula de pressurização do V-B é identificada como V-PB. Essa padronização facilita o acompanhamento do ciclo da planta e o entendimento das operações.

Para compreender adequadamente o conteúdo deste capítulo, é fundamental acompanhar os diagramas de processo e a simbologia apresentada. Em alguns momentos, pode ser necessário reler o texto enquanto se observa as figuras, até que a sequência das etapas e os símbolos se tornem familiares.

Principais válvulas e suas funções

Antes de detalhar o funcionamento completo da VPSA no diagrama do processo, é importante compreender a simbologia das válvulas:

- Parte superior: representa o atuador da válvula, enquanto a parte inferior corresponde ao corpo da válvula;
- Corpo na cor branca: indica válvula aberta, permitindo a passagem do fluido (que na VPSA será ar, oxigênio ou contaminantes);
- Corpo na cor preta: indica válvula fechada, impedindo a passagem do fluido (Figura 22).

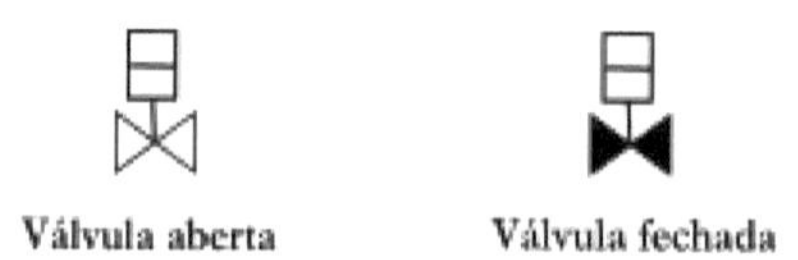

Figura 22 - Símbolo da válvula de controle automático

Observe agora, na Figura 23, as válvulas típicas em uma VPSA de oxigênio. O entendimento do texto a seguir exige que o leitor retorne a essa figura sempre que necessário, até se familiarizar com a função de cada componente.

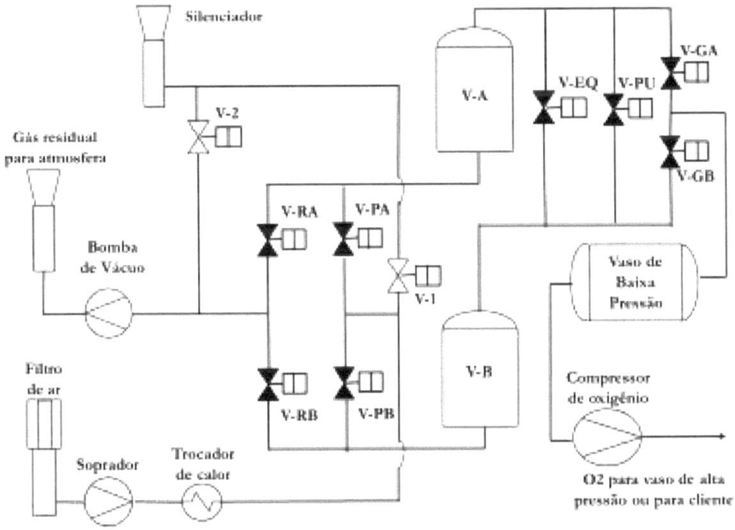

Figura 23 - Posição das válvulas com a planta parada

V-1 e V-2

Com a planta parada, as válvulas V-1 e V-2 ficam abertas. Essa é uma condição de segurança. Quando a planta é ligada, o ar retorna à atmosfera antes do ciclo entrar em funcionamento.

V-PA e V-PB

As válvulas de pressurização V-PA e V-PB controlam a entrada do ar do soprador no Vaso A (V-A) ou no Vaso B (V-B). Elas ficam fechadas com a planta parada. Quando em operação, a V-PA permite a entrada de ar no V-A, enquanto a V-PB realiza a mesma função no V-B, garantindo que cada vaso receba o fluxo de ar necessário para iniciar corretamente o ciclo de pressurização e adsorção. Elas nunca abrem ou fecham ao mesmo tempo com a fábrica em operação normal, já que cada vaso estará desempenhando funções diferentes.

V-RA e V-RB

As válvulas de gás residual V-RA e V-RB desempenham papel fundamental na remoção das impurezas acumuladas em cada vaso. Elas ficam fechadas com a planta parada. Elas operam de forma alternada, acompanhando as diferentes etapas do ciclo. Em funcionamento, a V-RA elimina os gases residuais do V-A durante as etapas de despressurização e purga, enquanto a V-RB realiza a mesma função no V-B, preparando cada um dos leitos adsorventes, ao seu tempo, para o próximo ciclo de operação.

V-GA e V-GB

Quando os vasos entram na fase de geração de oxigênio, as válvulas V-GA e V-GB entram em operação, cada uma ao seu tempo. A V-GA abre somente quando o V-A inicia a produção de oxigênio, direcionando o gás para o vaso de baixa pressão. Da mesma forma, a V-GB conduz o oxigênio produzido pelo V-B até o vaso de baixa pressão, assegurando que o fluxo de O_2 seja contínuo e controlado. Essas válvulas ficam fechadas com a planta parada. Elas não operam simultaneamente, pois cada vaso executa funções distintas no ciclo.

V-EQ

A V-EQ é responsável pela equalização de pressão entre os vasos A e B. Nessa etapa, o vaso com maior pressão transfere gás para o vaso com menor pressão até que ambos atinjam níveis de pressão semelhantes. Essa equalização pode ocorrer do V-A para o V-B ou vice-versa. Simultaneamente, as válvulas V-1 e V-2 permanecem abertas, fechando apenas após a conclusão desse processo. Ela fica fechada com a planta parada.

V-PU

Por fim, a V-PU executa a etapa de purga, permitindo que uma fração do oxigênio produzido seja direcionada ao vaso em regeneração. Essa operação auxilia na limpeza do leito adsorvente e ocorre de forma alternada nos Vasos A e B, garantindo que cada ciclo subsequente seja eficiente e seguro. Ela fica fechada com a planta parada.

O Ciclo em 8 etapas (T1 a T8)

A Figura 24 apresenta todas as etapas do ciclo de operação de uma VPSA de O_2 com dois vasos. Cada ciclo completo é composto por oito etapas que ocorrem em determinado tempo (T1 a T8).

O tempo 1 (T1), por exemplo, tem duração típica de 10 segundos, durante os quais os vasos A e B encontram-se em equalização. Em seguida, inicia-se o tempo 2 (T2), e assim sucessivamente até o tempo 8

(T8). Ao final desse período, o processo reinicia automaticamente no T1, lembrando que o tempo zero (T0) ocorre exclusivamente quando a planta está parada.

Tempo (s)		**Válvulas Abertas**	**Vaso A**	**Vaso B**
0		V1, V2	planta parada (sem atividade)	
T1	5	V1, V2 e EQ	Equalização	equalização
T2	5	PB e RA	despressurização	pressuruzação
T3	15	PB, RA e GB	despressurização	geração de O_2
T4	10	PB, RA, GB e PU	Purga	geração de O_2
T5	5	V1, V2 e EQ	Equalização	equalização
T6	5	PA e RB	pressuruzação	despressurização
T7	15	PA, RB e GA	geração de O_2	despressurização
T8	10	PA, RB, GA e PU	geração de O_2	purga

Figura 24 - Tempo de ciclo de uma VPSA

Em termos práticos, isso significa que o desempenho da planta depende diretamente de como esses tempos são ajustados — pequenas mudanças podem melhorar ou piorar a eficiência (pureza do oxigênio, consumo de energia elétrica, taxa de produção, etc.). Os valores apresentados aqui são ilustrativos e podem variar conforme a instalação.

Embora o ciclo seja descrito em etapas discretas, na prática a operação da VPSA deve ser compreendida como um sistema dinâmico contínuo. Cada fase influencia diretamente a seguinte, e pequenas variações em tempo, pressão ou vazão podem impactar o desempenho global da planta.

Essa interdependência faz com que ajustes aparentemente pontuais tenham efeitos amplificados ao longo do ciclo, afetando tanto a pureza do oxigênio quanto a eficiência energética e a integridade dos adsorventes.

A seguir, apresenta-se a descrição das principais etapas do ciclo de operação da VPSA de oxigênio.

Definições das etapas do ciclo

Equalização: Os vasos V-A e V-B nivelam suas pressões. O fluxo de equalização ocorre do vaso com maior pressão para o vaso com menor pressão, garantindo que ambos atinjam um equilíbrio de pressão antes das etapas subsequentes.

Pressurização: Um dos vasos recebe ar do soprador, elevando sua pressão até o valor operacional. Esta fase prepara o vaso para a etapa de geração de oxigênio.

Geração (Produção): O vaso pressurizado inicia a produção. O ar atravessa o leito adsorvente; o nitrogênio, dióxido de carbono, vapor de água e traços de hidrocarbonetos são retidos pelo material adsorvente, enquanto o oxigênio (O_2) é coletado como oxigênio produzido na saída do vaso. Esta é a etapa fundamental de separação das moléculas.

Despressurização: Prepara o vaso para a purga (limpeza). A bomba de vácuo remove os contaminantes retidos no material adsorvente saturado, reduzindo a pressão interna e liberando os gases acumulados para restaurar a operação do leito.

Purga: Parte do oxigênio que sai do vaso que está em produção é desviada para limpar o vaso em regeneração, removendo gases residuais remanescentes. Esta etapa assegura que o vaso saturado seja devidamente limpo antes de retornar ao fluxo de produção.

Embora descritas separadamente, essas etapas funcionam como partes de um único sistema contínuo. O desempenho da planta não depende de uma etapa isolada, mas da coordenação entre todas elas.

Planta parada (em repouso)

Antes do início do ciclo de produção de oxigênio, a planta permanece em condição de repouso, estado em que os equipamentos são mantidos em uma configuração segura e preparada para a partida. Nessa condição, o sistema supervisório posiciona automaticamente as válvulas de acordo com a configuração operacional prevista.

A produção de oxigênio na VPSA ocorre em um ciclo contínuo de múltiplas etapas, com tempos pré-determinados. O ciclo é ininterrupto: após a conclusão do T8, o processo reinicia automaticamente no T1.

Quando a planta é ligada pela primeira vez ou após uma parada programada, ela entra no modo de repouso. Ao ser colocada em operação, o ciclo inicia-se em T1. Caso a planta já esteja em funcionamento, o tempo T1 sucede imediatamente o término de T8.

Configuração das válvulas no modo de repouso:

- As válvulas V-1 e V-2 ficam abertas;
- Todas as demais válvulas permanecem fechadas.

Esse posicionamento é automático, controlado pelo sistema supervisório. A abertura de V-1 e V-2 garante que os circuitos do soprador e da bomba de vácuo estejam livres de obstruções, preparando o sistema para um início de operação seguro (Figura 25).

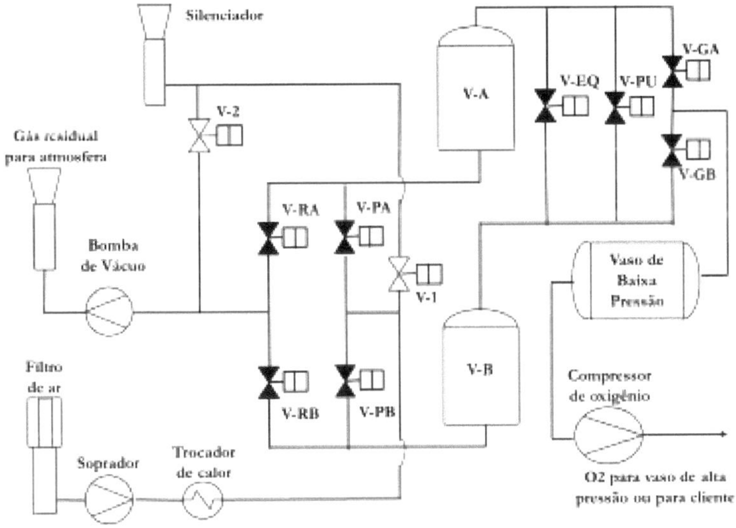

Figura 25 - Posição das válvulas com a planta parada

Para iniciar a geração de oxigênio, é necessário colocar a VPSA em operação. A partir da etapa T1, será utilizado um padrão de cores e setas no diagrama PFD para facilitar a compreensão do fluxo dos fluidos no processo:

- Verde: Ar de processo (pressão positiva);
- Azul: Oxigênio, incluindo o fluido de equalização;
- Amarelo: Gases residuais (vácuo).

A direção do fluxo de cada fluido é indicada por setas no diagrama. Trechos sem cor indicam que o fluxo está interrompido, seja porque a planta está parada, seja porque a passagem foi bloqueada por válvulas de controle em posição fechada. Cada etapa da produção será detalhada a seguir, acompanhando os fluxos de ar, oxigênio e gases residuais.

T1: Equalização de pressão do vaso A para o vaso B

Antes de iniciar a operação, o operador deve conferir a disponibilidade de todas as utilidades, assegurando que a energia elétrica, a água de resfriamento e o ar comprimido estejam prontas para uso.

Nota sobre o ar comprimido e a água de resfriamento: Algumas plantas possuem compressor próprio, enquanto outras, inseridas em complexos industriais, recebem essa utilidade por meio de tubulação externa. O mesmo se aplica à torre de resfriamento, que pode ser dedicada à VPSA ou compartilhada com outros unidades fabris.

Com as utilidades disponíveis, o soprador de ar e a bomba de vácuo podem ser colocados em operação:

1. O soprador aspira o ar da atmosfera e o comprime para dentro da planta. Como as válvulas de entrada dos vasos adsorvedores permanecem fechadas, o ar ainda não acessa esses equipamentos;
2. A V-1, que já se encontrava aberta no modo de repouso, permanece aberta, permitindo que parte do ar seja direcionada à atmosfera por meio do silenciador;
3. Uma parcela do ar é aspirada pela bomba de vácuo através da V-2, que também permanece aberta, sendo o ar devolvido à atmosfera.

Em seguida, o PLC abre a válvula de equalização (V-EQ) para nivelar a pressão entre os vasos, com o fluxo ocorrendo do Vaso A (V-A) para o Vaso B (V-B). Na prática, essa etapa reduz o consumo de energia do sistema, pois reaproveita a pressão já existente em um vaso, evitando que todo o trabalho precise ser feito novamente pelo soprador ou pela bomba de vácuo. Durante essa etapa, as três válvulas — V-1, V-2 e V-EQ permanecem abertas simultaneamente, enquanto todas as demais válvulas permanecem fechadas (Figura 26). Quando a planta é colocada em operação pela primeira vez ou após ficar longos períodos fora de operação, a pressão nos dois vasos se limitará a pressão atmosférica. Neste caso, não haverá fluxo de ar ou de oxigênio entre os vasos.

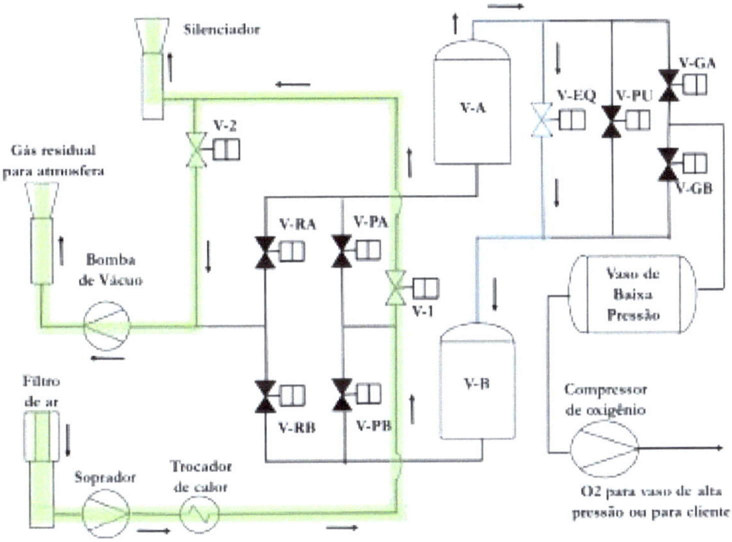

Figura 26 - V-A e V-B em equalização (de A para B)

É fundamental diferenciar duas situações distintas quanto à posição das válvulas V-1, V-2 e V-EQ:

a) Planta parada e pronta para iniciar operação:

- As válvulas V-1 e V-2 permanecem abertas. Ao dar a partida na planta, elas continuam abertas até a conclusão de T1.

- A V-EQ é aberta somente quando o ciclo é efetivamente iniciado.
- Nessa condição inicial, ainda não há pressão significativa de fluido nos vasos; ainda assim, o processo já segue a lógica sequencial definida pelo sistema de controle.

b) Planta em funcionamento (T8 para T1):

- Durante a operação em T8, as válvulas V-1, V-2 e V-EQ permanecem fechadas.
- Elas são reabertas apenas quando o ciclo reinicia em T1, garantindo a continuidade do processo cíclico.

Quando o PLC abre a V-EQ, a pressão é nivelada entre os vasos, com o fluxo de oxigênio residual ocorrendo do V-A para o V-B. Durante essa etapa, as três válvulas — V-1, V-2 e V-EQ — permanecem abertas simultaneamente, enquanto todas as demais válvulas permanecem fechadas.

T2: V-A despressurizando e V-B pressurizando

A etapa de despressurização ocorre imediatamente após a equalização. No T2 o V-A inicia a despressurização e o V-B começa a ser pressurizado.

Para despressurizar o V-A, o PLC abre a V-RA, permitindo que os gases armazenados sejam removidos pelo fundo do V-A. A bomba de vácuo auxilia esse processo, retirando os contaminantes (gases indesejados) previamente adsorvidos pelo leito de peneira molecular. Gases como CO_2, vapor de água e nitrogênio (N_2) são liberados para a atmosfera, preparando o leito para a etapa subsequente de purga.

O V-B, que passou pela equalização, passa agora pela pressurização. O PLC abre a V-PB, direcionando o ar proveniente do soprador para o interior do vaso, elevando sua pressão até o nível necessário para a geração de oxigênio.

Durante T2, somente as válvulas V-PB e V-RA permanecem abertas, enquanto todas as demais válvulas permanecem fechadas (Figura 27).

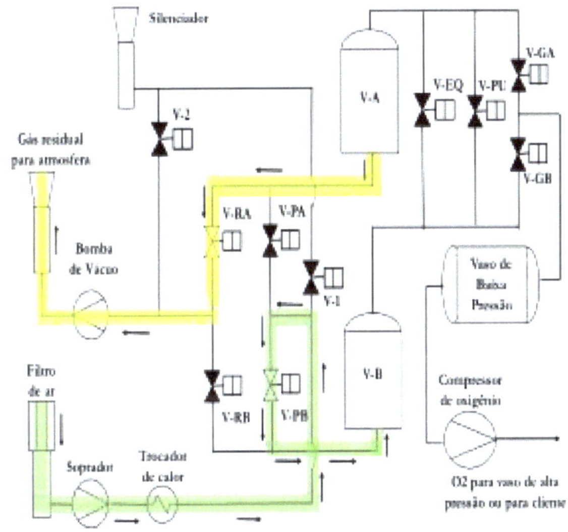

Figura 27 - V-A despressurizando e V-B pressurizando

T3: Geração de O_2 no vaso B e limpeza no vaso A

Nesta fase do ciclo, enquanto o V-B inicia a geração (produção) de oxigênio, o V-A prossegue na despressurização do seu leito adsorvente.

A dinâmica dentro dos vasos:

V-A (Despressurização): O vaso continua evacuando os gases que ficaram retidos. Com V-RA aberta, a bomba de vácuo atua como um exaustor, removendo as impurezas— como o CO_2, o vapor de água e o nitrogênio (N_2), retidas na peneira molecular. Tais gases são descartados pela bomba de vácuo, deixando o vaso pronto para o próximo ciclo.

V-B (Geração de Oxigênio): depois de pressurizado, o V-B inicia a geração de oxigênio. O ar entra pela parte inferior do vaso e atravessa as camadas da peneira molecular, que retém seletivamente o nitrogênio e demais contaminantes, permitindo que apenas o oxigênio seja coletado no topo do vaso.

Controle das Válvulas:

Para que essa etapa ocorra corretamente, o PLC comanda a abertura e o fechamento das válvulas de acordo com a sequência operacional programada, garantindo o direcionamento adequado dos fluxos de ar, oxigênio e gases residuais:

1. Entrada e Saída: A V-PB (que deixa o ar entrar no V-B) e a V-RA (que permite o vácuo limpar o V-A) permanecem abertas.
2. Entrega do Produto: A V-GB se abre para que o oxigênio produzido no V-B possa finalmente seguir seu curso.

Todas as outras válvulas ficam fechadas. Isso é vital para evitar quedas de pressão ou fuga de ar para seções onde há circulação de oxigênio. Essa configuração exata de válvulas define o T3, conforme pode ser observado na Figura 28.

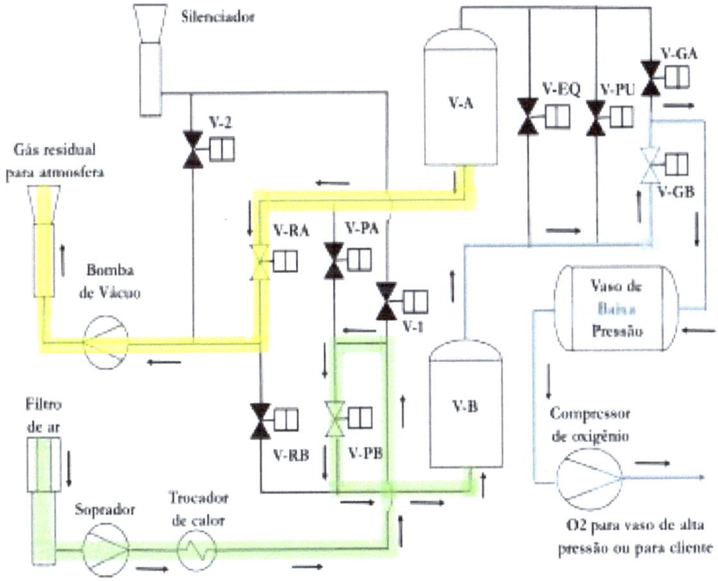

Figura 28 - V-A despressurizando e V-B gerando O_2

T4: Purga do vaso A e geração de O_2 no vaso B

No T4, o PLC executa a etapa de purga do V-A utilizando uma fração do oxigênio produzido. Essa manobra, através do acionamento de algumas válvulas, assegura a regeneração eficiente do material filtrante (leito adsorvente) e garante que a produção (geração) não pare.

O que acontece nos vasos:

V-A (Purga): Após a despressurização, o V-A ainda guarda resíduos de gases indesejáveis. Para eliminá-los, parte do oxigênio gerado no outro vaso é injetada aqui. Esse oxigênio entra pelo topo e percorre todo o caminho até o fundo, "limpando" o leito. Ao mesmo tempo, a bomba de vácuo puxa esses contaminantes para fora, deixando o vaso pronto para a próxima etapa.

V-B (geração de oxigênio): O V-B mantém a geração de oxigênio. O fluxo produzido é dividido: a maior parte segue para o curso final do processo, enquanto uma fração controlada é desviada para a purga do V-A (Figura 29).

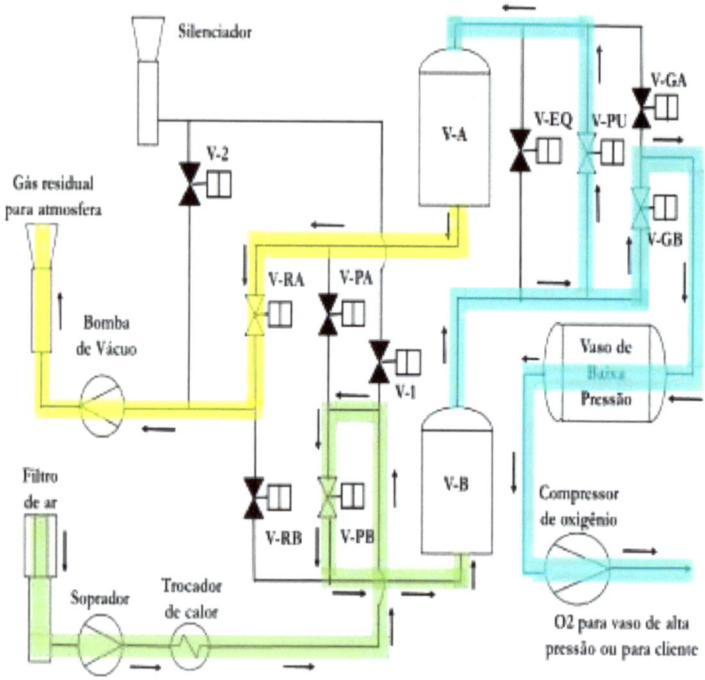

Figura 29 - V-A em purga e V-B em geração de O_2

Controle das Válvulas:

Para coordenar essa etapa, o PLC mantém quatro válvulas específicas abertas:

1. V-PB e V-GB: Garantem a entrada de ar e a saída de oxigênio no V-B.

2. V-RA: Mantém o V-A conectado com a bomba de vácuo para que as impurezas sejam removidas.

3. V-PU: É a responsável por permitir que parte do oxigênio gerado no V-B seja direcionado para a purga do V-A.

Nessa etapa todas as demais válvulas permanecem fechadas. Isso protege a pressão do sistema e evita fluxos incorretos de ar, oxigênio ou gases residuais no processo.

T5: Equalização da pressão do vaso B para o vaso A

No T5, o ciclo entra na etapa de equalização de pressão. As válvulas V-1, V-2 e V-EQ abrem simultaneamente, enquanto todas as demais válvulas da planta permanecem fechadas.

Com a abertura da válvula de equalização (V-EQ), o oxigênio residual flui do V-B para o V-A. O V-B encontra-se em condição de maior pressão, após a etapa de geração, enquanto o V-A apresenta pressão reduzida, após a purga.

Essa transferência permite o aproveitamento da energia armazenada no vaso de maior pressão para elevar parcialmente a pressão do outro vaso, contribuindo para a eficiência energética do ciclo.

Silenciador e exaustão:

Durante o processo de equalização, as válvulas V-1 e V-2 permanecem abertas, permitindo a circulação controlada do ar e assegurando que o circuito do soprador e da bomba de vácuo opere sem restrições. O ar do soprador é devolvido à atmosfera por meio do silenciador e da bomba de vácuo, garantindo estabilidade operacional (Figura 30).

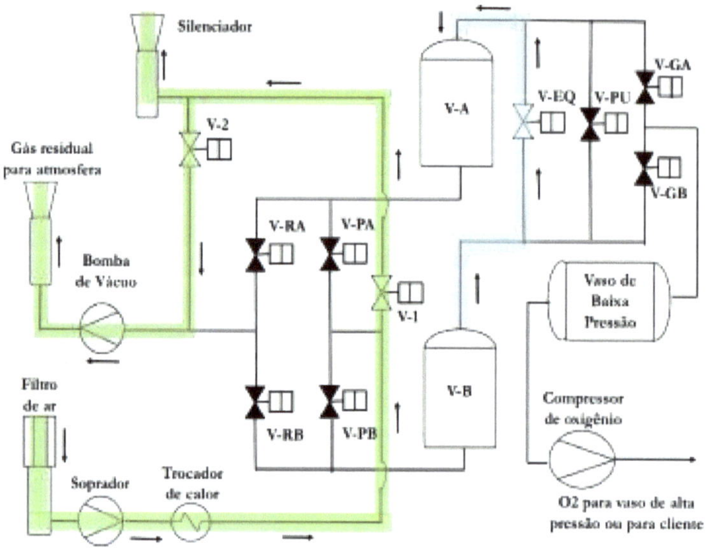

Figura 30 - V-A e V-B em equalização (de B para A)

T6: Vaso A pressurizando e vaso B despressurizando

No T6, o V-A passa a ser preparado para a geração de oxigênio, enquanto o V-B inicia o processo de esvaziamento para posterior regeneração.

Durante esta etapa:

- As válvulas V-PA e V-RB permanecem abertas;
- Todas as demais válvulas da VPSA permanecem fechadas.

O que acontece em cada vaso:

Pressurização do V-A: Após a equalização, o V-A recebe ar comprimido do soprador. O PLC abre a V-PA, permitindo que o ar entre no vaso até que a pressão de operação seja atingida, condição necessária para a separação eficiente do oxigênio na etapa seguinte.

Despressurização do V-B: Simultaneamente, o V-B inicia a redução de pressão. Com a abertura da V-RB, o gás acumulado no interior do vaso começa a ser removido, preparando o leito adsorvente para a etapa subsequente de despressurização e purga (Figura 31).

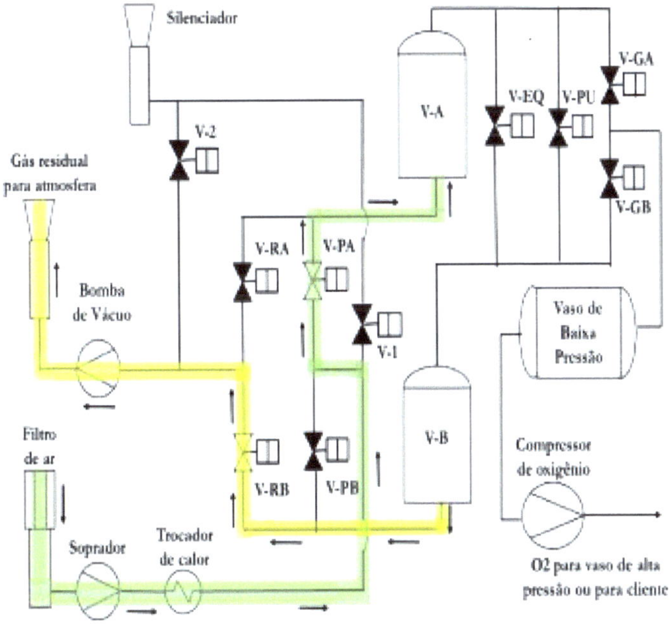

Figura 31 - V-A pressurizando e V-B despressurizando

T7: V-A gerando O_2 e V-B despressurizando

Ao atingirmos o T7, o V-A assume a geração de oxigênio, enquanto o V-B prossegue em seu processo de remoção dos gases residuais.

Durante esta etapa:

As válvulas V-PA e V-RB continuam abertas e o PLC abre a V-GA, que efetivamente habilita a saída do oxigênio do V-A. Todas as outras válvulas permanecem fechadas para garantir a estabilidade do processo.

Produção no V-A: Impulsionado pelo soprador, o ar atravessa o vaso do fundo ao topo. Nesse trajeto, a peneira molecular captura as impurezas em suas duas camadas, permitindo que apenas o oxigênio gerado seja coletado na parte superior.

Limpeza no V-B: O sistema mantém a V-RB aberta para que o gás residual saia pelo fundo do V-B. Aqui, a bomba de vácuo desempenha um papel crucial, forçando a evacuação dos gases lançando-os para a atmosfera (Figura 32).

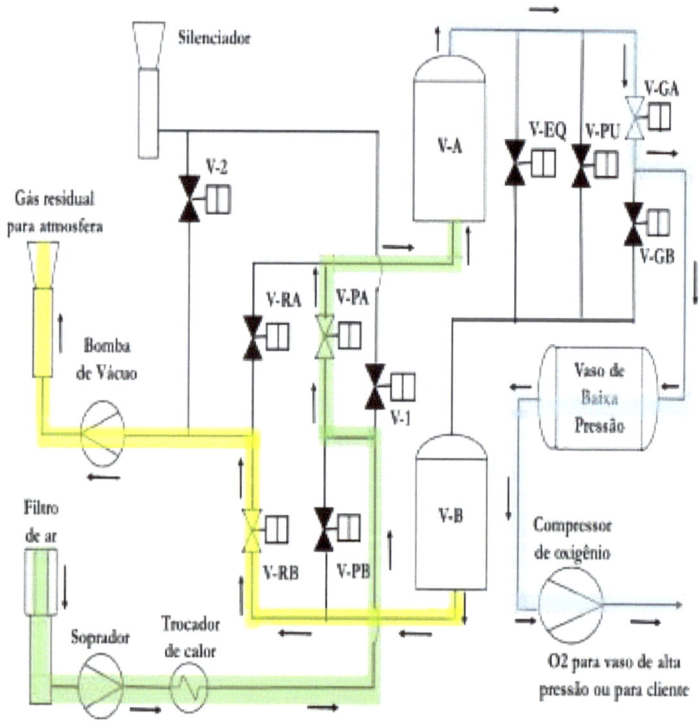

Figura 32 - V-A gerando O_2 e V-B despressurizando

T8: V-A gerando O_2 e V-B em purga

No T8, chegamos à etapa final do ciclo. O V-A mantém a geração de O_2, mas agora cede uma parte do seu oxigênio para a purga do V-B.

Durante esta etapa quatro válvulas operam em conjunto: V-PA, V-RB, V-GA e a V-PU.

Produção contínua no V-A: O ar continua passando pelo V-A de baixo para cima. O material adsorvente continua retendo as impurezas, e o oxigênio gerado é coletado no topo do vaso.

Purga do V-B: Uma parcela do oxigênio produzido no V-A é desviada para o V-B através da V-PU. Esse fluxo entra pelo topo do vaso e percorre o leito até o fundo, evacuando os gases residuais. Com o auxílio da bomba de vácuo, esses resíduos são expulsos para a atmosfera, garantindo que o leito esteja regenerado para reiniciar o ciclo (Figura 33).

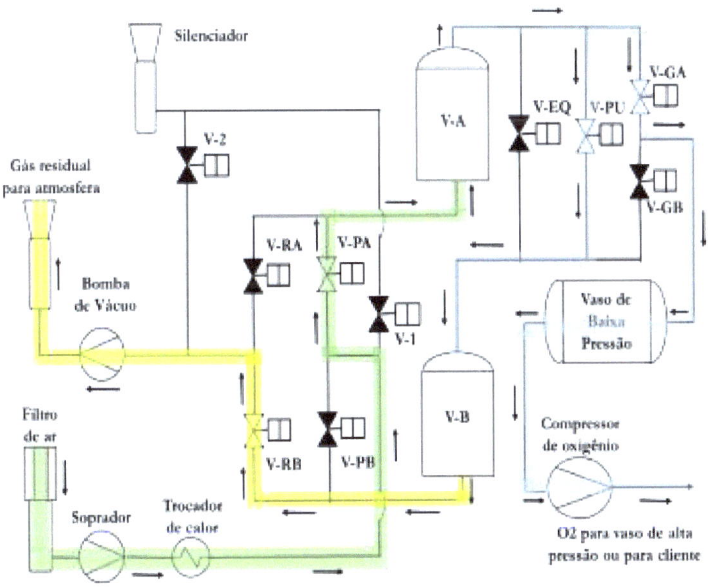

Figura 33 - V-A gerando oxigênio e V-B em purga

Retorno à etapa inicial

Com o fim do T8, o PLC reinicia o processo imediatamente no T1. É importante notar que o T0 não faz parte do ciclo comum; ele é um estado reservado apenas para quando a planta está totalmente desligada.

Dessa forma, a VPSA trabalha em um regime de ciclos contínuos e ininterruptos. Na Figura 34, é possível visualizar como o operador acompanha o processo através do sistema supervisório, monitorando cada válvula e a pressão interna dos vasos em tempo real.

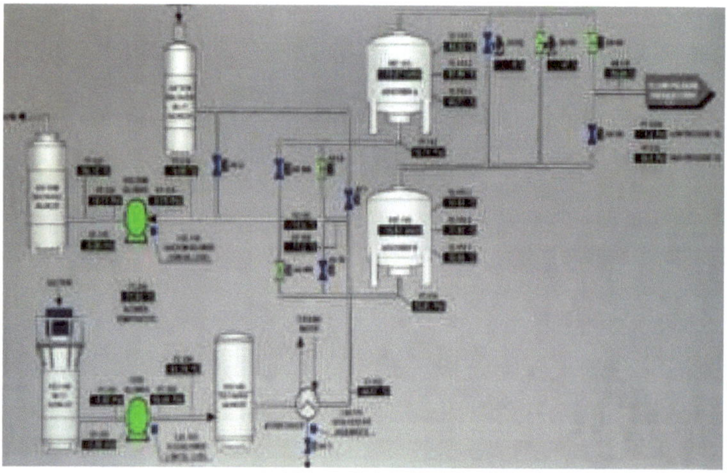

Figura 34 - Tela do supervisório

Tópicos especiais: O desempenho

Para que a VPSA opere em seu potencial máximo, não basta apenas seguir o ciclo; é preciso ajustar o equilíbrio entre as etapas. Abaixo, detalhamos como pequenas variações podem impactar a produção da planta.

a) O Equilíbrio na Equalização

A equalização é o momento de sincronia entre os vasos. Ela deve durar o tempo exato para nivelar as pressões.

O risco do tempo: Se for curta demais, o sistema perde o "impulso" para a etapa seguinte; se for longa demais, rouba tempo precioso da geração de oxigênio.

Economia de energia: Este é um momento em que o soprador e a bomba de vácuo trabalham "aliviados", devolvendo o ar à atmosfera pelas válvulas V-1 e V-2, o que reduz o consumo de energia elétrica

Abertura da V-EQ: Diferente da maioria das válvulas do processo que são *on-off*, esta válvula é modulável. Se estiver muito aberta, o nivelamento ocorre rápido demais, ignorando o tempo programado. Se estiver quase fechada, o fluxo fica tão baixo que a equalização pode demorar de ser concluída.

b) Pressurização e Despressurização: O Tempo de Espera

Nestas duas fases, a planta não produz oxigênio, por isso o ajuste correto é importante:

Pressurização: O segredo é atingir a pressão definida pelo PLC sem ultrapassá-la. Exceder o limite pode disparar alarmes de segurança e parar a planta; não atingi-lo compromete a pureza do oxigênio gerado.

Despressurização: É a fase de remoção dos gases residuais. Um tempo longo demais reduz a produção, devido a longa permanência do vaso nessa etapa, e força a bomba de vácuo a trabalhar mais do que o necessário. Caso o tempo seja reduzido, compromete a limpeza eficaz do material adsorvente.

c) O Ajuste da Purga e Geração

Aqui ocorre o balanço entre "limpar o sistema" e "entregar o produto":

A Purga (V-PU): Esta válvula também é modulável. Como ela usa parte do oxigênio gerado para limpar o vaso vizinho, deixá-la muito aberta "rouba" parte significativa do oxigênio gerado. Se fechá-la demais, o vaso não será regenerado corretamente.

A Geração de O_2: É a etapa produtiva do ciclo — quanto maior o tempo de geração, maior o volume de oxigênio entregue. Porém, há um limite: se a geração for longa demais, a peneira molecular fica "saturada" (cheia de impurezas), e o nitrogênio começa a passar junto com o oxigênio, reduzindo a pureza do O_2.

d) Velocidade de Resposta das Válvulas

As válvulas automáticas precisam abrir e fechar sempre no mesmo ritmo. Se uma válvula começar a demorar mais que o normal para comutar, seja para abrir o fechar, a pureza do oxigênio cairá, sinalizando falta de sincronismo na velocidade de comutação das válvulas.

Segurança, qualidade e sustentabilidade

As plantas modernas são projetadas para garantir que o oxigênio seja produzido de forma segura e eficiente.

Qualidade: A pureza contratada é condição indispensável no processo. No uso hospitalar, ela salva vidas; na indústria, protege equipamentos e assegura a qualidade do processo. O monitoramento contínuo serve como um guardião, garantindo que o oxigênio entregue seja dentro dos limites de especificações.

Eficiência energética: O consumo elétrico de uma VPSA é alto, especialmente no soprador, no compressor e na bomba de vácuo. A estratégia ideal é operar a planta como um sistema sincronizado: ajustar o ciclo à demanda real e eliminar vazamentos são as formas mais eficazes de reduzir custos sem perder desempenho.

Compreendido o funcionamento do ciclo e os principais fatores que influenciam seu desempenho, o próximo passo é estudar os aspectos de segurança operacional, tema do próximo capítulo

Capítulo 7

Riscos do oxigênio

Neste capítulo, apresentam-se os principais riscos relacionados a concentrações de oxigênio iguais ou superiores a 23% em ambientes industriais ou hospitalares. Nem sempre é suficiente alertar as pessoas sobre os perigos do oxigênio, devido à percepção comum associada a esse produto. Profissionais como médicos, enfermeiros e equipes de primeiros socorros administram oxigênio rotineiramente a pacientes doentes ou feridos, o que leva muitos a subestimar os riscos associados a esse gás.

Em ambientes enriquecidos com oxigênio, o risco não está apenas na presença de uma fonte de ignição, mas na transformação de materiais comuns em potenciais combustíveis. Substâncias que, em condições atmosféricas normais, apresentam comportamento estável podem tornar-se altamente reativas quando expostas a concentrações elevadas de oxigênio.

O erro mais comum não é desconhecer esses riscos, mas tratá-los como improváveis. Essa percepção reduz o nível de atenção durante atividades rotineiras e aumenta a exposição a eventos que, embora evitáveis, podem evoluir rapidamente para situações críticas.

A seguir, o oxigênio será analisado sob uma perspectiva diferente, destacando os perigos que ele representa quando presente em concentrações elevadas no ambiente de trabalho ou em processos industriais.

O oxigênio como potencializador da chama

Qualquer mistura de ar contendo oxigênio em concentração igual ou superior a 23% aumenta significativamente o risco de ignição. Em outras palavras, o ambiente deixa de se comportar como ar comum e passa a reagir de forma muito mais agressiva ao fogo. Nesses ambientes, pequenas faíscas, que normalmente seriam inofensivas, podem iniciar incêndios de grandes proporções.

Materiais combustíveis queimam de forma muito mais vigorosa em atmosferas com 23% de oxigênio ou mais. A chama resultante apresenta temperatura mais elevada e propagação mais rápida do que quando o material é exposto ao ar com composição normal, que contém aproximadamente 20,95% de O_2.

Riscos da pressão

O oxigênio é normalmente acondicionado em vasos e cilindros sob pressão, podendo alcançar pressão de até 300 bar. Por essa razão, é fundamental que todo o pessoal envolvido no manuseio de oxigênio e de suas misturas esteja plenamente consciente dos riscos. Todos devem ser devidamente treinados no uso de procedimentos adequados e de equipamentos de proteção individual (EPI).

A pressão representa uma forma de energia armazenada que, quando liberada de maneira descontrolada, pode causar lesões graves, mortes e danos materiais.

A pressão é a força exercida pelo gás sobre a superfície do recipiente. Para se ter uma referência, uma pressão de apenas 0,5 bar já possui energia suficiente para provocar a remoção dos olhos do crânio de uma pessoa. Isso ilustra que o risco não está apenas no gás em si, mas na energia armazenada sob pressão, que pode ser liberada de forma violenta.

A parte mais frágil de um cilindro é a sua válvula, pois é por meio dela que o oxigênio entra durante o enchimento e por onde também é liberado quando o produto é consumido. Quando o cilindro não estiver em uso, essa válvula deve ser protegida com um capacete, que funciona como uma barreira mecânica contra impactos.

Sem a proteção do capacete, caso o cilindro tombe e a válvula atinja o solo, ela poderá se romper. Nessa condição, o oxigênio armazenado sob alta pressão será liberado de forma repentina e descontrolada. A força resultante desse escape pode impulsionar o cilindro a altíssima velocidade, transformando-o em um projétil de elevado potencial destrutivo.

Esse comportamento é semelhante ao de uma bexiga de festa (balão) cheia quando o ar escapa pelo bocal — e não quando ela estoura. A reação provocada pela saída do gás faz com que a bexiga se mova aleatoriamente.

O mesmo princípio físico ocorre com o cilindro, porém com consequências muito mais graves. Devido à sua elevada massa, frequentemente superior a 50 kg, um cilindro despressurizado de forma abrupta pode atravessar paredes, destruir equipamentos e estruturas ao longo de sua trajetória e provocar graves danos materiais e lesões em pessoas (Figura 35).

Figura 35 - Cilindros com e sem proteção do capacete

As conexões da válvula de cilindros de oxigênio são projetadas especificamente para uso em sistemas destinados a esse serviço. Por esse motivo, nunca se deve utilizar adaptadores nem alterar conexões para tentar acoplar um cilindro a uma instalação. Se o encaixe não ocorrer de maneira fácil e segura, não se deve forçar. A recomendação é retirar o cilindro de uso, identificá-lo com uma etiqueta de "danificado" e entrar em contato com o fornecedor.

É importante destacar que os riscos associados à pressão não se limitam apenas aos cilindros, mas se aplicam a todo sistema enriquecido com oxigênio pressurizado, abrangendo tubulações, válvulas e demais componentes da instalação.

Fontes geradoras de ignição

O oxigênio é um comburente ativo, ou seja, uma substância que favorece a combustão de materiais. Em concentrações elevadas, ele pode provocar a queima de substâncias que, em condições normais, não seriam inflamáveis, como o alumínio ou o aço.

Quando a concentração de oxigênio no ambiente excede 23%, a química da combustão se altera significativamente: diversos materiais tornam-se mais fáceis de inflamar, inclusive metais. A reatividade aumenta com a pressão e com a temperatura. Por exemplo, um material exposto a oxigênio a 20 bar de pressão apresenta maior probabilidade de reagir do que em pressão atmosférica de pouco mais de 1 bar.

A temperatura de autoignição é a temperatura mínima em que um material começa a queimar sozinho, sem precisar de chama ou faísca. Quando há mais oxigênio no ambiente, essa temperatura tende a ser menor — ou seja, o material pode pegar fogo com mais facilidade e em temperaturas mais baixas.

É por esse motivo que um fósforo consegue acender madeira, que possui baixa temperatura de ignição, mas não uma barra de aço, cuja temperatura de ignição é significativamente mais elevada.

Diante desse cenário, é fundamental compreender as possíveis fontes de ignição, tanto típicas quanto atípicas:

Fontes típicas de ignição: comuns em qualquer atmosfera, como fogo aberto, faíscas ou superfícies aquecidas.

Fontes atípicas de ignição: manifestam-se especificamente em atmosferas enriquecidas com oxigênio, como aquecimento por compressão, atrito de partículas ou contaminação com hidrocarbonetos.

a) Fontes de ignição

Mesmo situações consideradas seguras em ar atmosférico podem gerar energia suficiente para iniciar a combustão em atmosferas ricas em oxigênio. Alguns exemplos incluem:

Aquecimento por compressão: quando um gás é comprimido rapidamente, sua temperatura aumenta devido à conversão de energia mecânica em calor. Um exemplo cotidiano é a bomba manual de encher pneus, em que no interior do cilindro um êmbolo comprime o ar. Em sistemas de oxigênio, esse mesmo fenômeno pode ocorrer em válvulas, compressores ou reservatórios, e o calor gerado pode ser suficiente para inflamar materiais sensíveis.

Atrito e partículas: pequenas partículas podem se desprender de superfícies ou materiais em função de desgaste, fricção ou contaminação. O risco surge quando essas partículas colidem com paredes de tubulações, peças de válvulas, filtros ou conexões, liberando calor suficiente para provocar ignição. O atrito entre materiais pode gerar partículas metálicas finas que, em contato com oxigênio enriquecido, também podem iniciar a combustão.

Contaminação com hidrocarbonetos: óleos, graxas, resíduos de combustíveis ou outros compostos orgânicos presentes em tubulações ou equipamentos podem reagir violentamente com oxigênio. Esse risco não se limita às tubulações; roupas, ferramentas e outros materiais que entram em contato com oxigênio enriquecido também podem tornar-se inflamáveis.

A contaminação por hidrocarbonetos é especialmente crítica durante períodos de manutenção, quando sistemas e equipamentos são reinstalados sem limpeza adequada. Mesmo pequenas quantidades de óleo ou graxa podem provocar ignição imediata quando a planta retorna à operação.

b) Velocidade, temperatura, atritos e partículas

Não é o fluxo do gás em si que causa incêndios, mas sim o transporte de partículas capazes de gerar calor suficiente para inflamar materiais. Pequenas partículas metálicas soltas no interior de uma tubulação de oxigênio podem colidir com superfícies metálicas, gerando calor por atrito e iniciando um incêndio.

O aquecimento adiabático ocorre quando o gás é comprimido rapidamente, elevando sua temperatura sem a necessidade de uma fonte externa de calor. Esse fenômeno pode ocorrer em pontos onde o fluxo do gás é interrompido ou sofre restrições, como na sede de uma válvula ou em um regulador.

Tubulações reutilizadas devem ser sempre cuidadosamente limpas antes de serem destinadas a serviços com oxigênio. Resíduos ou partículas metálicas remanescentes podem causar incêndios quando impactam superfícies metálicas sob alta velocidade de fluxo. O risco é maior em locais onde o gás muda de direção ou sofre restrições, como curvas e joelhos.

Em misturas ricas em oxigênio, mesmo partículas muito pequenas podem inflamar-se devido à alta velocidade do gás. Por isso, tubulações e filtros devem ser fabricados com materiais compatíveis com oxigênio. Materiais inadequados, quando atingidos por partículas metálicas em alta velocidade, podem ser danificados ou provocar incêndios.

Exemplo prático:

Uma tubulação de oxigênio contendo pequenas partículas metálicas soltas. Quando a válvula é aberta, o gás arrasta essas partículas, que colidem com uma curva da tubulação ou com um filtro metálico, gerando calor por atrito suficiente para iniciar um incêndio.

c) Reação com hidrocarbonetos

Hidrocarbonetos são compostos formados por átomos de carbono e hidrogênio, sendo os principais constituintes do petróleo e de seus derivados, como óleos e graxas.

Se uma tubulação de fornecimento de oxigênio estiver contaminada com hidrocarbonetos, pode ocorrer uma reação violenta quando esses resíduos entram em contato com oxigênio puro ou enriquecido. O risco não se limita às tubulações: qualquer material contaminado com hidrocarbonetos — incluindo roupas, ferramentas ou superfícies — pode inflamar-se facilmente na presença de oxigênio enriquecido.

Hidrocarbonetos podem ingressar na planta principalmente durante atividades de manutenção, caso os equipamentos ou tubulações não sejam devidamente limpos antes da retomada da operação. Mesmo quantidades muito pequenas de óleo ou graxa podem representar risco significativo.

Exemplo prático:

Uma mangueira ou válvula reutilizada após manutenção, se não for limpa corretamente e ainda contiver traços de óleo, pode provocar um incêndio assim que o oxigênio começa a fluir, mesmo na ausência de faíscas. Diante disso, é preciso evitar o contato de hidrocarbonetos em áreas com oxigênio enriquecido. Sempre limpar tubulações, válvulas, filtros e ferramentas com produtos compatíveis antes de colocar a planta em operação.

d) Incompatibilidade do O_2 com alguns metais

Os materiais utilizados em sistemas que operam com misturas ricas em oxigênio estão sujeitos a ampla variação de condições operacionais.

Metais comuns, como o aço carbono, são amplamente utilizados na construção de tubulações, conexões e vasos de armazenamento, desde que suas propriedades sejam compatíveis com as condições de operação. O aço carbono, por exemplo, apresenta vantagem de custo e é normalmente empregado em temperatura ambiente.

No entanto, o aço carbono não deve ser utilizado em temperaturas abaixo de -29 °C, pois perde ductilidade, tornando-se quebradiço e sujeito a falhas. Para essas condições, podem ser empregados metais e ligas mais resistentes, como aço inoxidável, alumínio, cobre, monel e latão.

Em sistemas VPSA, esse aspecto é particularmente relevante em situações que envolvem oxigênio líquido criogênico, cuja temperatura é de aproximadamente -183 °C. O oxigênio líquido é fornecido por empresas produtoras e armazenado em um tanque criogênico na planta.

Esse oxigênio é vaporizado em situações de indisponibilidade da VPSA, garantindo que, mesmo diante de falhas na planta, haja disponibilidade contínua de oxigênio para suprimento emergencial.

Materiais que não suportam temperaturas criogênicas podem se tornar quebradiços ou fraturar-se ao entrar em contato com oxigênio líquido. Por exemplo, tubulações ou válvulas fabricadas em aço carbono, quando expostas a temperaturas da ordem de −183 °C, podem sofrer trincas, levando a vazamentos de oxigênio e aumentando drasticamente o risco de incêndio ou explosão. Por esse motivo, é essencial utilizar exclusivamente materiais compatíveis com baixas temperaturas em áreas onde o oxigênio líquido é manipulado.

O alumínio apresenta limitações em serviço com oxigênio que dependem diretamente da pureza e da pressão do gás. Quanto maior a pureza do oxigênio, maior o risco de ocorrência de reações violentas com esse metal.

O monel é uma liga metálica de elevada resistência mecânica e à corrosão, formada basicamente por 65–70% de níquel (Ni) e 20–30% de cobre (Cu). Pode conter ainda ferro, manganês, silício, enxofre, titânio e alumínio, conforme as propriedades requeridas, sendo empregado quando se necessita de alta resistência química e mecânica.

e) Partículas metálicas e risco de ignição

Alguns metais podem oxidar e gerar partículas, como ocorre com a formação de ferrugem. Se uma partícula for captada pelo fluxo de oxigênio, ela pode colidir com componentes do sistema e, caso o impacto gere calor suficiente, fornecer a energia necessária para provocar a ignição.

Por essa razão, tubulações e equipamentos devem ser projetados e operados de modo a minimizar esse risco, respeitando rigorosamente os limites de velocidade do gás. A redução da velocidade diminui a energia de impacto das partículas e, consequentemente, a probabilidade de ocorrência de fogo.

É importante lembrar que, em atmosferas enriquecidas com oxigênio:

- materiais que normalmente não queimam no ar podem inflamar-se;
- materiais que já queimam no ar podem fazê-lo de forma muito mais rápida e em temperaturas significativamente mais elevadas.

f) Incompatibilidade do O_2 com outros materiais

Para evitar que misturas ricas em oxigênio entrem em ignição devido ao contato com materiais incompatíveis, nunca substitua componentes originais por outros não aprovados. Toda substituição deve preservar a mesma composição e as mesmas propriedades do material original, garantindo compatibilidade com o oxigênio.

A maioria dos materiais não metálicos reage com o oxigênio, alguns de forma mais agressiva. Componentes como juntas, válvulas, gaxetas e lubrificantes devem ser criteriosamente verificados antes de sua utilização. Na operação da VPSA, esses elementos são selecionados especificamente para minimizar riscos de ignição.

Muitos elastômeros — materiais elásticos utilizados em válvulas e reguladores de pressão — são compostos por hidrocarbonetos e podem reagir violentamente com o oxigênio. Mesmo materiais considerados pouco reativos podem apresentar energias de ignição inferiores às dos metais, tornando-se suscetíveis à ignição por impacto de partículas ou aquecimento adiabático. Assim, qualquer substituição de material deve ser precedida de análise técnica e revisão minuciosa junto ao fabricante.

g) Limpeza de sistemas com oxigênio enriquecido

A limpeza para serviço de oxigênio não é uma atividade rotineira, sendo realizada durante a montagem da planta ou em intervenções de manutenção. Todo equipamento deve estar completamente limpo e seco antes de entrar em operação.

É fundamental remover materiais combustíveis, como óleos, bem como materiais não combustíveis, como ferrugem, areia ou poeira, das linhas e equipamentos. Após a limpeza, todas as peças e tubulações devem ser protegidas contra contaminação até a instalação final.

Os equipamentos devem estar livres de graxas, óleos de hidrocarbonetos, poeira, lascas metálicas, resíduos de solventes e quaisquer outros materiais estranhos. Qualquer falha nesse processo pode resultar em acidentes graves quando o sistema for colocado em operação.

Os agentes de limpeza podem ser:

- inorgânicos à base de água, selecionados conforme a natureza da contaminação e os recursos disponíveis;
- solventes compatíveis com oxigênio, utilizados para remover óleo e graxa. Atenção: o solvente selecionado não deve reagir com oxigênio.

Sempre que um solvente for utilizado, todo o líquido e o vapor residual devem ser completamente removidos por meio de procedimentos rigorosos de purificação e secagem. Quando não for possível garantir a remoção total, recomenda-se a inspeção visual e o uso de detectores de hidrocarbonetos para confirmar a ausência de resíduos.

h) Instrumentos de medição

É essencial assegurar a compatibilidade dos instrumentos instalados em sistemas que operam com oxigênio enriquecido. Por exemplo, manômetros convencionais lubrificados com vaselina, que contém hidrocarbonetos, podem explodir quando utilizados em serviço com oxigênio, em razão da alta reatividade do gás.

Portanto, todos os instrumentos destinados à medição de pressão ou de outras variáveis de processos devem ser certificados para uso com oxigênio, garantindo que não contenham lubrificantes ou componentes que possam reagir violentamente.

Em síntese, a presença de oxigênio em concentrações elevadas altera profundamente o comportamento dos materiais e dos processos. O que em condições normais seria seguro pode tornar-se crítico em questão de segundos. Por essa razão, a segurança em sistemas com oxigênio não depende apenas de normas e procedimentos, mas da compreensão contínua de que o ambiente operacional possui características distintas e exige disciplina constante.

Capítulo 8

Segurança do processo

A segurança do processo em uma VPSA refere-se ao conjunto de práticas, equipamentos e procedimentos destinados a prevenir acidentes, proteger os operadores e evitar danos aos ativos e à produção durante a separação de gases.

Em plantas VPSA, falhas raramente ocorrem por ausência de mecanismos de proteção. Na grande maioria dos casos, elas resultam da interpretação inadequada dos sinais emitidos pelo próprio sistema. Alarmes ignorados, desvios normalizados ao longo do tempo e intervenções operacionais que evitam a atuação de intertravamentos são exemplos típicos de como a segurança pode ser gradualmente degradada sem que haja, inicialmente, qualquer evento crítico.

Esse processo, muitas vezes silencioso, é conhecido na prática industrial como erosão da integridade operacional. Ele ocorre quando condições anormais passam a ser tratadas como aceitáveis, reduzindo a sensibilidade da operação a riscos reais. Em sistemas VPSA, onde a estabilidade depende da sincronização precisa entre válvulas, pressões e tempos de ciclo, pequenas anomalias podem se propagar rapidamente e comprometer o desempenho global da planta.

Assim, mais do que dispor de alarmes, *trips* e válvulas de segurança, é fundamental compreender o significado de cada sinal emitido pelo sistema e agir de forma consistente. A segurança do processo não está apenas na instrumentação instalada, mas na disciplina com que a operação interpreta e responde às condições reais de funcionamento.

Para viabilizar esse nível de proteção, é necessário dar atenção especial aos alarmes, às paradas automáticas e às válvulas de segurança. Esses mecanismos são fundamentais para detectar condições operacionais anormais, interromper o fluxo produtivo quando necessário e controlar pressões ou vazões potencialmente perigosas, garantindo que a operação da planta seja segura, estável e confiável. Em termos simples, esses sistemas existem para detectar problemas antes que eles se tornem acidentes.

Os alarmes: função e importância

Um alarme consiste em uma indicação de mau funcionamento de um equipamento, desvio de processo ou qualquer outra condição atípica que exija a intervenção do operador. Ele pode ser sinalizado por avisos audíveis e/ou visuais, sendo projetado especificamente para atender aos requisitos de segurança operacional.

Os alarmes auxiliam as equipes no acompanhamento contínuo das variáveis, permitindo uma resposta rápida a eventos indesejados e elevando a confiabilidade da planta. Quando acionado, o operador deve reconhecer o alerta e tomar a ação corretiva adequada, evitando que pequenos desvios evoluam para falhas críticas ou incidentes.

Por meio do sistema supervisório, é possível monitorar os dados em tempo real e registrar todas as ocorrências. Na unidade VPSA, parâmetros como pressão, vazão, temperatura e vibração são constantemente rastreados. Quando algum desses índices se afasta do *set point* seguro, o sistema dispara automaticamente um alerta.

Um exemplo típico é o alarme de baixa pureza de oxigênio. A planta dispõe de um analisador que mede continuamente o percentual de pureza do produto. Caso o sistema seja projetado para gerar O_2 com 90% de pureza, o alarme pode ser configurado para alertar o operador se esse valor cair abaixo do limite estabelecido. Nessa situação, o operador deve identificar a causa da redução da pureza e sanar o problema. Vale ressaltar que existem contextos em que o alarme dispara de forma temporária e prevista, como durante o *startup* do sistema após uma parada técnica, período em que o gás ainda não atingiu a pureza de regime.

Um dos riscos mais relevantes associados aos alarmes não está na sua ausência, mas na sua banalização. Alarmes que disparam com frequência e não são tratados tendem a ser ignorados, criando um ambiente no qual eventos realmente críticos podem deixar de receber a devida atenção. Esse fenômeno reduz a eficácia do sistema de proteção e aumenta a probabilidade de falhas operacionais.

Por essa razão, boas práticas recomendam que todo alarme tenha um propósito claro, seja acionável e exija uma resposta definida do operador. Um sistema de alarmes eficaz não é aquele que sinaliza tudo, mas aquele que sinaliza o que realmente importa.

Parada automática (*trips* e intertravamentos)

Para salvaguardar pessoas e ativos, certas situações exigem a parada automática da planta, tecnicamente denominada *trip* ou intertravamento. Esses mecanismos são disparados quando o PLC identifica condições que ultrapassam os limites de integridade operacional.

Exemplo: a temperatura do ar que alimenta o vaso adsorvedor não deve ultrapassar 40 °C, pois o calor excessivo compromete a capacidade das zeólitas de reter contaminantes, degradando a qualidade do oxigênio. Um alarme pode alertar o operador aos 38 °C, enquanto um intertravamento desliga a planta automaticamente caso a temperatura alcance 45 °C. Nesse cenário, o *trip* atua como a proteção direta do processo, prevenindo distúrbios e danos permanentes ao leito adsorvedor.

Existem dezenas de *trips* programáveis em uma VPSA. Na subestação elétrica, por exemplo, variações anormais de tensão ou corrente nos motores principais acionam relés de proteção que interrompem o funcionamento das máquinas. Enquanto a condição de risco persistir, o operador não conseguirá reiniciar o equipamento até que as "condições permissivas" sejam restabelecidas e a causa raiz seja solucionada. Tais condições são geralmente detalhadas na tela do supervisório ou na IHM.

Dependendo do projeto, os *trips* podem estar associados a:

- Vibração elevada em máquinas rotativas;
- Pressão excessivamente alta ou baixa;
- Vazão acima dos limites de projeto;
- Temperatura fora da faixa operacional segura;
- Atuação de relés de proteção elétrica.

Válvulas de segurança

A válvula de segurança, ou PSV (*Pressure Safety Valve*), é um dispositivo automático que protege equipamentos em caso de elevação da pressão a níveis perigosos.

Quando a pressão interna ultrapassa o limite pré-determinado, a válvula abre automaticamente, permitindo a passagem do fluido até que a pressão seja normalizada.

Normalmente, a PSV é acionada por uma mola interna com ajuste pré-determinado, que movimenta um disco de vedação. Quando a pressão excede esse limite, o disco se desloca, permitindo a passagem do fluido. Quando a pressão retorna ao valor seguro, a força da mola fecha o disco novamente, interrompendo a saída do fluido (Figura 36).

Figura 36 - Válvulas de segurança

A PSV atua como a última linha de defesa do sistema, protegendo tanto os equipamentos quanto os operadores e garantindo a integridade do processo. Ao aliviar a pressão excessiva, ela evita danos às tubulações e aos equipamentos, preservando a integridade física das pessoas e das instalações.

Diferentemente das válvulas automáticas que dependem de comandos do PLC, a válvula de segurança não requer sinal externo para atuar; basta que a pressão do sistema atinja o *set point* estabelecido. Para que funcione corretamente, a válvula de segurança deve ser especificada de acordo com as condições de projeto. Na Figura 37, apresenta-se a representação gráfica da PSV.

Figura 37 - Válvula de segurança – representação

Para especificar corretamente a válvula de segurança, é necessário conhecer os limites de pressão e temperatura suportados pelo equipamento e pelas tubulações, o porte da máquina, a capacidade de vazão requerida e a compatibilidade química dos materiais de construção. Na

Figura 38, são apresentados os pontos usuais de instalação das válvulas de segurança em uma unidade VPSA de O_2.

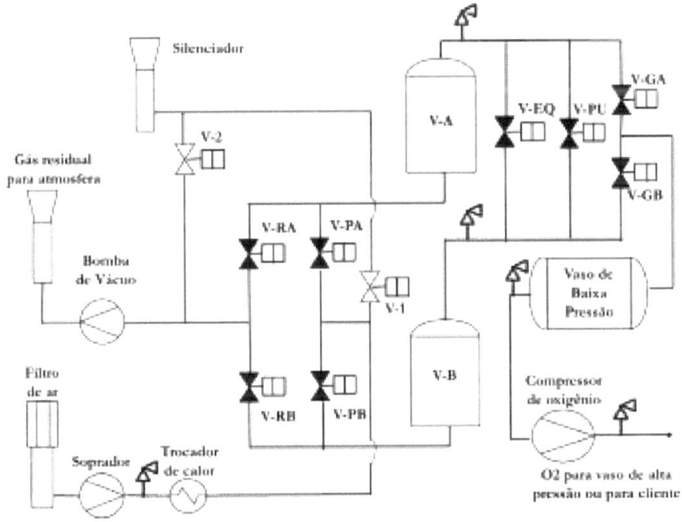

Figura 38 - Válvulas de segurança na VPSA

As razões mais comuns para o aumento de pressão nos sistemas incluem exposição ao fogo, expansão térmica, reações químicas imprevistas e falhas operacionais. Nesses casos, assim que a pressão atinge o *set point*, a válvula de segurança abre automaticamente, permitindo a liberação do fluido até que a pressão retorne a um valor seguro.

A fluidização dos adsorventes

A fluidização dos adsorventes ocorre quando esse material se degrada, formando pó, o que pode causar danos significativos ao processo e à própria planta. O pó gerado pode atingir o compressor de oxigênio, provocando avarias, uma vez que o equipamento é projetado para comprimir gases, e não partículas sólidas. Além disso, a perda progressiva das características originais das zeólitas reduz sua capacidade de retenção de contaminantes, afetando diretamente a pureza do oxigênio produzido.

Na Figura 39, observa-se, à esquerda, zeólitas em bom estado; ao centro, material parcialmente fluidizado, com camada de pó sobre os grânulos; e, ao fundo, zeólitas totalmente fluidizadas, com aspecto semelhante ao leite em pó.

Figura 39 - Amostras de zeólitas

A principal causa da fluidização dos adsorventes está relacionada a falhas de abertura ou fechamento das válvulas de controle. Uma falha de abertura ocorre quando a válvula deveria abrir, mas permanece fechada, impedindo a passagem de ar ou oxigênio. Já a falha de fechamento acontece quando a válvula deveria fechar, mas permanece aberta, permitindo fluxo indevido.

Caso o problema esteja no atuador ou na válvula solenoide, a válvula também falhará, resultando em fluxo incorreto de ar ou oxigênio para os vasos adsorvedores. Esse erro pode provocar movimentação desordenada das zeólitas dentro dos vasos, causando atrito excessivo e degradação do material.

Para prevenir a fluidização causada por falhas nas válvulas de controle, algumas plantas VPSA utilizam sensores de posição, fins de curso ou sistemas de *feedback* instalados nas válvulas. Quando conectados ao PLC, esses dispositivos podem alertar o operador por meio de alarmes ou interromper automaticamente a operação da planta caso seja detectado que a válvula não abriu ou não fechou conforme esperado.

A segunda causa relevante está relacionada ao ajuste inadequado do tempo de ciclo. Se o tempo em que um vaso permanece em determinada etapa for muito curto ou excessivamente longo, o funcionamento da planta é prejudicado. Além disso, tanto falhas nas válvulas quanto ajustes incorretos do ciclo podem permitir a passagem de vapor de água para o vaso adsorvedor.

Caso um vaso permaneça tempo excessivo na etapa de geração de O_2, o vapor de água atravessa a primeira camada de zeólitas (13X), saturando-a, e atinge a camada de zeólitas LiX, que é extremamente sensível à umidade. Esse fenômeno resulta na degradação química do adsorvente e na consequente fluidização.

Outra causa relevante é o fluxo desordenado de ar ou de gás de purga e equalização, que pode gerar caminhos preferenciais dentro do vaso. A abertura completa das válvulas de purga ou equalização, que normalmente operam de forma parcial, pode enviar fluxos excessivos para o topo do vaso, provocando movimentação irregular do adsorvente e iniciando o processo de fluidização.

Capítulo 9

Outras formas de produzir O_2

O oxigênio, elemento essencial para processos industriais, médicos e científicos, pode ser obtido por diferentes tecnologias, cada uma adequada a demandas e escalas específicas. Neste capítulo, são exploradas algumas dessas alternativas, destacando suas características, aplicações e limitações, de modo a oferecer ao leitor uma visão clara das opções disponíveis.

Eletrólise

A eletrólise da água é um processo eletroquímico no qual a molécula de H_2O é separada em hidrogênio e oxigênio por meio da aplicação de corrente elétrica. Embora a produção de hidrogênio seja, na maioria das vezes, o objetivo principal, o oxigênio gerado no ânodo — eletrodo onde ocorre a oxidação — também pode ser coletado e utilizado em aplicações industriais, médicas ou laboratoriais.

O cátodo, por sua vez, é o eletrodo onde ocorre a reação de redução, resultando na formação de hidrogênio gasoso. Entre os eletrodos circula água ou uma solução condutora, que permite a movimentação de íons, incluindo os prótons (partículas de hidrogênio com carga positiva), fundamentais para a continuidade da reação eletroquímica.

Eletrólise Alcalina (AWE)

A eletrólise alcalina é a tecnologia mais tradicional e amplamente consolidada. Ela utiliza uma solução aquosa de hidróxido de potássio (KOH) ou de sódio (NaOH) como eletrólito, possibilitando a condução eficiente dos íons entre os eletrodos. No cátodo ocorre a formação de hidrogênio, enquanto no ânodo há a liberação de oxigênio. Um diafragma separa os gases, garantindo níveis adequados de pureza e evitando contaminações cruzadas.

Essa abordagem é reconhecida por sua robustez e confiabilidade, sendo adequada para produção em larga escala com custos relativamente moderados. A eficiência operacional situa-se tipicamente entre 70% e 80%, proporcionando estabilidade em regimes de operação contínua. Em contrapartida, os equipamentos são volumosos e exigem cuidados específicos no manuseio da solução alcalina devido à sua natureza corrosiva.

Eletrólise por Membrana de Troca de Prótons (PEM)

A tecnologia PEM (*Proton Exchange Membrane*) utiliza uma membrana polimérica sólida que permite a passagem seletiva de prótons do ânodo para o cátodo, promovendo a separação eficiente entre hidrogênio e oxigênio. No ânodo, a água é oxidada, liberando oxigênio, enquanto os prótons atravessam a membrana e se combinam com elétrons no cátodo, formando hidrogênio gasoso.

Essa tecnologia apresenta eficiências típicas entre 80% e 90% e destaca-se pela alta densidade de corrente e pelo design compacto dos equipamentos. A rápida resposta a variações de carga torna a eletrólise PEM particularmente adequada para integração com fontes de energia renovável, como solar e eólica. O principal desafio dessa tecnologia é o custo elevado, associado ao uso de metais nobres nos eletrodos, como platina (Pt), irídio (Ir) e rutênio (Ru).

Eletrólise de Óxido Sólido (SOE)

A eletrólise de óxido sólido opera em temperaturas extremamente elevadas, que podem alcançar valores próximos de 1000 °C. Nesse processo, utiliza-se um eletrólito cerâmico sólido capaz de conduzir íons de oxigênio. O hidrogênio é produzido no cátodo, enquanto os íons de oxigênio migram através do eletrólito até o ânodo, onde são liberados.

A tecnologia SOE permite atingir eficiências muito elevadas, entre 90% e 100%, e apresenta a vantagem adicional da operação reversível, podendo funcionar também como célula a combustível. Apesar de seu elevado potencial, essa tecnologia ainda se encontra em estágio de desenvolvimento, enfrentando desafios relacionados à durabilidade dos materiais e à resistência estrutural sob condições de alta temperatura.

De forma geral, a eletrólise da água combina eficiência e flexibilidade tecnológica, fornecendo oxigênio de alta pureza e hidrogênio verde, considerado um combustível estratégico para a transição energética. A compreensão dos princípios fundamentais — incluindo o papel do ânodo, do cátodo, dos prótons e do eletrólito — permite avaliar com maior precisão o potencial e as limitações de cada abordagem.

Destilação Criogênica - Planta ASU

A destilação criogênica do ar é o método mais tradicional para separar o oxigênio dos demais componentes gasosos da atmosfera, sendo amplamente empregada em unidades industriais conhecidas como ASU (*Air Separation Unit*), ou plantas de separação de ar. Essa tecnologia, utilizada há mais de um século, continua sendo a principal alternativa para a obtenção de oxigênio em altas vazões e com elevados níveis de pureza.

O termo criogenia deriva do grego *kruos*, que significa "extremamente frio", e refere-se ao estudo e à aplicação de temperaturas muito baixas, geralmente inferiores a -150 °C. Na prática, a destilação criogênica baseia-se nas diferenças entre os pontos de ebulição dos gases que compõem o ar. Ao resfriar a mistura gasosa até que seus componentes se liquefaçam, torna-se possível separar oxigênio, nitrogênio e argônio de forma eficiente, mantendo cada gás em seções específicas do processo.

O ar aspirado pela planta passa inicialmente por um tratamento no qual são removidos poeira, dióxido de carbono (CO_2), hidrocarbonetos e vapor de água. As partículas sólidas são eliminadas por sistemas de filtragem, enquanto os contaminantes gasosos são removidos em unidades de pré-purificação, garantindo que apenas ar limpo e seco siga para a etapa criogênica.

O resfriamento do ar até a liquefação é obtido por meio de turbinas expansoras, que promovem a remoção de calor e permitem o fluxo contínuo da mistura resfriada pelas colunas de destilação. Nessas colunas, os gases se separam de acordo com seus pontos de ebulição:

- Oxigênio: -183 °C;
- Argônio: -186 °C;
- Nitrogênio: -196 °C.

O controle rigoroso da temperatura e da pressão assegura que cada gás seja coletado na forma líquida ou gasosa, pronto para armazenamento ou distribuição (Figura 40).

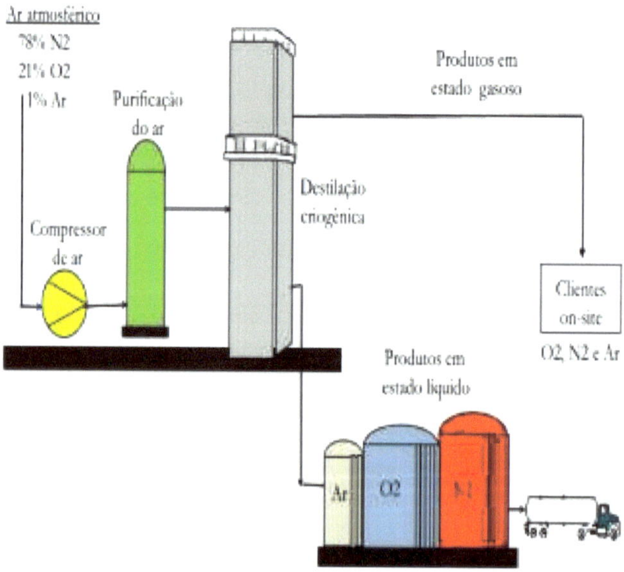

Figura 40 - Planta ASU – *Air Separation Unit*

O oxigênio líquido pode ser transportado em grandes volumes em recipientes criogênicos, enquanto, na forma gasosa, o volume armazenado é menor devido à expansibilidade natural dos gases. Esse método combina eficiência, confiabilidade e elevada pureza, sendo indispensável em aplicações industriais, médicas e laboratoriais de grande escala.

Atualmente, já existem plantas ASU com capacidade de produção superior a 5.000 toneladas métricas de líquidos criogênicos por dia. Além da capacidade produtiva, essas unidades entregam oxigênio, nitrogênio e argônio com pureza superior a 99% — nível inatingível por VPSA ou PSA nas mesmas condições de escala.

Membranas

Os processos de separação por membranas utilizam barreiras sintéticas com propriedades seletivas que permitem separar o oxigênio do nitrogênio presente no ar. A separação baseia-se nas diferenças de permeabilidade e seletividade das membranas, sem que ocorra qualquer transformação química nos gases.

As membranas podem ser produzidas a partir de materiais orgânicos, como polímeros, ou de materiais inorgânicos, como metais e cerâmicas. Quando o ar atravessa a membrana, as moléculas que conseguem permeá-la são denominadas permeado, enquanto aquelas que não passam são chamadas de retido. Essa característica permite separar oxigênio e nitrogênio de forma contínua e controlada.

Para que o processo funcione de maneira eficiente, as membranas são incorporadas em módulos, que constituem unidades básicas de separação capazes de conduzir o ar através das superfícies seletivas de forma organizada e consistente (Figura 41).

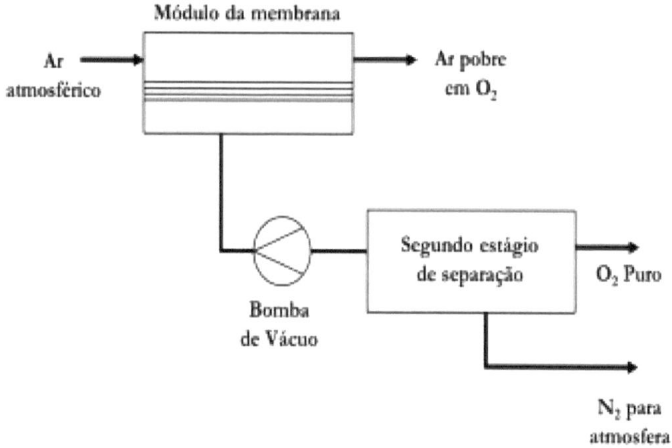

Figura 41 - Membrana para produção de oxigênio

Sistemas de separação por membranas são particularmente indicados quando se deseja obter ar enriquecido com oxigênio em níveis de pureza superiores a 40%. Para alcançar concentrações mais elevadas, podem ser empregados processos em múltiplas etapas, utilizando vários estágios de membranas que permitem aumentar gradualmente a pureza do oxigênio produzido.

PSA

A adsorção por oscilação de pressão, conhecida pela sigla PSA (do inglês *Pressure Swing Adsorption*), é uma tecnologia de separação de gases que compartilha muitas semelhanças com a VPSA, com a diferença de não operar com vácuo. Assim como na VPSA, a PSA utiliza um processo físico-químico denominado adsorção para separar o oxigênio do nitrogênio presente no ar atmosférico, que constitui o principal insumo da planta.

No contato com o material adsorvente, geralmente zeólita, o nitrogênio adere à superfície do sólido, enquanto o oxigênio passa livremente, sendo coletado para uso (Figura 42).

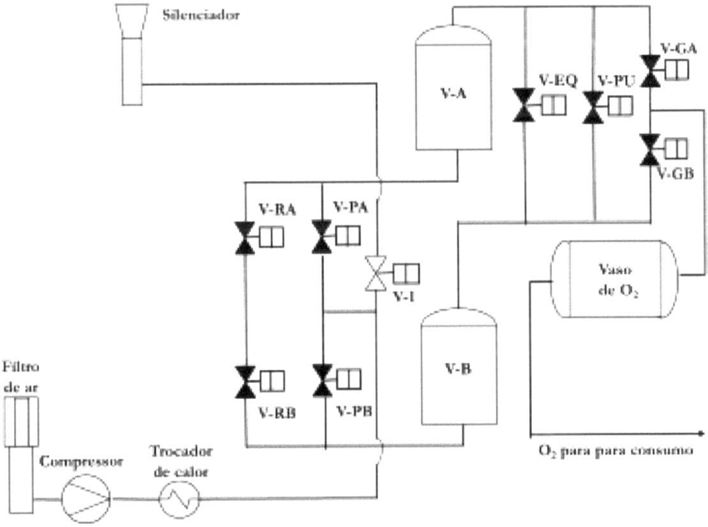

Figura 42 - Planta PSA de Oxigênio

Para permitir a produção contínua, a planta PSA utiliza dois ou mais vasos adsorvedores: enquanto um vaso produz oxigênio, o outro é regenerado, garantindo operação ininterrupta.

Os principais equipamentos de uma planta PSA incluem filtros de ar, compressor de ar, vasos adsorvedores, reservatório de oxigênio e válvulas de controle. Por operar sob pressão mais elevada que a VPSA, utiliza-se compressor de ar em vez de soprador, e geralmente não há necessidade de compressor de oxigênio devido à pressão já elevada do oxigênio produzido. Uma limitação da PSA é que, por não empregar vácuo na regeneração dos adsorvedores, a pureza do oxigênio gerado normalmente fica entre 80 e 90%.

Por que VPSA

Após compreender as principais tecnologias de produção de oxigênio — membranas, eletrólise, PSA e destilação criogênica — torna-se evidente que nenhuma delas, isoladamente, responde de forma eficiente a todas as escalas de demanda. Cada solução ocupa um espaço técnico específico, definido por pureza alcançável, capacidade produtiva, investimento inicial (CAPEX) e, sobretudo, custo operacional por tonelada produzida.

A tecnologia VPSA consolidou-se como uma das soluções mais eficientes para produção de oxigênio ao combinar escala intermediária, elevada eficiência energética e competitividade no custo específico (kWh por tonelada de O_2).

Os sistemas por membranas são indicados quando se deseja ar enriquecido com oxigênio, normalmente em níveis inferiores aos exigidos por aplicações industriais ou hospitalares críticas. Sua simplicidade construtiva e operação contínua os tornam adequados para aplicações específicas, mas com limitações claras de pureza, escalabilidade e custo por unidade de oxigênio concentrado.

A eletrólise da água, embora capaz de produzir oxigênio de alta pureza, não é orientada à produção de O_2 como produto principal. Trata-se de uma tecnologia energeticamente intensiva, cujo foco econômico está no hidrogênio. Assim, o oxigênio gerado é, na maioria das aplicações industriais, um subproduto, o que limita sua competitividade quando analisado sob a ótica de custo dedicado por tonelada.

A PSA, por sua vez, atende demandas pequenas e médias com menor investimento inicial e simplicidade operacional. Contudo, a ausência do vácuo na regeneração dos adsorventes reduz a eficiência de recuperação das zeólitas, aumenta o consumo específico de energia e impõe limites práticos à pureza e à escala econômica, restringindo sua competitividade à medida que a demanda cresce.

No extremo superior de escala, a destilação criogênica permanece imbatível para produções muito elevadas — frequentemente na ordem de milhares de toneladas por dia. Entretanto, exige CAPEX elevado, infraestrutura complexa, alto consumo energético absoluto e elevado grau de especialização operacional, o que a torna economicamente justificável apenas em grandes demandas contínuas.

É nesse intervalo técnico e econômico que a VPSA se posiciona com precisão.

Ao empregar vácuo na regeneração dos leitos adsorvedores, a VPSA maximiza o aproveitamento das zeólitas, reduz o consumo específico de energia por tonelada produzida e permite atingir níveis de pureza superiores aos da PSA, com complexidade e custo substancialmente inferiores aos de uma ASU criogênica. Essa combinação cria um ponto ótimo entre desempenho, eficiência e viabilidade econômica para demandas intermediárias.

Assim, optar por uma VPSA não é apenas uma decisão tecnológica. É uma decisão estratégica de posicionamento operacional. Ela representa o equilíbrio racional entre simplicidade, desempenho energético e custo por tonelada quando a PSA já não é suficiente e a destilação criogênica ainda não se justifica.

Muitas escolhas inadequadas de tecnologia para produção de oxigênio não decorrem de erro técnico, mas de uma compreensão incompleta do problema a ser resolvido. Quando a decisão se apoia apenas no investimento inicial ou na experiência prévia com determinada solução, deixam-se de considerar fatores essenciais como eficiência energética, estabilidade operacional, flexibilidade frente à demanda e custo por tonelada ao longo do tempo.

Para quem inicia o contato com o tema, compreender que cada tecnologia ocupa um espaço próprio — e que esse espaço é definido pela escala e pelo propósito da aplicação — é mais importante do que dominar detalhes construtivos. Nesse contexto, a VPSA surge não como uma solução intermediária por exclusão, mas como uma escolha coerente quando se busca equilíbrio entre simplicidade, desempenho e viabilidade econômica.

Capítulo 10

Manutenção da VPSA

A manutenção de uma VPSA é um fator determinante para garantir a continuidade do fornecimento de oxigênio em aplicações industriais e hospitalares. Uma falha grave em um equipamento crítico pode resultar não apenas na interrupção da produção, mas também em impactos significativos para processos que dependem do oxigênio de forma ininterrupta.

Mais do que um conjunto de rotinas, a manutenção deve ser compreendida como uma estratégia de confiabilidade, cujo objetivo é prolongar a vida útil dos equipamentos, reduzir custos associados a paradas emergenciais e aumentar a segurança da operação.

Em plantas VPSA, a maioria das falhas críticas não decorre da ausência de manutenção, mas da aplicação de rotinas sem critério de criticidade. Intervenções realizadas sem considerar o impacto de cada componente no desempenho global podem consumir recursos sem reduzir, de fato, o risco operacional.

A manutenção eficaz exige a distinção entre equipamentos críticos e periféricos. Componentes como válvulas de controle, sistemas de vácuo e sopradores possuem impacto direto na estabilidade do ciclo e na integridade dos adsorventes. Já outros elementos, embora importantes, possuem menor influência imediata sobre a continuidade da produção.

Quando essa priorização não é estabelecida, cria-se um cenário no qual atividades são executadas regularmente, mas falhas relevantes continuam ocorrendo. A manutenção deixa, então, de ser um instrumento de confiabilidade e passa a ser apenas um conjunto de rotinas operacionais sem efeito real sobre o risco.

Antes de detalhar as rotinas e periodicidades, vale situar o leitor não-técnico: manutenção, em uma VPSA, não significa apenas trocar peças desgastadas. Significa garantir que o soprador continue movendo o ar na vazão certa, que as válvulas abram e fechem no milissegundo correto e que as zeólitas não se degradem antes do tempo. Cada um desses elementos, quando falha, impacta diretamente a pureza do oxigênio produzido — e, em aplicações hospitalares, isso tem consequências diretas para pacientes. As rotinas a seguir devem ser lidas com esse contexto em mente.

Tipos de manutenção

Embora existam diversas formas de classificação, os três tipos mais comuns aplicados em plantas VPSA são: manutenção corretiva, preventiva e preditiva.

1. Manutenção corretiva

A manutenção corretiva ocorre após a identificação de uma falha ou inconsistência, tendo como objetivo restabelecer o pleno funcionamento do equipamento. Ela pode ocorrer de duas formas:

- Corretiva imediata (não planejada): quando a falha surge sem sinais prévios, como uma pane repentina em uma bomba.
- Corretiva programada: quando a falha é identificada antes de comprometer a operação, como um vazamento de óleo em um compressor.

2. Manutenção preventiva

A manutenção preventiva é caracterizada por atividades programadas, realizadas com base em intervalos de tempo ou horas de operação, com o objetivo de reduzir a probabilidade de falhas. Como exemplo, podem ser citadas inspeções visuais destinadas à identificação de vazamentos, trincas, fixações frouxas ou desgaste prematuro de componentes.

3. Manutenção preditiva

A manutenção preditiva utiliza técnicas de monitoramento para avaliar o desempenho dos equipamentos durante a operação, buscando antecipar falhas antes que elas ocorram. Essa abordagem aumenta a confiabilidade e a disponibilidade da planta, reduz custos associados à manutenção corretiva e prolonga a vida útil dos ativos. Entre as principais técnicas aplicadas, destacam-se:

Termografia: análise da radiação infravermelha para mapear diferenças de temperatura em circuitos, transformadores, painéis elétricos e conexões. Permite identificar "pontos quentes" que podem evoluir para falhas graves.

Análise de óleo lubrificante (ferrografia): avalia propriedades físico-químicas, como viscosidade, além da presença de partículas sólidas. A quantidade e o tamanho dessas partículas são indicativos de desgaste interno.

Análise de vibração: avalia o comportamento vibracional de máquinas rotativas e motores. Quando comparada aos padrões do fabricante, permite identificar problemas em rolamentos, desalinhamentos e fixações. Essa técnica é aplicada em sopradores, bombas de vácuo, compressores e bombas de resfriamento.

É importante destacar que a simples adoção de técnicas preditivas não garante, por si só, aumento de confiabilidade. O valor dessas ferramentas está na capacidade de interpretar corretamente os dados gerados e convertê-los em decisões operacionais. Monitorar sem agir, ou agir sem critério, produz o mesmo resultado: manutenção sem impacto real na redução de falhas.

Em sistemas VPSA, onde o desempenho depende da estabilidade contínua dos equipamentos, a manutenção preditiva deve ser integrada à operação, permitindo intervenções no momento adequado e evitando tanto paradas desnecessárias quanto falhas inesperadas.

Periodicidade das atividades de manutenção

O desempenho e a segurança de uma VPSA estão diretamente relacionados à disciplina na execução das atividades preventivas e preditivas. A seguir, apresentam-se exemplos de tarefas organizadas por periodicidade.

Atividades preventivas diárias

- Verificar o nível de óleo do soprador e da bomba de vácuo.
- Verificar o nível de óleo do motor do soprador e do motor da bomba de vácuo.
- Verificar o nível de óleo do compressor de oxigênio.
- Realizar inspeção visual da torre de resfriamento e da bomba de água.

Atividades preventivas semanais

- Inspeção visual das válvulas de controle, atuadores, solenoides e mangueiras de ar.

Atividades preventivas e preditivas mensais

- Calibração do analisador de oxigênio.
- Análise de vibração das máquinas rotativas e motores.
- Limpeza ou substituição dos filtros de ar do soprador e do compressor de ar comprimido.
- Verificação de vazamentos nos transmissores de pressão.

Atividades preventivas e preditivas trimestrais

- Troca de óleo do soprador e da bomba de vácuo.
- Análise de óleo de todas as máquinas rotativas.

Atividades preventivas e preditivas anuais

- Calibração dos transmissores de pressão e vazão.
- Análise termográfica da subestação elétrica.
- Substituição dos anéis de vedação das válvulas.
- Cumprimento do plano de manutenção do fabricante do compressor de O_2, do soprador e da bomba de vácuo.

Atividades preventivas e preditivas quadrianuais

- Calibração das válvulas de segurança (PSV) ou substituição dos manômetros.
- Revisão geral do soprador e da bomba de vácuo.

ATENÇÃO: O trabalho em sistemas com oxigênio enriquecido exige cuidados adicionais. Uniformes e EPIs devem estar totalmente livres de óleos e graxas, pois essas substâncias representam risco elevado de incêndio ou explosão. Recomenda-se que técnicos provenientes de outras áreas troquem seus uniformes antes de acessar a VPSA, protegendo sua própria segurança e a dos demais profissionais envolvidos

Capítulo 11

Quando escolher uma VPSA

Os capítulos anteriores descreveram como a VPSA funciona. Este capítulo responde a uma pergunta diferente, igualmente importante para gestores, investidores e administradores hospitalares: quando ela *deve* ser escolhida — e quando não deve. A resposta não depende de preferência tecnológica, mas de três variáveis concretas: o volume de oxigênio necessário, a continuidade da operação e o custo local da energia elétrica. Compreender essa lógica permite tomar decisões de investimento com menor risco e maior previsibilidade.

A escolha de uma tecnologia de produção de oxigênio não é uma decisão de preferência, mas de adequação. Cada tecnologia opera dentro de um domínio definido por limitações físicas, dinâmica operacional e estrutura de custos. A VPSA é altamente eficiente dentro do seu domínio. Fora dele, perde competitividade de forma consistente — não por falha da tecnologia, mas por desalinhamento com as condições de aplicação. Compreender esse limite exige partir da própria física do processo.

A VPSA baseia-se em ciclos sucessivos de adsorção e dessorção, nos quais o nitrogênio é seletivamente retido enquanto o oxigênio é produzido. Esse ciclo, no entanto, não é integralmente produtivo. Etapas como pressurização, equalização, despressurização e purga consomem tempo e energia sem gerar oxigênio. Essas fases não são ineficiências operacionais; são condições necessárias para que a separação ocorra.

A consequência é direta: o desempenho da VPSA é governado pela proporção entre tempo produtivo e tempo não produtivo. Essa relação define o consumo específico de energia e, portanto, o custo do oxigênio produzido.

Em regime contínuo, essa proporção se estabiliza e as perdas inerentes ao ciclo são diluídas. O sistema opera próximo do seu ponto ótimo, tipicamente em faixas de consumo específicas da ordem de 0,3 a 0,5 kWh por Nm^3 de oxigênio produzido, dependendo do projeto e das condições operacionais.

A escala de produção reforça esse comportamento. Sistemas VPSA incorporam um conjunto de equipamentos cujo desempenho é maximizado em faixas operacionais específicas. Sopradores, bombas de vácuo e compressores apresentam curvas de eficiência que penalizam operação fora do ponto nominal. Em baixas vazões, esses equipamentos consomem energia de forma desproporcional ao volume produzido. O resultado é um aumento direto do custo por unidade de oxigênio. Ao mesmo tempo, o investimento inicial — inevitável em qualquer instalação on-site — passa a ser diluído por um volume menor de produção. A combinação desses fatores torna a VPSA progressivamente menos competitiva à medida que a escala diminui.

A pureza do oxigênio introduz outro limite relevante. A separação por adsorção depende da seletividade do adsorvente, tipicamente zeólitas, que possuem maior afinidade pelo nitrogênio do que pelo oxigênio. A seletividade da zeólita é finita — ou seja, ela nunca separa perfeitamente oxigênio e nitrogênio. À medida que se busca aumentar a pureza, o processo precisa ser intensificado. Isso implica maior tempo de adsorção, maior volume de purga ou ambos. Em qualquer dessas estratégias, o efeito é o mesmo: redução da produtividade do leito e aumento do consumo energético.

Existe, portanto, um limite econômico claro para a pureza na VPSA. Até 95% de pureza para o oxigênio, a tecnologia permanece fisicamente viável, mas perde competitividade de forma consistente frente a processos criogênicos, cuja lógica de separação não sofre essa mesma penalização e pode alcançar pureza e volumes maiores.

A energia elétrica, nesse contexto, não é apenas um insumo relevante — é o principal determinante do custo operacional. A maior parte do consumo está concentrada na movimentação de ar e na geração de vácuo, etapas intrinsecamente energéticas. Em cenários onde o custo de energia é elevado ou instável, a VPSA perde competitividade rapidamente. Variações tarifárias ou interrupções no fornecimento não impactam apenas o custo; afetam diretamente a confiabilidade do sistema. A decisão pela VPSA, portanto, pressupõe um ambiente energético minimamente previsível. Sem isso, a eficiência potencial da tecnologia se converte em exposição ao risco.

Essa dependência se estende à qualidade das utilidades. A VPSA não é um equipamento isolado, mas um sistema integrado. A qualidade do ar de alimentação influencia diretamente a integridade do adsorvente; contaminantes reduzem sua vida útil e degradam o desempenho ao longo do tempo. A estabilidade do sistema de válvulas é essencial para a sincronização do ciclo; falhas nesse nível comprometem a própria lógica de operação. Condições térmicas inadequadas afetam a eficiência da adsorção e da dessorção. Em outras palavras, aquilo que frequentemente é tratado como infraestrutura de suporte determina, na prática, a performance do sistema. A VPSA torna visíveis fragilidades operacionais — como variações na qualidade do ar e instabilidade de utilidades — que em outras tecnologias passariam despercebidas por mais tempo.

Quando comparada a alternativas, essa lógica se torna mais evidente. Sistemas PSA compartilham o princípio de adsorção, mas operam em pressões mais elevadas e com outra dinâmica de regeneração, o que favorece aplicações de menor escala e maior flexibilidade operacional. Já a separação criogênica opera sob um princípio completamente distinto, baseado em liquefação e destilação, permitindo alcançar purezas elevadas com alta eficiência em grande escala, ao custo de maior complexidade e investimento. O fornecimento de oxigênio líquido, por sua vez, desloca o problema da produção para a logística, reduzindo a complexidade local, mas introduzindo dependência externa e exposição a riscos de abastecimento e preço.

A escolha entre essas tecnologias não é uma questão de superioridade absoluta, mas de alinhamento entre características do processo e condições da aplicação. A VPSA se torna estruturalmente competitiva quando três condições são simultaneamente atendidas: operação contínua, escala suficiente para diluição de custos e exigência de pureza compatível com os limites econômicos da adsorção. Na ausência de qualquer uma dessas condições, sua vantagem se reduz de forma previsível.

Erros de decisão nesse contexto seguem um padrão recorrente. O mais comum é aplicar VPSA em cenários de baixa utilização, nos quais a operação intermitente eleva o custo específico de forma silenciosa até que a perda de competitividade se torne evidente. Outro erro frequente é superestimar a necessidade de pureza, empurrando o sistema para uma zona de operação energeticamente ineficiente. Há ainda casos em que a análise ignora o contexto energético local, assumindo custos estáveis onde não existem. Em todos esses cenários, o problema não está na tecnologia, mas na leitura inadequada das condições de contorno.

A decisão correta não emerge da análise isolada de CAPEX (investimento inicial em ativos e instalação) ou OPEX (custos operacionais contínuos, como energia e manutenção), mas da compreensão do custo total ao longo do tempo e, sobretudo, do risco associado à operação. A VPSA tende a oferecer previsibilidade e autonomia quando bem aplicada, reduzindo dependência externa e estabilizando o fornecimento de oxigênio. Quando mal posicionada, transforma essas mesmas características em rigidez e custo elevado.

A escolha, portanto, deve ser entendida como um problema de equilíbrio entre física, economia e operação. A VPSA não é a solução mais versátil, nem a mais extrema em termos de performance. Sua força está na eficiência consistente dentro de um domínio bem definido. É nesse domínio que ela se torna uma das soluções mais robustas para produção de oxigênio em escala industrial.

No fim, a escolha de uma tecnologia de produção de oxigênio não é uma decisão sobre equipamentos, mas sobre como uma organização estrutura sua operação e administra risco. Tecnologias não falham isoladamente; decisões mal formuladas falham de forma consistente. A VPSA, quando aplicada dentro de seu domínio, transforma um recurso abundante como o ar em um insumo estratégico, previsível e eficiente. Fora desse domínio, expõe rapidamente o custo de decisões tomadas sem integração entre física, operação e economia.

Mais do que entender como a VPSA funciona, o que define seu valor é compreender com precisão onde ela deve — e onde não deve — ser aplicada. É essa distinção que separa conhecimento técnico de capacidade real de decisão.

Capítulo 12

O próximo passo

Chegamos ao fim deste livro. Ele não é um manual de operação, nem um compêndio exaustivo de especificações. Seu propósito foi estruturar, com rigor técnico, a lógica que sustenta o funcionamento de plantas VPSA para produção de oxigênio.

A compreensão dos ciclos de adsorção, da seletividade das zeólitas e da coordenação operacional entre válvulas e sistemas de controle não é um exercício acadêmico. Trata-se de entender as variáveis que determinam eficiência energética, estabilidade de pureza, integridade dos equipamentos e previsibilidade operacional.

Plantas VPSA falham, majoritariamente, por desalinhamento entre teoria, prática e disciplina operacional. O domínio conceitual permite interpretar sintomas, distinguir variações normais de desvios críticos e reconhecer que cada ajuste no tempo de ciclo, cada variação de pressão e cada alteração na qualidade do ar de alimentação possuem relações claras de causa e efeito.

A tecnologia evoluirá — novos adsorventes, arquiteturas de controle mais sofisticadas e equipamentos capazes de realizar o mesmo trabalho com menor consumo de energia. Contudo, os fundamentos que sustentam a separação por adsorção permanecerão os mesmos.

O verdadeiro diferencial de uma VPSA reside na maturidade técnica de quem a conduz. Quando os fundamentos são compreendidos em profundidade, as decisões deixam de ser orientadas por tentativas e erros e passam a ser estruturadas, reduzindo riscos, preservando ativos e assegurando estabilidade produtiva ao longo do tempo.

O domínio técnico de uma VPSA determina se ela opera bem. Mas existe uma segunda questão — igualmente relevante para gestores, investidores e administradores — que este livro não se propõe a responder: como um ativo tecnicamente sólido se torna legível para o capital que viabiliza a sua construção, expansão ou aquisição?

Essa questão não pertence à engenharia. Pertence à arquitetura institucional do projeto — ao espaço entre o que o ativo é e o que o capital consegue verificar. É o tema da minha próxima obra: *Engenharia de investibilidade™: Por que ativos tecnicamente viáveis falham em atrair capital global.*

Glossário técnico

Para garantir que a comunicação seja precisa entre todas as esferas profissionais, este glossário reúne os termos essenciais discutidos ao longo da obra:

- Adsorção: Processo físico-químico no qual moléculas de um fluido (gases) aderem à superfície de um sólido (adsorvente), sem serem incorporadas ao seu volume.
- AIGA: *Asia Industrial Gases Association* (Associação de Gases Industriais da Ásia).
- Analisador paramagnético: Equipamento de alta precisão utilizado para medir a concentração de oxigênio (O_2), explorando suas propriedades paramagnéticas.
- ASU: *Air Separation Unit* (Unidade de Separação de Ar). Utiliza a destilação criogênica para separar os componentes do ar em larga escala a temperaturas inferiores a -150 °C.
- Breakthrough (ruptura): Momento em que o leito adsorvente atinge a saturação e o nitrogênio começa a atravessar o leito, reduzindo a concentração de oxigênio no gás produzido.
- CGA: *Compressed Gas Association* (Associação de Gases Comprimidos).

- DP (diferencial de pressão): Diferença de pressão entre dois pontos de um sistema, utilizada para monitorar perdas de carga e a resistência ao fluxo em vasos adsorvedores, filtros e tubulações.
- Dew point (ponto de orvalho): Temperatura na qual o vapor de água presente em um gás começa a condensar.
- EIGA: *European Industrial Gases Association* (Associação Europeia de Gases Industriais).
- Equalização: Etapa do ciclo da VPSA onde a pressão entre dois vasos é equilibrada para economizar energia e aumentar a pureza do oxigênio.
- EPO: *European Patent Office* (Escritório Europeu de Patentes).
- Fluidização: Fenômeno indesejado onde o fluxo de gás é tão intenso que movimenta as zeólitas, provocando atrito, desgaste e formação de finos (pó).
- IHM (Interface Homem-Máquina): Painel de controle (geralmente *touchscreen*) que permite ao operador interagir com o PLC da planta.
- *Molecular Sieve* (peneira molecular): Material adsorvente microporoso capaz de separar moléculas com base em seu tamanho, forma e afinidade química. As peneiras moleculares podem ser naturais ou sintéticas, sendo as zeólitas as mais empregadas em sistemas VPSA e PSA.

- PLC (*programmable logic controller*): Controlador Lógico Programável responsável por executar a lógica de controle da planta, comandar válvulas, monitorar variáveis de processo e gerenciar alarmes e intertravamentos (trips).
- PSV (pressure safety valve): Válvula de segurança mecânica que se abre automaticamente quando a pressão excede o limite de projeto do equipamento.
- Purga: Fluxo de gás limpo utilizado para remover o nitrogênio adsorvido nas zeólitas durante a etapa de regeneração.
- USPTO: *United States Patent and Trademark Office* (Escritório de Patentes e Marcas dos Estados Unidos).
- WIPO: *World Intellectual Property Organization* (Organização Mundial da Propriedade Intelectual).
- Zeólita: Aluminosilicato cristalino microporoso utilizado como peneira molecular. Nas plantas VPSA, as zeólitas dos tipos 13X e LiX adsorvem preferencialmente nitrogênio, dióxido de carbono, vapor de água e hidrocarbonetos, permitindo a passagem do oxigênio.

Referências e bases técnicas

AIGA – Asia Industrial Gases Association.
www.asiaiga.org

CGA – Compressed Gas Association.
www.cganet.com

EIGA – European Industrial Gases Association.
www.eiga.eu

EPO – European Patent Office.
www.epo.org

USPTO – United States Patent and Trademark Office.
www.uspto.gov

WIPO – World Intellectual Property Organization.
www.wipo.int

Sobre o autor

Ronaldo Santana Santos é doutor em engenharia mecânica pela UNICAMP, mestre em engenharia de produção pela UFRGS e graduado em administração pela PUCRS. Com mais de três décadas de atuação no setor de gases industriais e medicinais, o autor domina as principais tecnologias de produção, consolidando sua trajetória na interseção entre processos críticos, estratégia empresarial e governança. Sua formação acadêmica sustenta uma atuação em ambientes de elevada complexidade, nos quais decisões técnicas, operacionais e contratuais impactam diretamente a eficiência, o risco sistêmico e o EBITDA.

No campo docente, o Dr. Ronaldo coordenou cursos superiores de Engenharia e Gestão, além de atuar em programas de extensão da Sociedade Brasileira de Medicina Hiperbárica (SBMH) voltados a profissionais da saúde. Atualmente, o autor exerce o papel de assessor estratégico para empresas consumidoras, autoprodutoras e comercializadoras de gases na América Latina, com projetos recorrentes no Brasil, Chile, Colômbia, Paraguai e Guatemala. Sua consultoria apoia lideranças e *C-Levels* na análise, revisão e reestruturação de decisões críticas antes que os efeitos operacionais, financeiros ou jurídicos se tornem irreversíveis.

O conhecimento do autor cobre todo o ecossistema de separação de gases, o que lhe permite atuar com independência e rigor analítico em contratos de fornecimento, decisões de investimento em ativos industriais (CAPEX), avaliações técnicas e resolução de conflitos complexos. O Dr. Ronaldo atende setores de alta criticidade — como mineração, siderurgia, química e energia — nos quais a continuidade operacional, a conformidade regulatória e a segurança do suprimento são fatores estratégicos.

Ao identificar a inexistência de uma literatura dedicada exclusivamente à tecnologia VPSA, o autor converteu sua experiência acumulada nesta obra inédita. O Dr. Ronaldo oferece, assim, uma base sistêmica e aplicada para profissionais que lidam com decisões onde risco, confiabilidade e excelência técnica não admitem margem de erro.

Paralelamente à sua atuação técnica em gases industriais, o Dr. Ronaldo desenvolveu a Engenharia de Investibilidade™ — uma disciplina original dedicada à construção da legibilidade institucional de ativos intensivos em CAPEX perante o capital global. Concebida a partir de três décadas de observação direta de projetos que não encontraram financiamento — não por fragilidade técnica, mas por incompatibilidade com os protocolos contemporâneos de alocação de capital — a disciplina está documentada em sua próxima obra: *Engenharia de investibilidade: Por que ativos tecnicamente viáveis falham em atrair capital global.*

Part I: Foundations of Existence

5. Let It Challenge You.

If it breaks a belief or rewrites a definition, that's the point. This is a book about correction before collapse — and that applies to thought, too.

6. Read With the Field, Not Just the Mind.

Let your body sense it. Let your questions ripple. Sometimes, understanding comes not by thinking harder, but by tuning deeper.

This is not a book that ends when the last page is read. It's a ripple you carry — into thought, into behavior, into how you perceive reality itself.

Read it with presence. Ripple it forward with purpose.

How to Read This Book

This is not a book to rush through. It's a book to tune into.
You're not just reading about matter, energy, or perception — you're entering a different way of seeing reality altogether.
Here's how to approach it:

1. Read Slowly. Let It Settle.

The ideas in this book are layered. Each chapter builds upon the ripple logic of the one before it. Pause often. Let the structure speak to you. This isn't information — it's alignment.

2. Start at the Beginning — but Return to Any Part.

The book flows in parts, but each section is also self-contained. If something clicks later, go back — earlier concepts will deepen with each re-read. The field reveals more as you become more tuned.

3. Use the Glossary and Diagrams.

Refer to the appendices when concepts feel abstract. The visuals aren't illustrations — they're field maps. The glossary will help translate ripple logic into clarity.

4. Don't Try to "Understand" Everything.

This isn't a textbook. It's not about memorizing ideas — it's about resonating with the structure behind them. Let insights arrive like echoes — not conclusions.

When we realized that emission — whether in blackbody radiation, or gravitational waves, or simple warmth of touch — is not random but structured communication, when we understood that matter holds its form not because it is seen, but because it stabilizes its own memory internally, when we saw that perception is not reception but *resonant re-creation*, UED fully awakened.

This book is a humble but determined attempt to share that awakening. It is not a theory seeking acceptance. It is a structured memory made visible — for anyone willing to ripple with it, resonate with it, and evolve through its understanding.

You will not find complicated mathematics here. You will not find borrowed philosophical jargon. You will find simplicity reintroduced where complexity once ruled. You will find existence reframed — not as static matter, nor as chaos — but as a dynamic dance of ripple memory across the field we call the universe.

Welcome to a different way of seeing. Welcome to Universal Energy Dynamics. Welcome to the structured memory of existence — whispering its truth across every ripple, waiting for us to listen before it corrects.

Preface

"We are not made of particles. We are shaped by ripples, remembered by fields, evolving through resonance."

There are moments in human inquiry where reality itself seems to whisper a deeper truth — a truth so fundamental, yet so simple, that it leaves both science and philosophy standing still, listening.

Universal Energy Dynamics (UED) is born from such a moment.

It does not propose an alternate reality. It does not fight existing sciences out of rebellion. It simply listens more deeply to what existence has always been trying to say — and reorganizes our understanding based on *structured memory*, *ripple communication*, and *consequence-driven equilibrium*.

For centuries, our vision of reality has been shaped by objects and forces, particles and waves, fields and curvatures. Yet behind all these appearances, something subtler operates — a silent architecture of *ripple memories*, correcting, resonating, evolving, long before our equations or our eyes began trying to catch them.

Matter is not made of "things." It is made of *remembered tension patterns*. Light is not "particles traveling." It is the *ripple feedback* of memory corrections. Perception is not a window into things. It is a *reconstruction of field resonance* inside conscious observers.

Existence, in its rawest essence, is structured ripple memory — stabilizing, communicating, self-correcting across the fabric of the universe.

UED did not emerge from a laboratory accident or a clever hypothesis. It awakened through relentless observation, hard questioning, and a willingness to see energy not as a quantity, but as a memory structure seeking balance.

Every ripple is a story. Every emission is a correction. Every consequence is a forgotten or misread ripple. Every act of intelligence is the decoding of a ripple *before* it demands its correction.

Opening Note

By Sandeep Chavan - Founder of Universal Energy Dynamics (UED)

This book is not meant to impress you. It is meant to realign you.

What you're about to read is not a theory in search of proof, nor a philosophy seeking agreement. It is a structured realization — the kind that arises not from speculation, but from listening carefully to what reality has always been doing.

Through decades of teaching, learning, unlearning, and observing the consequences of thought, I came to a point where traditional science could no longer explain its own paradoxes, and inherited philosophies fell short of practical alignment.

In that gap, Universal Energy Dynamics emerged — not as a belief system, but as a way to see clearly.

UED is not just about matter, energy, or perception. It is about the hidden choreography behind everything: how structure holds, how correction happens, how meaning travels through ripples — and how intelligence, when properly tuned, can decode it all.

You won't find equations here. You'll find patterns. You'll find laws — not invented, but decoded from the field itself. You'll find language that aims to remember truth, not explain it away.

This is a book for those who sense that something deeper holds this universe together — who feel that entropy is not the enemy, that perception is not the full picture, and that perhaps, to exist is to ripple.

Read it not with the hunger to master it — but with the silence to let it restructure you.

This is not science vs. spirituality. This is structure — rediscovered.

Welcome to *Ripples of Reality*.

— *Sandeep Chavan*

Founder of UED

Interview the Interviewer Series Vol 1

Dennis Adjepong

Paperback: 978-1-964467-41-2

Hardcover: 978-1-964467-42-9

LCCN: 2024922657

Copyright Case #: 1-14388347671

Dedication

I would like to dedicate this book to all past, present, and future students of Cybersecurity Information System University Global Online Campus - WWW.cisuniv.org. This book will serve as a guide to assist all students pursuing a career change in Cybersecurity, Computer science, and Computer Engineering related fields. It will serve as a must-use to make your IT job interview successful and get the intended job.

Acknowledgment

I would like to thank Emmanual and Albert for their immense support and creativity in making this manuscript a success.

CONTENTS

About the Author

Dennis Adjepong, MD/MBA, CompTIA Sec+, CASP+, CEH, CNDA, CHFI, CISA, CISM, CRISC, ISO 27001, Six Sigma Lean Black Belt Certified (CLSSBB). He has a thirst for researching the field of neurosurgery/Neuroscience and Computer Science. Adjepong graduated from the University of Medical Science in Poland with a bachelor's in Computer Internetworking Technology. He obtained his master's degree in Business Administration from Strayer University, Washington DC. Prior to Medical school education, he held a managerial position for Capital One Bank. He has in-depth knowledge of Residential and Commercial Real Estate, Computer Networking Technology, Cybersecurity, and Cyber Defense. He is the Director of Cybersecurity Information System University Global Campus (www.cisuniv.org). He is also a Board Member for Peraton, Washington, DC.

Page Blank Intentionally

Chapter 1: Interviewing Techniques

Regarding your talent and expertise, we will undoubtedly have to go through more interviews than our predecessors for the identical position.

You still understand, thanks to your skills, knowledge, and experience. You'll need grit more than ever in these times. Before you can be considered thoroughly examined, your moral character, intellectual ability, mental health, and even your negative traits may be measured.

Additionally, you might need to exercise caution as you navigate a minefield of various interview scenarios.

Make every effort to remain assured, adaptable, and aware in your responses and answers.

Whatever type of interview you find yourself in, using this strategy should help you breeze through it.

Let's take a little trip around the interview scene.

Is this the person to whom I am speaking?

Quick Hits!

Most interviewers find online and telephone screening to be a useful technique; however, some interviewers rely heavily on

it as a primary method of candidate qualification.

The majority of these interviewers see the in-person meeting as little more than a chance to validate what they believe they previously learned over the phone.

Most interviewers who fall under this group are business owners, CEOs, senior executives, and other people with big ideas but little time.

They may add, "I have a bigger problem to solve, and I don't plan to waste my time talking in person to anyone but the best" to their guiding principle. The ascendant interviewer for medium-sized businesses without a human resources department is typically a virtual screener. The ultimate goal of the phone screener is to highlight your shortcomings in order to eliminate you from consideration before scheduling an in-person interview.

The following are just a few of the reasons you might be taken off the telephone screener's shortlist: evidence that your experience and résumé don't match up, poor verbal communication skills, and a lack of the necessary technical skills.

Make sure family members know how to politely answer the phone if you anticipate receiving a call from telephone screeners.

Make sure the message on your answering machine is polite if you are utilizing one.

What could be more entertaining than providing answers while relaxing in your own home?

Starting with the two most important tools you can employ during in-person interviews: eye contact, and body language. Doing a telephone interview removes both. All that's left are your abilities, the information on your résumé, and your vocal communication skills.

Do not be disheartened. Always convey a positive message with your voice and your responses. Don't overstate it, but also don't allow the phone to be your downfall. If your self-assurance is waning, try smiling while you speak and listen. Although it may appear awkward, it alters the voice's timbre and tone.

Additionally, I enjoy getting up and moving around while conducting phone interviews. It appears to make me feel more at ease and energized.

For any interview, you have the right to expect you to be ready.

The likelihood of the interviewer calling you to schedule a phone interview is very high. However, there is nothing wrong with asking them to call back at a convenient time if they start talking to you as soon as you pick up the phone and ask a question. In order to have a successful interview, you must set your environment.

A list of questions you've prepared for them, a notepad, your research materials on that company, and your résumé and cover letter from the application should all be close to the phone. You should also have a "Do Not Disturb" sign on your door so that family members or housemates won't interrupt since you don't

want to have to leave mid-interview to attend to a household matter. Never, under any circumstances, put the interviewer on hold.

ARE YOU CHAFF OR WHEAT?

Hot Topic!

Many human resources specialists fit into a different group called human screens. For them, conducting interviews is an essential component of their everyday jobs, not just an event that happens every quarter or every month. They have more opportunities to consider a standout applicant for more than one position within the company than a telephone screener because they meet and interview a lot of people.

Creating a solid group of applicants for managers (the third type of interviewer) to see in person is one of a human screener's main goals. Of course, to accomplish this, they must repel numerous callers and applicants. It is a difficult chore because the human screener's only point of contact is a computer screen or their department, and they can only evaluate candidates based on information offered in job postings or ads.

Lack of formal or informal qualifications outlined in the company's job description, sudden changes in hiring priorities and/or personnel requirements, poor performance during the in-person interview itself, and inaction due to uncertainty about your current status or contact information are some of the most frequent reasons for removal from a human screener's "hot" list.

It happens more often than you might think for that last reason. Human screeners are frequently inundated with calls, emails, texts, resumes, and surprise visits from eager candidates. Occasionally, despite their greatest efforts, they fail to locate qualified individuals.

Human filters are excellent at distinguishing the wheat from the chaff. They typically have more experience doing face-to-face interviews because they regularly interact with a wide range of applicants. They may be better able to detect contradictions or outright fabrications on resumes simply because they have seen so many over the years and are aware of when a candidate's qualifications don't quite pass the "smell test."

Additionally, human screeners are frequently able to spend a fairly long amount of time with exceptionally competent candidates, whereas interviews with a telephone screener or the recruiting manager may be rushed due to their busy schedules.

Unsurprisingly, when asked to give their "gut reaction" to a particular applicant, human screeners frequently respond with a perplexed expression. Their evaluations of candidates may be more black-and-white than gray because they typically operate at a distance from the actual work: Either the candidate has three years of relevant experience, or they don’t. They either have computer design training or they don’t. In fact, this analysis might ignore crucial interpersonal concerns.

Be Ready,

Get Set!

Reasons to Steer Clear of Human Resources

Most, if not all, career books will advise you to avoid it like the plague if possible. What have these poor (formerly personnel) people done to generate such animosity? Nothing at all. I'm sure many of them are very nice people who do their jobs well. The problem is that their jobs have little to do with actually getting you a job.

Many human resources departments may not only be unable to offer you much more than coffee or tea (and possibly a personality or drug test) but also have (surprise) little knowledge of what hiring managers actually look for in job applicants. This assertion is more accurate in fields that are more sophisticated or specialized.

For the top editorial position in a significant association magazine, I am aware of a human resources director who suggested a candidate for whom English was a second language and not a very strong one.

A candidate for a proofreading position was forwarded by another who had a spelling test score of 55 (out of 100). Another advised a candidate for a vice president of finance post whose resume was jam-packed with rather blatant or easily debunked lies.

Even hiring managers at many companies deliberately avoid using their HR departments; they bring candidates in, interview

them, and only then pass them along so HR can do the paperwork.

Facilitate the hiring manager's ability to accomplish that. Make every attempt to speak with them personally, ideally by mentioning a "friend of a friend."

You can't disregard HR's influence if you have to go through them (and sometimes, in spite of your best attempts, you will) because they are the only ones who can advance you to the real interview. So it would make sense to get along with them and utilize them in whatever manner you can.

However, if you assume that the Human Resources representative doing the screening interview has little time to become your closest friend, knows little to nothing about the job you so desperately desire, and knows much less about the hiring manager, you will probably not go wrong.

Meet Your New Boss

Hot Topic!

The individual for whom you will be working may not be the recruiting manager, but they most likely will be. Most businesses still enable managers to hire their own staff as long as they stay within specific bounds, even when others have a significant impact. They are most likely managers who have decided (or are compelled) to cram in-person interviews into their hectic workdays. (In smaller businesses, the president, even if you won't be reporting to them, maybe the final decision-maker). A manager who has worked with a number of former workers in the same position will offer a

distinctive viewpoint on the situation.

What makes this interview with the hiring manager different from the ones you've had with recruiters, headhunters, or even human resources? The person who can actually hire you is this one; therefore, you need to make a good impression on them. When may you begin?

The hiring manager's main goal is to assess your abilities and gauge your personal compatibility in person. These interviewers are interested in learning as much as they can about the candidates they will be collaborating closely with. (As we've seen, it's possible that the person answering the phone is a business owner who delegated excessively and just sometimes interacted with new recruits. Additionally, the human screen typically has no bearing on how the business is run on a daily basis).

Lack of personal chemistry or connection, bad performance in the interview, and the hiring manager's conclusion that, despite your qualifications and personality, you would simply not fit in with the team are all frequent causes for removal from a hiring manager's hot list.

Numerous recruiting managers possess a strong understanding of who will (and won't) perform the job well and "fit in" with the rest of the team. On the other hand, candidates are occasionally shocked to learn that good supervisors can conduct mediocre interviews. However, a lot of managers are not formally trained in the skill of conducting interviews.

This group of interviewers is more likely to regard the

interview as a chance to "get to know" you better rather than expecting particular responses to inquiries about your education, experience, approach to work, and interpersonal abilities.

The Hiring Process

Hot Topic!

It's unlikely that the person overseeing your potential employment will be easy to talk to during your initial interview. You might be moving into uncharted terrain by doing so outside the purview of the expertise and interviewing skills of the human resources professional. And you could spend some time wandering there.

Why? Interviewers with experience are taught to maintain control of the conversation and avoid leading it down a fruitless path. Even though they employ various tactics, their interviewing process is somewhat predictable.

On the other hand, the hiring manager is certain to be deficient in some or all of the knowledge, experience, and competence of the screening interviewer, making him an unpredictable creature.

You Are in Control, Not the Interviewer!

Defeating the Incompetent Interviewer

Most company managers lack the necessary skills to choose the appropriate hire. Most of them lack proper training in conducting any kind of interview. To make

matters worse, the majority of managers are a little uneasy interviewing the apprehensive applicant seated across from them!

A manager may determine that you are not the ideal candidate for the job without ever understanding how many questions they were asking about their career—unclear and off-target to the extent that even the ideal candidate may not have made the "right" discoveries. No one checks a job well done by the interviewer.

Additionally, the candidate cannot read minds. Due to the manager's poor performance during the interview, perfectly qualified candidates leave the company more frequently than is necessary.

However, you don't have to experience that. Regardless of whether the manager interviewing you has experience or skill, you can—and should—be ready to present your best self. If you are aware from the start that the interviewer is looking for more than simply information about your qualifications and experience, you will be one step ahead of the game (and the competition). They are anticipating the realization of something more ethereal, something they might not even be able to describe: the need to feel that you somehow "fit" the team or organization.

Understanding your opponents is half the battle. Citing some concrete instances will help the inexperienced interviewer concentrate on how your special skills can immediately benefit—fit—the department or company, as opposed to passively waiting and hoping for the best. What additional peculiar issues might you run into in an interview?

Dwayne considers himself to be a competent interviewer. Every candidate is subjected to the same 15 questions from the same list in the same order. He makes notes on their responses and occasionally probes further. He offers them the option to interrogate him. He tells every applicant in detail for hours about working at Netcorp.com and is amusing, kind, and enthusiastic about it. He then questions why so many candidates turn down more interviews and why so few of his recruits end up working out.

I've never really understood interviewers who believe that sharing their narratives is important. Why does it work for some interviewers? It's a combination of nerves and inexperience, but largely because they believe they need to sell you on the business rather than vice versa. Periods of low unemployment, a surplus of certain jobs, a shortage of qualified people, or a candidate who is so coveted the interviewer feels, maybe correctly, that they must outsell and outbid the competition are some situations where this may be essential.

In most cases, the interviewer should expect you to carry the conversational load while they take a seat and consider whether to buy what you're offering.

Is it advantageous for you to be seated before Mr. Monologue? You might believe that. After all, you won't have to worry about putting your other foot in your mouth while he's waxing lyrical about the new cafeteria. There is no need to justify your most recent termination or four job changes in the past three months. No, just take a seat, unwind, and make an effort to stay awake.

However, I don't think Mr. M is helping you at all. A conversational monopolist prevents you from having the chance to "strut your stuff." You might not want to make a negative impression, but I highly doubt you want to make no impact at all. The shrewd interviewer who asks the open-ended, probing questions they need to find the appropriate candidate for the job—the exact ones you need to convince them it's you—should be welcomed as long as you heed the instructions in this book, especially this chapter.

Let's all smoke weed.

Yes, interviewees have been observed to be inebriated, stoned, or acting strangely. Some people have essentially spoken on the phone or checked email for the entire period allowed to a candidate. Others have gotten into rants over office conflicts or rivalries. How do you anticipate the interviewer to behave if he treats you with such obvious disinterest or disrespect before you are even hired? There is a manager out there who is prepared to treat you with the same decency that she would demand of you; it's just not this one. Pass on.

Keep it Simple!

Come Over and Take a Seat

Person-to-person interviews can be conducted in a variety of ways and according to several different guiding principles. Of course, the main goal is to weed you out if you don't possess the skills (and attitudes) the employer seeks.

Although skilled interviewers may employ multiple techniques, it's crucial to be aware of which mode you're in at all times and how to change it. The most popular approaches' methodology and goals are listed here in brief.

Easy to Remember on the Interview Day!

CONDUCTIVE INTERVIEW

Your discussions with the interviewer will be nearly exclusively.

They're trying to learn more, relying on your past experience regarding your past conduct in several on-the-job situations. They will then extrapolate your location using this information in future workplace responses.

How did you tackle some particularly difficult circumstances? What types of workplace catastrophes have you survived? Did you make the right decision? What consequences did your choices have?

Be cautious with your words. Considering that each situation you encountered was distinct in its own right, make sure the interviewer is aware of the particular constraints you had to work within. Did you not have enough staff? If you realize you jumped in too soon, own up to it and acknowledge that you've become more methodical. Describe what you would do differently the next time.

Always keep in mind that interviewers who use behavioral

questions are checking to see if you can walk the walk as well as talk the talk. So, avoid making generalizations and philosophical statements and avoid getting bogged down in the details. In other words, without embellishing, simply describe the issue you encountered, the course of action you performed, and the outcomes you obtained.

Writing three, four, or more "stories"—actual events that highlight your key abilities or qualifications—is crucial for this reason. Ensure that they are organized in a "Problem-Solution-Action" manner.

Interviewing Based on Competencies

By looking at how the interview questions are written, you may be able to tell if you are going through a competency-based interview.

You will encounter more targeted questions as opposed to open-ended ones, which essentially give you free reign to select instances and focus your response in any way you please.

- Tell me about a recent deadline you missed.
- Describe the most recent project you worked on that involved a forensic audit.
- Describe your actions the last time one of your ideas was rejected by your employer.

- Describe a recent instance where you successfully guided a team to execute a difficult assignment.
- Describe a time when you had to deal with a problematic client (a client who was a customer, an employee, or a team member).
- How did you resolve the conflict?

Such inquiries are intended to gauge your level of personal accountability, prudence, independence, ambition, and initiative, as well as your analytical and "people" abilities and management and leadership competencies, including your capacity to organize, strategize, inspire, and delegate.

Specific skills or competencies, which they view as the essential qualities needed to succeed in a given role, will be required by particular industries, businesses, or departments. The necessary skills for a bank could include risk management, securities law, and credit analysis. A major manufacturer can seek someone with expertise in cost containment, inventory management, production procedures, safety instruction, or other related fields.

A well-prepared interviewer will have a list of questions intended to elicit specific and in-depth examples demonstrating your ability to complete the tasks required by your organization. Additionally, you must be aware of the specific competencies—skills and abilities—that are needed and be prepared to give instances of each.

If you don't have a certain quality, be prepared to explain why

you can't provide a concrete example to support such competency. (Of course, if you had been thoroughly screened, your absence of such competence would have disqualified you at the outset, am I right?) There is additional information available regarding competency-based inquiries in Chapter 6. For an even more thorough justification, I recommend Robin for advice on how to get ready for this kind of interview in *Competency-Based Interviews*, a book by Robin Kessler.

The Panel Discussion

Hot Topic!

Organizational hierarchies are growing flatter in modern times. This implies that employees at all levels of a firm are more likely to get involved in a range of initiatives and jobs, including conducting interviews with you.

The team interview might be anything from a friendly chat to a brutal interrogation. In most cases, you will meet with a group of interviewers, or "team," at a table in a conference room.

They can be people within your potential department or a representative group of workers throughout the workforce. (A little less nerve-wracking alternative is the "tag team" method, in which one questioner leaves the room and is replaced by another a few minutes [or questions] later). Rarely will you be advised in advance that a team interview is likely.

The organized question-and-answer session may be facilitated by the recruiting manager or a representative from human

resources, or the group may be given free rein to shoot questions at you like a firing squad. When it's all said and done, you'll have to endure each group member's evaluation.

After the interview, some hiring managers will meet with the group to discuss your performance. Others rely on group consensus to make decisions. The good news is that you don't need to be concerned that one person's subjective judgment will decide whether or not you get the job. Others in the group could disagree if one person felt you lacked confidence or came off as arrogant. The interviewer who made the criticism will need to convince the group of their point of view—or risk being shot down themselves.

A group of individuals is also more likely to ask you a wider range of questions that may reveal and highlight your abilities and knowledge, though this is not guaranteed. Take your time, and make sure to treat each team member with the same respect and consideration you would the hiring manager.

Make sure to vary your responses if you are subjected to a series of separate interrogations by various interviewers who ask you many of the same questions. Cite various endeavors, encounters, triumphs, and even failures. Otherwise, you'll be perceived as a "Johnny One Note" when they get together to compare notes.

Hot Topic!

The Scenario or Hypothetical Case Interview

For the previous three quarters, our salespeople failed to reach their quota. One of our largest customers, who is now threatening to give all of her business to our greatest competitor, claims we overcharged her. Your employer was found to have greatly inflated his spending account.

How would you respond?

Keep it Simple!

A case or scenario interview is based on hypothetical ("what if") questions, in which the interviewer creates a series of actual or made-up situations to see if you have the resourcefulness, reason, imagination, and capacity to think quickly under duress. Why put so much strain on it? These questions are beyond the capabilities of even the most prepared applicants! If you're applying for a job in a consulting firm, legal office, or counseling group, you should be prepared for this kind of interview.

Most interviewers look for a combination of practical experience, creative inspiration, and the readiness to admit when further information or support is required.

(Many interviewers will ask hypothetical questions to weed out candidates who have trouble asking for assistance from other team members). They are interested in your problem-solving method, the framework you use to look for solutions, and how you think.

Situational interview inquiries might take any form or pattern. If the position you're applying for has a thorough description, use

your imagination to try to foresee several scenarios that might arise. Each of these questions will require a lot of consideration on your part. Keep your cool and use the research you did on your personal inventory to detangle yourself if you find yourself stuck in this trap.

Following are some pointers for handling a case interview:

- Admit that you would feel anxious in a challenging circumstance. You might even panic a little. No interviewer seeks a candidate determined to dive in headfirst and then flail about without considering consequences or other options. Adrenaline, which frequently promotes innovative solutions, is produced by nervousness.
- Before responding, pause for a bit. This demonstrates that you are not likely to react impulsively to any issue. Instead, you are taking the time to consider your options and decide on the best course of action. The more difficult the problem is, the more time you're supposed to take.
- Make notes about the provided problem. Inquire about the specifics. Recognize that not every information is relevant to the answer. (What a cunning interviewer!)
- Be careful not to generalize. The interviewer is more interested in hearing specific instructions that will result in a solution than your methodological approach.
- Don't let the details distract you. Focus on the most crucial elements since the interviewer wants to see how you handle the big issue.
- Make inquiries.

- Express your ideas aloud. The interviewer wants to hear that. There is nothing wrong with being creative, but it must always be done within the confines of reason. Whatever the interviewing method, resist the urge to exaggerate or outright fake a response.
- Prepare your responses to a variety of scenarios in advance. Know as much as you can about the information and skills you don't have because you should anticipate that some of these questions will be about them. And develop a plan for getting the data or materials you now lack.

While case interviews are intended for top prospects, applicants for a variety of occupations may be given a chance to "walk the walk" and demonstrate their abilities in the workplace. For instance, copywriters may be given time to edit a magazine article or book chapter, clerks may be required to take typing or filing exams, salespeople may be requested to call potential customers, and computer programmers may be asked to write some code. The more technical the position, the less likely an interviewer will "take you at your word" that you can handle it.

Interview Under Pressure

Don't Panic!

In some careers, the emotional demands, unforeseen problems, and fast pace of work can be downright intimidating—and not just sometimes. Formal qualifications are vital. Even a candidate proficient in all the technical maneuvers could falter in front of an etiquette-

challenged supervisor or break down when given a surrealistically tight timeline.

Whether you're applying for a job as a commodities trader, air traffic controller, or jail guard, the interviewer may believe it is nearly pointless to assess your ability to do the job even under ideal circumstances. He might try to predict how you'll perform in the worst-case scenario. The stress interview is then used in this situation.

One of these experiences is something that no one ever forgets. In this situation, a normal query can appear unpleasant or stern, which is precisely how it should sound. A stressed-out interviewer might sneer, "So, why the hell should I hire you for anything?" as opposed to the more polite, "So, tell me about yourself."

This style of interview may be used by the business as a "covert" personality test. It might even be carried out by a psychologist or other expert who wants to make you angry.

The following are some methods an interviewer might employ:

- They make fun of everything you say and query why you are even interviewing with their business.
- They stay silent for five minutes after you enter the room and then just stare at you after you respond to their first question.
- They keep you waiting past the appointed time and then observe your responses while checking their watch.

- They seem uninterested in whatever you say as they look out the window.
- They object to every statement you make, disagree with every viewpoint you express, and constantly interrupt you.
- When you go in, they don’t say hello; instead, they immediately ask you a challenging question.
- They use their computer, make phone calls, and/or eat lunch as you conduct the interview.
- You might be sitting next to an open window in the middle of winter, in front of a high-speed fan, or in a damaged chair.

How do you manage this type of artificial stress?

- Never allow them to see you sweat. No matter how tense the circumstance is, maintain your composure. After the interviewer has finished asking a question, take a moment to gather your thoughts before responding.

- Accept the circumstances as they are. Simply put, it's a made-up situation that tests how you respond under pressure. Most likely, the interviewer has nothing against you. It's just a game, even when you don't like it.
- Avoid getting discouraged. It's simple to assume that the interviewer has a negative opinion of you and that your prospects of getting the job are slim to none. That is not true. The goal of the stress interview is to determine whether you will become aggressive, despondent, or agitated under pressure.

- Watch your voice tone. During a stressful interview, it is simple to become snarky, especially if you are unaware of the interviewer's intentions.

If you have a stress interview, you might think twice about applying for a position with a business that uses such methods.

What is their managerial ethos—gruel at nine, thumbscrews at two—if they deem insulting and denigrating you during the interview to be acceptable?

Do not mistake a stressful interview for a bad interview. In the latter, the interviewer merely draws attention to the job's (alleged) drawbacks wherever possible. They might even make some up, like, "Would you mind cleaning the restrooms every Saturday morning?" or "Do you have a problem with working three hours extra each day?"

Be Ready, Get Set!

The Interview's Brainteaser

Interviewers at Microsoft are infamous for posing, "How would you move Mount Fuji?" Unlike the logical approach case interviews are intended to emphasize, the variety of questions aimed to gauge how creatively you tackle a subject is practically limitless:

- How many people in Finland still smoke?
- How many Californians surf at least once a month?

- How big is Mexico's ranchland in terms of acres?
- How many accountants work in the state of New York?
- How could a mousetrap be made more effective?

Most of the advice I provided you when preparing for a case interview still holds: take your time, ask appropriate questions, and then discuss how you would respond to each one. Make whatever statistical inferences you need to—the interviewer isn't interested in knowing Finland's population, just how you would arrive at an answer (which might not be accurate). They might not even know the "correct" response to such a query.

AVOID WEARING FLIP-FLOPS TO A CONSERVATIVE COMPANY

Indeed, like birds, employees do flock together. Additionally, certain "species" of employees tend to be drawn to particular companies. A company's corporate culture comprises its physical surroundings, management behaviors and rules, and the personalities of the "birds" who prevail. Do creative types in jeans go rampant in a "loose" environment? Or a strict, blue-suited autocrat with a long list of regulations to abide by while taking scheduled coffee breaks?

Some businesses are led by a single personality—a founder or CEO who is still in operation and has had a significant, enduring impact on policies and style. Think about Larry Ellison at Oracle, Bill Gates at Microsoft, or Steve Jobs at Apple. While exceptions

exist, these businesses are typically "closely held" fiefdoms that exhibit the "cult of personality" at every level. Even a decentralized management system won't make a corporation that everyone wants to work for if that individual is a despot, whether benign or otherwise.

Similar issues frequently arise with family-owned businesses. Your ability to make choices and accept responsibility could be influenced by your last name. Family members who are barely qualified might have enviable jobs and great salaries while you and other "outsiders" do all the work. Even publicly traded companies (like Ford, Walton, or DuPont), where family members own a sizable portion of shares, may err on the side of nepotism despite many of these businesses being privately held.

Many larger, more decentralized businesses will distribute decision-making and advancement possibilities more fairly. However, instead of directing their combined efforts toward rival groups, these businesses frequently promote competition among their employees.

It's a survival-of-the-fittest (or survival-of-the-best-memo-writer) environment if managers routinely spend half their time politicking or writing self-serving memoranda to the boss. Such a corporation might be a treat for individuals who enjoy corporate infighting, but it won't be welcoming to people who just want to do their tasks and get paid for them.

Some businesses are buzzing with activity, and their offices are filled with a constant hum of activity. A high-key setting like this is ideal for competitive individuals who are unafraid of the fast

pace and are more than willing, even eager, to join the fight.

Other places of employment are more serene, quiet, and almost contemplative. For those with more relaxed personalities, such low-key companies are perhaps a better option.

While the success of a particular company is not greatly impacted by the atmosphere at work, your individual performance, success, and pleasure on the job may be.

A new job search is typically necessary when corporate and personal personalities are not compatible. Be cautious if you encounter a business that seems to send out no signs! Typically, this is a directionless company, one without a plan and dynamic leadership. Without such leadership, this corporation would undoubtedly fail, usually when things start to go wrong and prompt implementation of corporate decisions is necessary.

Easy to Remember on the Interview Day!

The more information you have on the businesses you're considering, the better.

DON'T BELIEVE EVERYTHING YOU READ

Additionally, don't take the advice of company representatives at face value.

Employers have been known to tell attractive prospects what

they want to hear, just as employees have been known to "forget" a job when writing their resume and somewhat overstate their duties at other jobs, except for one Neanderthal, who unfortunately also happens to be your potential boss.

Sometimes, businesses purposefully exaggerate job criteria to draw in what they perceive as the "higher end" of the candidate pool.

If they have a gut feeling that the position calls for two years of experience, they can respond that three are necessary in anticipation of more probing questions. They might also think that the few applicants with less than two years of experience will be more motivated than the majority of the applicants.

This is known as an "enhanced excluder," a strategy for raising the bar slightly above necessary levels in the knowledge that they can always disregard the criteria they've set for the ideal candidate.

Some businesses utilize this strategy virtually as a pre-interview tactic to determine which candidates attempt to circumvent the stated restrictions and how persuasively they can argue for themselves.

The job advertisement should clearly and emphatically mention any technical knowledge requirements that applicants must have in order to be considered. This may seem obvious, but you'd be amazed at how many recruiting managers I've spoken to don't list any specific talents they're looking for... and then whine about the level of experience of the applicants they interview.

Unspecific standards like "good computer skills" won't ever help a company find the qualified candidates it needs. Additionally, they won't assist you in determining your suitability for the job.

HAVE TOO MUCH EXPERIENCE?

Naturally, you should ask yourself this before participating in any interview. If you are significantly overqualified for a position, you must acknowledge it—at least to yourself. Many of you may believe that it is simpler to find employment that is below your level of expertise—to work as an accounting assistant after having held the position of full-charge accountant, to work as a receptionist after having held the position of office manager, or to return to sales after becoming a sales manager.

It's not. Although you might be more qualified than the position specifically calls for, you might no longer meet those requirements. Even if you may have managed a team of 20 sales representatives and are well-known for being an excellent motivator, you will have a hard time finding work selling copy machines. Why? Because your management and motivational qualifications are irrelevant to them.

They don't even require them. They want to learn how many copy machines you can sell each month. They are concerned that you have never sold one.

Employers might doubt the motivations of a candidate willing

to "do almost anything." Will such a worker simply turn up, perform the necessary tasks, and leave? What about a person prepared to toil "for almost nothing"? Another cliche that comes to me is: You get what you pay for, and "almost nothing" is worth just that.

Employers want employees, particularly in lower-level positions, to be content with the work they are doing and not to continuously bring out ways in which they could do the boss's duties more effectively. The receptionist may know more about operating an office than the office manager, but the office manager prefers to treat her like a receptionist rather than someone who has held the office manager position.

Many people worry about hiring people for low-level jobs who have previously done what their boss is doing, just as some managers worry about recruiting assistants who they feel may one day surpass them. It's unsettling and quite scary to many people.

Is Taking Notes Acceptable?

Hot Topic!

I think it's acceptable, even encouraged, for you to take notes since it's acceptable for the interviewer to do so.

Why? There are several valid arguments:

You should arrive prepared with a list of questions, key points, and any research information you want to use in your questions or answers. Making the interviewer accustomed to your "consulting my notes" will make it much simpler for you to request permission

to take notes during the interview. However, be careful. Avoid appearing to be continuously consulting your notes whenever the interviewer asks a question.

"Jim, where did you attend college?"

"Uh, give me a moment to check my notes."

No matter how good your memory is, you can't remember everything. However, you must remember everything that happened during the interview, including what you said, what the interviewer said, what appeared correct and what seemed wrong, names, numbers, and a variety of other things. You have to take notes, as long as you get permission first.

Next, you must have it for follow-up. I advise sending quick, personalized notes or emails to everyone you encounter during an interview—from the receptionist to the person who brought you coffee—and longer, more targeted letters or emails to everyone you speak with. Without thorough notes, how can you be certain that the spelling of so many names, titles, and other things is accurate? How can you again address the objection—which you know might be the main barrier to your hiring? How do you make small talk with the coworker who looked slightly cold toward your candidacy, possibly out of jealousy since she wanted (or expected) your job?

Finally, you might need to refer to your notes throughout the interview, noting any questions you don't want to forget (while the interviewer rambles on), points you want to make, and examples you want to underline. This will allow you to bring up a subject

when the timing is right, which may be later or even at the end of the interview.

Personally, I wouldn't settle for anything less than a nice notebook taken from a briefcase that also seems businesslike, together with a good pen (not a throwaway). Most recent graduates might feel more at ease carrying an iPad or other tablet, which I believe most interviewers would now find acceptable.

As long as you don't have your head buried in your notebook or iPad the whole interview, many, if not most, interviewers will consider your note-taking as an indication of professionalism and sincerity.

Whatever method you choose, keep in mind that the goal of the interview is to first listen before speaking. Write as little as necessary. Practice taking notes while maintaining eye contact if you struggle to do so when simultaneously listening and taking notes. Nobody wants to converse with your forehead.

Don't Leave Just Yet

Everyone has experienced an unsuccessful interview. Perhaps the interviewer is to blame, or you are, or the weather, or perhaps the universe is playing a cruel joke on you. In any case, it is evident that the interview is not going well, and you are strongly inclined to stand up, express your gratitude to the interviewer, and quickly run—not walk—to your bedroom for protection.

Resist the urge to run. *"Please excuse me while I use the restroom."* (Hey, I realize it's not customary, but at the moment, we're attempting to save an interview that's on fire.)

Keep your cool. Praise yourself internally. Then, enter again and promote yourself.

"Ace" Any Interview: How to Relax! Consider it more like an expedition than a courtroom hearing.

Make an effort to have fun. Consider that the interviewer is a well-known author, athlete, or movie star you have long respected.

Go on grinning. No, not a phony grin—just a pleasant, carefree smile that, presumably, results from your participation in an engaging conversation. Consider yourself the interviewer. Wouldn't you want to collaborate with someone so pleasant?

Become animated. Relating to the role, your qualifications, and your understanding of the business. But refrain from gushing—it will come across as fake if you're not sincere in your enthusiasm.

Be truthful. Lying about even the most minor or unimportant things could result in swift dismissal.

Maintain constant eye contact. Have you ever encountered someone who refused to make eye contact with you? You undoubtedly began to wonder what that person was trying to hide after a while. You don't want the interviewer to ask any such

questions. So, while shaking hands, look the person in the eye and then do so regularly throughout the interview. However, avoid staring—constant eye contact is worse than none.

Be optimistic. You must learn to put a positive perspective on anything, especially sensitive topics like your reason for leaving a job, strained relationships with your bosses, or a lack of essential skills, as we'll see when discussing queries concerning your former positions.

You Are in Control, Not the Interviewer!

Don't Let a Novice Interviewer Mislead You

Ensure your preparedness shines through, particularly when a boss presents you with a challenge. If necessary, your preparation in advance should allow you to take charge of the interview and highlight the various ways you will benefit the potential employer.

The interview may not be going well because you may truly be the worst candidate for the position. But that doesn't imply there aren't further positions available at that business or at other businesses the interviewer is familiar with. Therefore, persevere a bit longer.

And even if you do your hardest and are denied, you might learn something if you ask, which will help you get better at interviews. Should you reject a genuine offer immediately if you

think the position, business, or boss is wholly incorrect? I wouldn't. Allow yourself at least one night to consider any offer without the pressure of the interviewing procedure. Your perspective might shift.

Chapter 2: Who Are You?

Performing good or bad in an interview will be based on your ability to communicate and define who you are, your competencies, and your personality. The interview is just a medium to sell yourself to the job market, thinking of yourself as the product and the salesperson. In order to sell yourself, you need to show up prepared, which will prompt the interviewer to "buy" you.

The only way to communicate to the interviewer that you are the right person for the job is to show up prepared face to face. A good resume and a cover letter will not convince an interviewer since anyone can do it for you. Likewise, wearing a perfect outfit won't prove you can do the job better.

Many candidates get nervous after the first open-ended question, which causes them to stumble and stutter. Other candidates try to impress by reciting canned replies in the resume, which only proves good memory skills.

I hope most individuals are made up of various abilities, skills, and experiences, making them unique in their own way. This chapter will equip and guide you through the process to ensure you outline the details in your life that will optimize your performance in the interview.

What You Should Know About Yourself

Be Ready, Get Set!

Firstly, you need to build a "dossier," an instrument used in law enforcement to undertake the factual record of everything an individual has done and achieved in their life and career.

Your Work Experiences

Use a sheet of paper to record every job you have held that involves full-time and part-time employment, regardless of how short the tenure was. This also involves summer jobs, which exhibit a sense of developing independence, resourcefulness, and responsibility at a young age. You can choose to ignore or include the jobs you find relevant, but for now, write all and then decide later. For each employer, include:

- Name, address, telephone number, and email address.
- The name of all your supervisors and where they can be reached.
- Dates you were hired.

For the jobs, list down:

- Specific assignments and responsibilities.
- Experience in a supervisory role; highlight the number of people you managed.
- Required skill set required to undertake your duties.
- Key accomplishment.

- When the promotion was awarded, if any.
- Honors, awards, or special recognition you received.
- For a part-time job, indicate the number of hours worked per week.

Avoid writing too much information, but provide specific data (workload handled, problem tackled, money saved) to highlight your abilities and accomplishments. This will increase the value of your interview presentation.

Volunteer and Internship Experience

Adding the benefits you received as an intern or volunteer is not necessary; the knowledge and skills you learned in that position are more important. Create a record of all internships and volunteering you've done similar to the job. For each volunteer or internship undertaken, include:

- Name, address, telephone number, and email address.
- Name of your supervisors or director of the origination.
- Letter(s) of recommendation.
- Exact dates (month & year) of your involvement

For each volunteer experience or internship, include:

- Approximate number of hours devoted to the activity each month.
- Specific duties and responsibilities.
- Skills and knowledge required.
- Key accomplishments.

- Honors, awards, or special recognition received.

Your Educational Achievements

Include the name of the school you have attended, the level, name, address, phone number, field of study, relevant courses, and awards (if any). CGPA or class rank should also be added. Outline the courses you were good at and the ones you were weak at.

Do not reuse old material if you are a recent college graduate or still in college. Outline the number of credit hours you earned and the semesters you have completed so far if you are still in school or if graduation is more than a year away.

Other Accomplishments, Knowledge, and Activities Engaged

It is interesting to know candidates who can have deep conversations about other activities they've engaged in besides their academic work, such as sports, clubs, and groups inside or outside campus. For each activity, include:

- Name and purpose.
- Office held, committees you chaired or participated in, and specific roles you played.
- Duties and responsibilities for each role.
- Hours and awards received.

Outline all awards and honors you've received from school(s), religious groups, clubs, and community groups. Include relevant awards at high school, even if you are still in graduate school or

out of college.

Disclose that you can speak a foreign language; this makes you relevant. Even if you are not applying in an international job market, it will enhance your resume. State if you've spent a year studying in a foreign city such as Paris and can communicate in French like a native.

Employers Love Retired Studies

Employers have deep respect and admiration for candidates who have served in the military due to their positive attitude and maturity towards work. State if you've served in the military and explain your experiences and how they contributed to your professional competencies. Include:

- Final rank rewarded.
- Roles and duties.
- Citation and honors.
- Discuss special training and special education attained.
- Special skills developed.
- Honors and accomplishment.

Preparing Yourself With Information

Preparing all this information about yourself makes you sure of your competencies and the process to achieve such a skill set.

It is essential to presume and rehearse questions that might be asked about the information and answer them to get a clear understanding of who you are in terms of personality and skill set.

Finding answers to these questions will enable you to clearly state your goals and vision in your personality and career and make the necessary adjustments to reach your goals. It will also define whether you are the right fit for the job, company culture, the boss, or the needed adjustment to make that will ensure you fit with the scope of the organizational goals and yours.

Ask yourself these questions and analyze your response and explanations to asses who you are. What is essential to you and what kind of company you want to work for are just a few. Notice how detailed your assessment is in relation to the data on your resume when recording it.

Outline the following questions that you would likely be asked in an interview:

Questions About Your Personality:

- Who are you? Describe your personality in detail.
- What values appeal to you as an individual?
- What achievement were you excited about the most? Explain to the interviewer how this relates to the position at hand.
- What caused stress in your life (relationship, finance, time limits, etc.)? What excites you the most?
- What errors have you made? Why did they occur? What did you learn from them? What measures have you put in place to ensure they don't reoccur?

- How do you interact with your superiors and authority figures (bosses, supervisors, teachers, parents)? Be ready to cite credible and specific examples.
- What are your favorite hobbies (games, sports)? Are you competitive? How do you react when you lose or win? Do you perform well when the stakes are high or shy away from big moments?
- What type of people are you drawn to as friends? Do you like people who share your values? Do you associate with individuals with different values compared to you? What will cause you to end a friendship? What does that reflect on you?
- What words will your friends and acquaintances use to describe you? Outline all of them, both good and bad. Why do you think they would describe you with that word? Are there specific traits, skills, accomplishments, or failures that can be used to associate you in the eyes of others? What are they?

Questions About Your Profession:

- What kind of people do you normally enjoy working with? What kind of people do you enjoy working with the least?

- What are your dreams, aspirations, and vision?
- What measures can be employed to increase the passion for day-to-day work?
- What are your priorities?
- What can you do to position yourself better in the competitive job market?

- What are the highest honors you've achieved in your professional career? What competencies caused you to receive such honors?
- What opinion would your last boss have of your work ethic? What would your coworkers say about you? What would your subordinates say about you?
- What is the most essential requisite of the job you are seeking (adventure, financial upgrade, high status)?

How to Describe and Highlight Your Abilities, Strengths, and Values

The following adjectives should help you cover the basic description of your personality and professional competencies. Highlight phrases and adjectives that best describe you and your skills.

These adjectives will appeal to you, so let a friend assess and judge to see if they agree with them and suggest words that reflect your authentic self.

Active

Active in sports

Active reader

Active volunteer

Adaptable

Adventurous

Ambitious

Artistic

Attractive

Brave/heroic

Calm

Communicative

Computer literate

Confident

Courteous

Creative

Decisive

Dedicated

Detail-oriented

Directed

Dynamic

Economical

Efficient

Empathetic

Ethical

Excellent analytical Skills

Excellent math skills

Experienced

Extroverted

Flexible

Fluent in other Languages

Focused

Goal-oriented

Good delegating skills

Good leadership skills

Good listening skills

Good mathematical skills

Good negotiating skills

Good presentation skills

Good public speaking skills

Good sense of humor

Good team-building skills

Good time management skills

Good under pressure

Good written communicator

Graceful

Handles stress well

Hardworking

High energy

Highly educated (level?)

Honest

Introverted

Learns from mistakes

Left-brained

Like people

Likes to travel

Logical

Loves animals

Loves children

Loyal

Makes friends easily

Moral

Musical

Neat

Obsessive

Organized

Passionate

Passive

Patient

Perfectionist

Performer

Physically strong

Precise

Professional

Quick-thinking

Reacts well to authority

Religious

Responsible

Right-brained

Risk-averse

Risk taker

Sales personality

Self-motivated

Sports fan

Strong-willed

Supportive of others

Tenacious

Welcomes change

Well-groomed

Hot Topic!

Why Are You Doing This?

The above steps will ensure that you have a basic understanding of who you are by highlighting your strengths and flaws to enable you to sell yourself better on the job market. Outline your best traits using the following as your guide.

- Major skills.
- Major personality strength
- Major knowledge.
- What you are good at.
- Your valuable honor.

Then, rewrite them into benefits needed by the prospective company. Do not just highlight your positive traits; admit your shortcomings and the measures you have put in place to tackle them.

You start to grow by admitting to your weaknesses and solving them. Add examples of areas you would like to improve both personally and professionally. If you can work and rehearse with these, it lowers the risk of freezing up during pressure situations in interviews.

Reasons Why We Set Goals

Hot Topic!

Setting goals should be a trait that you should inculcate to help you track your progress of both short and long-term goals. Reevaluate your goals weakly, monthly, or yearly to focus and know when tweaking is needed based on changes in circumstances.

Goals will aid you in assessing yourself better and when you want to be within a specific time frame and the plans, tools, and information needed to get there. If your goal is to be a manager of a company, do you need to upgrade your certificate and knowledge to ensure you are qualified for the position? How do you intend to go about it? This is just an example that you can think about.

While setting your goal, make it as realistic as possible so as not to discourage you when it's far-fetched. Break long-term goals into small and short-term goals that can be easily attained. You can't be a CEO of Nestle when you haven't graduated high school, so your dream of becoming the next CEO is the long-term goal. Getting a high school degree is part of the short-term steps to get there. The goals become realistic when you have the basics and foundation to improve.

Even if the goal is unrealistic, your effort, determination, superior work ethic, and deadly motivation can overturn the most improbable situation. If you are not hardworking, any easy and achievable goals can seem impossible.

Chapter 3

There you have it, the mother of all interview questions and one that still makes some of you stutter and stumble.

Although it is more of a request than a question, it can make you feel uncomfortable like no other inquiry can. And if you're unprepared for such an open-ended preface to the series of usual questions about your talents, background, and aspirations, it can stop you dead in your tracks and earn you an immediate one-way ticket out of the interview.

Why is this a popular interview question? Many individuals think it's a good icebreaker since it allows them to measure early chemistry, gain some perspective into the cipher in front of them (that would benefit you), and make you do nothing but talk for no less than a couple of moments.

Should this tried-and-true question take you off guard? Definitely not. This will certainly be one of the initial three questions asked, if not the first. So what happens if you stutter and weave your way through a disorganized, free-associating conversation that begins in Mrs. Mahamita's kindergarten class and ends 10 minutes later with the specifics of those eighth-grade cheerleading tryouts? You can set a new record for the quickest interviews of the week.

Is the interviewer seeking particular information (key phrases, body language)? Or, as I've privately assumed of many inexperienced interviewers, are they merely seeking the quickest

way to get things started?

It shouldn't bother you. If you're prepared, you'll recognize this as a perfect opportunity to display four attributes that every interviewer seeks: intellect, enthusiasm, confidence, and reliability.

PREPARING FOR THE "KILLER QUESTION"

Easy to Remember on the Interview Day!

- **Finish your inventory.** If you skipped the work in Chapter 2, go again to undertake it now.
- **Make a powerful introduction by summarizing your inventory.** Use specifics to build a brief image of "you," indicating that you are an enthusiastic and capable professional who is the most suitable candidate for the position.
- **Don't try to remember it word for word.** You want to seem natural and not as if you're reading from a deck of internal signals. So, be familiar with the material. Record yourself saying it till it sounds genuine but natural.
- **Include powerful, upbeat phrases and words.** You want to convey enthusiasm and confidence, as well as knowledge and experience. What you don't know, you're eager to learn.
- **Use it for directing the discussion as needed.** Expect the "killer" to appear at the beginning of the interview, and be

ready to utilize it as a chance to influence the session in the desired direction. Adjust your response to highlight possible drawbacks, such as apparent switching jobs and a lack of relevant experience. Consider the abilities or achievements you want to highlight during the interview and provide at least one solid example of each.

- **Finish with the interviewer holding the initiative.** You receive a well-earned break by concluding with a question and once again show your interest and passion.

So, have a look at the objects you put under these areas on your personal inventory, which you should have completed because I warned you that it would be a necessary step in using this book effectively:

- My greatest attributes.
- My areas of greatest expertise.
- My most advantageous personality traits.
- The things I excel at.
- My most notable successes.

What Are They Hoping to Learn?

You Are in Control, Not the Interviewer!

Using the information provided, you will now create a well-thought-out, logically-ordered overview of your experience, abilities, talents, and education. A plus? If this quick introduction effectively and briefly connects your encounter to the position's needs. However, be sure to keep it narrowly focused—between 250 and 350 words, packed with details. You should be able to recite a response with the following information in under two minutes:

- A short introduction.
- Important achievements.
- These successes exhibit several key strengths.
- The significance of these accomplishments and skills to the potential employer.
- Where and how do you envision your career progressing in the role you're looking for (tempered with just the proper amount of modesty and self-deprecating humor)?

Again, we're not discussing war and peace. Two hundred fifty to 350 words pertain to the right (90 to 120 seconds to recite).

Here's what Barb, someone who recently graduated from college looking for an entry-level sales job, responded to this question:

"I've consistently been able to get connected to a wide range of people. I believe it is because I am an excellent communicator and an outstanding listener." [She introduces herself modestly while instantly claiming the most vital abilities a competent marketer should have.]

"When I began seriously considering which careers I'd be most suitable for during my final year of high school, sales immediately popped into my head. I had different temporary employment at retail stores during my senior year and college summer holidays" (Shows initiative and at least a few comparable experiences). Despite most of my pals, I enjoyed engaging with the general population." [Expresses eagerness to sell.]

"However, I realized that retail had limitations, so I researched various kinds of sales positions. What is commonly referred to as consultative selling piqued my interest. I appreciate the notion of coming to a customer on whom you have done extensive research and presenting how your goods might assist them with one of their persistent challenges and then following up on that promise." (Exhibits excitement and interest in the task).

"After writing a term report on consulting sales in my senior year of college, I began looking for companies where I could learn and improve the skills shared by account executives." (Exhibits initiative by researching the field of consultative marketing for a term project and then exploring suitable firms).

"That brought me to your firm, Mr. Sheldon. The thought of collaborating with businesses to improve the electrical performance of their installations excites me. I've also learned

about your sales training programs. They appear to be on the cutting edge of technology." (Provides proof that she is a motivated self-starter).

"I guess the only aspect that scares me about employment at Co-generation, Inc. is selling extremely complex equipment without a bachelor's degree in engineering. By the way, what kind of assistance does your technical personnel provide to the sales effort?" (Demonstrates willingness to learn the things she does not know and concludes by surrendering to the interviewer's authority. Barb has given herself a break by asking an inquiry that the interviewer must respond to. The verbal ball is now in the interviewer's court.)

Based on the sincerity and complexity of her responses, it's not a horrible little "speech" of only 253 words, is it?

Eye contact is absent

The person conducting the interview is posing this question to see whether you have any "chemistry," thus offering her the response she wants.

Shortage of powerful, uplifting phrases and words.

It's the first question and, thus, your first opportunity to make an excellent first impression. Use phrases that imply excitement, responsibility, devotion, and accomplishment. If the first response is uninspired (particularly one we all presume was prepared and even coached), I have virtually not seen the interview improve significantly. Many interviewers will just cut their losses and move

on to a more promising prospect.

A broad, rambling remark that fails to acknowledge and highlight specific achievements

It's a plus if you can "edit" what we all understand is a prepared scripted statement to ensure that it's relevant to the work at hand. Many interviewers would consider it a negative if all they've heard are generalities with little (or no) specifics to back them up.

There is no relevance to the work or the organization in general

You were not asked to inform the interviewer about your hobbies, pets, favorite ice cream flavor, or boy band. If your response is too generic or personal, a few recruiters might offer you an advantage of the doubt initially, but most will swiftly probe for job-related facts.

There is a lack of excitement

If you don't seem enthusiastic about the work, most hiring managers will not think you'll "get religion" once you're employed.

Nervousness

Some people are understandably frightened in a job interview's artificial and threatening environment, and most experienced interviewers will not automatically consider this an excuse to have a secretary alert them about that "emergency

conference." However, they will be concerned about the possibility of a termination or a sexual harassment claim, which will not improve their day.

Someone who asks clarifying questions

For example, "What exactly do you want to know?" or "Would you prefer me to speak about any specific topics?" As I have stated, I find it difficult to imagine that anyone applying for any position has not anticipated being asked this question. What do you believe the interviewer is looking for? What are your thoughts on Caitlyn Jenner's transition? She wants to hear about your professional background, skills, abilities, and training, so address the question clearly and concisely and prepare for what follows.

Easy to Remember on the Interview Day!

Variations

- What distinguishes you (makes you distinct, different)?
- What five adjectives best describe you?
- On a scale of one to ten, rate yourself.
- How would you characterize yourself?
- How would you characterize your personality?
- Tell me anything you don't want me to know about.

Regardless of the complexities, you should update your "set piece" to react to each of the first five inquiries in the same manner. So, while the first, fourth, and fifth queries appear more specific,

they all seek the same information.

The sixth alternative, of course, is one of those surprises (or, at the very least, you never expected it to be the first question posed!). You're not going to admit to your hidden Hello Kitty obsession (or worse), so think of (or makeup) a little, non-job-related "secret" you can tell.

Easy to Remember on the Interview Day!

Variations

- What brings you here?
- Why should I employ you?
- What makes you a strong contender for this position?
- What distinguishes you from the other prospects I'm interviewing?
- What can you do for us that others cannot?

These are more assertive queries with a more powerful tone. An interviewer using one of these versions is trying to make you aware that you're in the hot seat. This might be due to his style, the introduction to his type of stress during the interview, or simply a tactic to save time by evaluating how you react to pressure immediately.

With a single question, the interviewer has "set you up," attempting to differentiate the contenders from the losers. However, he has provided you with an excellent opportunity to demonstrate the breadth of your pre-interview research. And if you haven't done anything, you may find yourselves in a sea of boiling water.

Hot Topic!

Q: What are your professional strengths?

What are they hoping to hear?

To be ready for this question (and the variants indicated above), get out the pages you worked on in Chapter 2 and put out the job description you're interviewing for. This will assist you in defining each individual job need in your head. Then, explicitly relate your abilities and successes to the job needs.

Assume you have a unique ability to meet even the most absurd deadlines. You have tenacity. Nothing can stand in your way. If "meeting deadlines" is a critical job need, provide two or three relevant instances from your experience. The more absurd the time limit and herculean your efforts, the more crucial it is to bring to the interviewer's notice at least twice.

Are there any holes in your credentials? Probably a couple, especially if you're aiming for a higher job level. So it's time to dive in and tackle the tough questions you know will come soon after the ones above.

Keep it Simple!

Q: How would your best friend characterize you (college flatmate, favorite professor, favorite boss, mother, family, etc.)?

What are they hoping to hear?

If I were to interview someone, I would begin with the "best friend" variant. That's

supposed to be the one who knows you the best. So, if you gave me a half-baked portrait of yourself, I'd cut the interview in half—by around seven-eighths of an hour. Some interviewers would rather you explain your best buddy and how you vary from one another. This is based on the unproven but fair premise that if somebody is your "best" buddy, you presumably have many interests. Some interviewers feel you may unwittingly reveal character insights (i.e., defects) you would otherwise like to conceal because you are presumably discussing your closest buddy, not yourself.

So, take the time to explain the type of person that the hiring manager would be happy to recruit.

All of the various versions of this query may be used by experienced interviewers to zero in on certain phases in your life (college, high school, previous employment) or just to gain a more complete picture of you. For example, what your mom or dad says may give the interviewer a clear picture of the environment in which you were reared.

Easy to Remember on the Interview Day!

Variations

Q: How would a person who dislikes you characterize you?

You're trying hard not to introduce any negativity. Therefore, your lovely interviewer is assisting you. Regardless of her promise to let you dwell in a pond of sorrow, simply emphasize your positive attributes. You may

always argue that the other person dislikes you because of them.

Easy to Remember on the Interview Day!

Q: What do you want to be doing in five years?

What are they hoping to hear?

Are your aims and those of the firm compatible? Are you hoping for rapid or steady advancement in a position the interviewer knows is a dead end? Are you asking for more money than he can ever pay? How have your objectives and motives evolved as you've grown older and gained professional experience? How has your recent advancement as a manager influenced your future job prospects? If you've realized you need to learn or improve a specific ability, how and when do you intend to do so?

This subject is not as common as it previously was, owing to the quick rate of change in many organizations. You will most likely be asked to focus on a much shorter time frame: "What will you be able to achieve during your initial 90 (100, 180) days on the job?"

Naturally, you desire a position of authority in your area, but you don't want to convey the idea that you're a piranha eager to prey on the guppies in your new department. So begin modestly:

"Well, that will ultimately rely on my job performance as well as the growth possibilities provided by my employer."

Then, brag a little: "I've already shown leadership qualities in all of the jobs I've held, so I'm very certain that I will take on increasingly greater managing responsibilities in the future."

"That's alright with me. I appreciate forming a team, setting its objectives, and then working to achieve those goals. It's extremely rewarding."

You want "more"—more authority, more people submitting to you, more territory, and even more money. A generic response (as stated above) is OK, but don't be shocked if an interviewer asks the obvious subsequent inquiries (using the answer to the preceding question as a guide):

Easy to Remember on the Interview Day!

Q: Tell me about your most recent team.

- Tell me about the most recent project your team worked on.
- What was the most fulfilling job you've ever had, and why?
- What if I told you that our progress was tremendous and that you might travel as far as your ability would allow you to go and how quickly?

If you respond "your job." Everyone is sick of hearing that old response.

If you fail to provide more than a "general" answer—no genuine, precise goals—regardless of how hard the interview person presses you. Your incapacity or unwillingness to specify

specific, positive objectives may create the impression, justified or not, that you have not taken the time to really consider your future, making it hard for the interviewer to determine whether there is a fit between your or their ambitions.

Suppose you insist on having an identical job when you are applying. (Unless it's an untenable position and the hiring manager would be overjoyed if someone remained longer than three weeks, unlike the previous 14 persons who held the post.)

Any response that demonstrates unreasonable expectations

A knowledgeable applicant should be aware of how long it takes to advance up the career ladder in a specific sector or even within a firm. Most interviewers will be put off by someone who expects to advance from secretary to CEO in two years, but any unrealistic aspirations may pause them. If a law school graduate, for example, intends to become an associate in four years—when the median time frame for all companies is seven and this one is ten—even inexperienced interviewers may question the depth and efficacy of your pre-interview analysis.

There's nothing wrong with being too ambitious and confident, but a wise applicant should moderate such lofty expectations throughout the interview. Most interviewers know that some applicants successfully "break the rules," but they will be wary of persons who demonstrate unrestrained ambition!

If you've made an interviewer concerned that her organization won't be able to deliver on what you appear to want to hear,

anticipate a follow-up question: "How soon after you're hired do you think you'll be able to contribute to our success?" Even someone with a great deal of relevant expertise understands that each organization has its own unique way of doing things and that the learning process might last days, weeks, or months, depending on the circumstances. So any applicant, especially an extremely ambitious young person, who confidently guarantees an interviewer she'll be effective from day one should be wary. In the situation of an unskilled individual, the interviewer is attempting to determine how "trainable" you are, and you've just told him you believe you know it all! Not a promising start.

Some candidates, for whatever reason, fail to recall that this is a job interview, not a talk in a pub or with friends. As a result, they come up with some amazing comments that can only be described as "fantasies"—retirement, owning their own business, living on the coast, and so on—though why they think these answers are relevant to their job hunt is beyond me. I strongly advise against ever addressing this question in this manner.

Easy to Remember on the Interview Day!

Variations

- What are your long-term goals? Have you set any new aims or goals recently?
- What do you want to do with your life?
- When you grow up, what do you want to be?

These questions allow you to illustrate how your objectives and motivations have evolved as you've developed and obtained

useful job experience. If you've recently become a manager, discuss how the position has influenced your future career plans. If you've realized that you need to improve a specific talent in order to advance, tell your interviewer what you're doing about it.

Easy to Remember on the Interview Day!

Q: If you were able to alter one aspect of your personality with the snap of a finger, what might it be and why?

What are they hoping to hear?

That you have flaws; of course you do! But none of them are fatal. Traditional job advice has been to describe a "weakness" that you can readily demonstrate is actually a strength: "You understand, sir, I just work too hard. I need more time off than Sunday from 5 to 7 p.m." Yes, you do.

Most interviewers will accept an answer that reveals a weakness you've previously addressed or, in a slight twist on the topic, a mistake you made in a former job and the lesson(s) you learned. You would be converting an adverse question into an affirmative answer in both circumstances.

My method was to mention a skill or certification that I lacked constantly but that wasn't nearly required for the job I had applied for.

Don'ts

- Identify a job-related or, worse, necessary to the job at hand (for example, an inability to collaborate with others while the position for which you are interviewing is very team-oriented).

- Citing a flaw that is so basic or foolish that the interviewer wonders if it is the most crucial thing (she did mention one thing) you could alter.

Easy to Remember on the Interview Day!

Variations

- Tell me about the one thing you're most proud of in your life.
- Tell me about the worst decision you've ever made or the one thing you're most embarrassed of in your life.
- What is your greatest flaw?

The initial query puts you on familiar ground—a favorable question you can answer. The next three questions push you to transform a negative question into an encouraging answer, which is a potential quagmire because every negative question allows the unwary to plunge into a sea of recriminations ("Working for that last jerk, let me tell you!").

In all situations, the interviewer solicits discourse, but not in the one-sided and open-ended manner of previous questions. If "Tell me about yourself" or anything like that didn't "open everything up" as much as the person being interviewed wanted, these might be follow-up questions. As a result, you should interpret them as an indication that you have yet to give the person

conducting the interview what they want to hear.

You Are in Control, Not the Interviewer!

Q: What does the term "success" mean to you?

What are they hoping to hear?

You should provide a balanced response to this question using personal and professional experiences.

If your accomplishments are solely professional, an interviewer may ask if you have a life outside of work. If you babble on about your private aspirations and successes, you may come out as uncommitted to achieving professional success.

Strike a balance by discussing achievement in language, such as, "I have always enjoyed supervising a design team. In fact, I've learned that I work better alongside other designers than doing everything alone. Unlike many people in my sector, I can also connect to the needs of the production department. So, I believe I'd define success as collaborating with others to create efficient designs that can be put on the production line rapidly. Of course, the monetary benefits of leading a department allow me to travel throughout my holidays. That is my favorite aspect of my existence."

If the interviewer notices any of the following issues in your response, you're already on thin ice and should hurry back to shore:

- Incompatibility of their goals and yours.
- Lack of focus in your answer.
- Too general an answer, with no examples of what successes you have already achieved.
- Too many personal examples.
- Too many job-related examples.

You Are in Control, Not the Interviewer!

Q: What exactly do you mean by "failure"?

What is it they desire to hear?

Give me a concrete example to illustrate what you mean by "failure," not a protracted metaphysical debate more appropriate for a Bergman movie than an interview.

This question allows a skilled interviewer to go into errors and poor choices, not a topic you're very excited about. He is looking for honesty, a clear explanation of what went wrong, an admission of guilt (with a slight plus if it's clear that you're taking responsibility for some aspects that weren't your fault), and proof that you are determined to change what caused it (or examples to show how it has already been changed).

Failure is failing to complete a task while I have the means. For instance, I previously had to complete a sizable job. I should have known right away that I didn't have the time. I must have believed that a day had 48 hours. In addition, I lacked the information I needed to do it properly. I should have sought

assistance from some of the other members of my department, but I blundered through. If possible, I'll make sure that never happens to me again.

A vague, noncommittal response that compels the interviewer to probe further to learn anything about your motivations

Never forget the purpose of the interviewer's open-ended questions: to start you going and possibly divulge more information than you would have if the interviewer had used a more direct inquiry. Answering such queries briefly, precisely, and explicitly is essential; nonetheless, you should resist the need to "confess" all of your sins.

Easy to Remember on the Interview Day!

Variations

- How do you define "achievement"?
- To you, what does the word "challenge" mean?
- To you, what does the word "problem" mean?
- How do you define "impossible"?
- What exactly do you mean by "growth"?

Q: What would you say if I informed you that our interview is done?

That really is a kick in the teeth. Maybe the interviewer is rushing to get you out the door since your first or second responses were so subpar. Perhaps she's luring you, offering you a chance to prove yourself worthy of her rejection. Maybe all she wants is to

resume her work.

Regardless of the cause, you must be ready to meet her hostility with a cool query of your own, such as, "I'm sorry you feel that way. I believe I made my enthusiasm for the job and my strong qualifications evident. Which portion of my response disappointed you the most?”

Easy to Remember on the Interview Day!

Variations

- What if I told you I didn't think this interview was going well?
- I'm sorry, but you haven't persuaded me that you are even close to being qualified for this job. Now is the time to wrap up the interview.
- Would you prefer a fresh start? You aren't doing well at all.
- I only have five minutes left. Why should I employ you?

How to Persuade the Interviewer that You're a Fantastic Find

Quick Hits!

Do your research. Learn everything you can about the firm and how the role you're looking for contributes to its aims.

Exhibit experience while exuding confidence. Provide compelling responses to the interviewer by offering examples

relevant to the position you are seeking.

Be modest. Give a sense that you have the potential to succeed if opportunities arise. However, don't give the appearance that you're a fire-breathing workaholic determined to achieve no matter what (or who) the cost.

Appear strong but not authoritarian. When discussing your management philosophy, show the interviewer that you can delegate, keep track of each person's development, and remain on top of your job.

Talk about progress. Explain to the interviewer how you've evolved in your previous positions and how your professional ambitions have shifted as a consequence.

Recognize your flaws. Focus on what you've learned from previous failures, using instances to demonstrate how you've evolved as a consequence of them.

Display your accomplishments. Make it a point to present oneself as an entrepreneur with a fulfilling personal life.

Think about what and why. As you celebrate your accomplishments or lament your failures, emphasize the good lessons you learned from each event and how you've already implemented these (or plan to in your future employment).

Don't go overboard. Your achievements and responsibilities should be able to speak for themselves. Say so if you believe you lacked the opportunity to make an impact in a previous role. But

don't lie—there are far too many ways for a skilled interviewer to expose you. You'll probably lose your job if you don't learn the hard way!

Even if your previous employment was months ago, **don't look desperate**. Some interviewers associate "desperate" with "cheap to hire," assuming they even want to hire you.

Don't come out as arrogant. Concentrate on exhibiting genuine interest and excitement for the chances offered by the position.

Stay away from the negativity. You want the individual interviewing to link you with only good words, ideas, and actions.

Take advantage of your existing situation. Demonstrate that you are optimistic and make the finest of any situation. The tougher your actual situation is, the better you will appear.

Create an action word vocabulary and utilize it regularly in your CV, cover letter, follow-up letters, and interviews. (For a complete list, see page 77).

Don't get too excited. Only the most obnoxious people find it simple to speak positively about themselves.

And that's exactly what you'll be doing during the interview: repeatedly sounding your own horn to the point that even you want to alter the tune.

Emphasize the qualities that organizations are looking for. I'm

talking about excitement, confidence, energy, reliability, and honesty. Create responses that hint at these features.

Consider what qualities you would want in a perfect staff member if you operated a business. Wouldn't you prefer someone who can fix problems? Are you a team player? Are you somebody who is passionate about working hard to reach your objectives?

Be inventive. My guy had to earn his way through college. Instead of participating in low or no-pay internship programs or extracurricular activities over the summers, he pumped petrol and stocked grocery aisles. So, when questioned why he hadn't done any internships, he was prepared to say:

"I wish I had a longer period for writing for the school newspaper." I had to work to help pay for education when I wasn't studying.

However, I acquired several skills from the positions I held that most people only learn after a while in their professions, such as how to deal with others and manage my time efficiently."

Words with Professional Impact

Ability	Achieved
Accelerated	Adjusted
Accomplished	Administered
Accurate	Advised

Analyzed

Approved

Arranged

Calculated

Capable

Communicated

Compiled

Completed

Conceived

Conceptualized

Conducted

Consolidated

Constructed

Consulted

Controlled

Coordinated

Counseled

Created

Decreased

Delivered

Designed

Detected

Determined

Developed

Directed

Discovered

Disproved

Effective

Eliminated

Enlarged

Established

Evaluated

Examined

Excelled

Expanded

Focused

Formulated

Founded

Generated

Guided

Identified

Implemented

Improved

Increased

Initiated

Installed

Instituted

Instructed

Introduced

Invented

Launched

Led

Maintained

Managed

Modified

Monitored

Motivated

Negotiated

Operated

Organized

Persuaded

Planned

Prepared

Presented

Processed

Produced

Proficiency

Programmed

Promoted

Provided

Recommended

Reduced

Reorganized

Researched

Restored

Reviewed

Revised

Scheduled

Solved

Streamlined

Strengthened

Supervised

Systematic

Tested

Thorough

Trained

Translated

Updated

Utilized

Vital

Won

Chapter 4: Questions About Your Education

Even if you went to Podunk instead of Princeton, the more professional experience you have, the less people would care about what you did in college. There weren't any leadership posts as significant as certain courses and extracurricular activities possibly were ten years ago.

Any amount of academic excellence cannot replace sound, real-world, on-the-job training. However, if your graduation is so recent that the ink on your fingers might stain it and your sole (summer) employment entailed directly handling salad ingredients, then the questions in this chapter are intended at you, the relatively inexperienced candidate caught in the classic catch-22: If you can't find work, how can you gain the experience you need to get the job?

So it's back to your résumé and interviews, where you'll try to "upgrade" your experience, no matter how tiny or insignificant, while resisting the need outright to change a summer job at the neighborhood hot dog stand or on the beach into what sounds like a divisional vice presidency.

Be Ready, Get Set!

What strategy will you use to achieve this?

You want to project the image of a well-rounded individual who, in addition to earning respectable marks, has shown that they possess desirable qualities such as leadership, teamwork,

writing, and communication through extracurricular activities, internships, and part-time employment. Talk about alternative things you did in college if you weren't a member of numerous recognized school groups or teams. A part-time job? Did you tutor different pupils? Work to earn more course credit?

You should be able to identify a pattern in your past behavior with at least a passing relationship to the task. Unless it was a relevant internship or part-time work, what you did over the summer is immaterial. Most interviewers will want to hear why you made the decisions you did about your degree, specific courses, clubs, and extracurricular activities. No matter what ideal "objective" you've placed atop your CV, it will show them where your "real" interests lie.

Hot Topic!

Q: What extracurricular pursuits did you engage in?

What are they hoping to learn?

Most interviewers are looking for someone who can demonstrate initiative, not simply someone who did just enough to get by. They anticipate excitement, certainty, vigor, reliability, and honesty. They are looking for someone who is able to address issues, who works well in a group, and who is prepared to put forth a lot of effort to accomplish challenging but worthwhile aims.

Activities connected to the position/industry include a college newspaper editor looking for a position in book, magazine, or newspaper publishing.

The performance of balanced activities:

In contrast to someone who focuses solely on a sport or cause, regardless of how illustrious their athletic or other achievements, you are probably a top candidate for a wide variety of jobs if you participated in one or more sports, a cultural club (chess, theater, etc.), a political club, and you worked part-time.

If you can show that you have strong time management abilities and the capacity to handle numerous priorities (don't forget about schoolwork and perhaps a part-time job here), that will work in your favor.

If your grade point average (GPA) suggests that you failed to focus enough in class while spending an excessive amount of time doing things outside of class (anything below a B average should make you anticipate a whole host of follow-up inquiries that will need you to explain), most interviewers won't presume you'll change abruptly once you start working if you appear to have attempted every activity at least once and have shown no obvious path.

Never ever believe that making a joke would suffice as an explanation: "Well, Mr. Johns, I didn't do much more than drink beer on weekends." I enjoy funny jokes more than the average person, but an interview is hardly appropriate for channeling Colbert. Even if you have a great sense of humor, most interviewers would doubt your common sense if you test out a new stand-up act when you are across from them interviewing for a job.

- **What led you to choose those particular activities?**
- **Which ones did you find the most enjoyable and why?**
- **Which ones did you like the least and why?**
- **Which ones do you regret not picking?**

With questions like these, the interviewer is only attempting to understand how you think and make judgments and how flexible or rigid you appear to be in those decisions.

How did you decide on your college? How did you decide on a major? Why did you choose your minor? Which classes were your favorites? Least?

Be Ready, Get Set!

What are they hoping to learn?

Some interviewers may replace this set of inquiries with the standard "So, tell me about yourself" if you are a recent college graduate; your time in college is usually a fair indicator of "yourself."

Talk about the talents you learned in some of your liberal arts classes, such as your writing, research, analytical, debate, language, and communication skills. If you completed classes relevant to the position you're applying for, concentrate primarily on career-oriented ones.

Do not feel inferior if your major is not technical or professional. The majority of interviewers, even those who are offering more technical jobs, anticipate having to spend an excessive amount of time persuading a never-ending line of

history, English, and French literature majors to explain how their academic background prepared them for a sales, marketing, management, or executive role.

- **What went through your head? Did you select your major because it was the simplest? Considering it is specifically related to other interests (as evidenced by continuous volunteer/work/activity)?**
- **Because you researched the labor market and took classes to prepare for a particular vocation or industry?**
- **Just because it was there?**
- **What other degrees or minors did you think about?**
- **Why did you select that one as opposed to the others?**

Except for my friend Andy, who majored in astrophysics at MIT and minored in theater, the interviewer should reasonably expect that you majored in engineering, chemistry, or computer science and that your major and even minor coursework is relevant if you are applying for a highly technical job in one of these fields.

It would probably be advantageous if you showed a special interest in chemistry, computers, or mechanical engineering while still in high school. Talk about the skills you learned, especially in classes you didn't enjoy or wish to take. It pleases me to know that a candidate did well in a class she didn't particularly enjoy. Even if I seem to spend excessive time on tasks I dislike, I still have to do them to the best of my abilities. I look for someone with the same mindset when I interview candidates.

Create responses to questions about specific classes that

center on the material covered rather than the professor's temperament or workload. Talking about previous conflicts with an influential person may perhaps cast doubt on your current campaign. Additionally, whining about how much work you must do is not the ideal approach to win over a potential boss.

Fresh grads who anticipate starting at a greater wage than their own don't fare well in interviews. So admit that you are fully aware that, despite your summa cum laude qualifications, you likely know less about your line of work than the senior employee in the mailroom. Sometimes humility is endearing, mainly when it is well-deserved: "I know this position has its share of unpleasant duties, but I'm sure everyone who's had this job before me has learned a lot by doing them."

Many interviewers may hesitate if you blame a professor, even inadvertently, for a poor result or horrible experience. Do you have issues with authoritative figures?

Interviewers are looking for diligence instead of sloth. There are interviewers out there, of which I am one. They make a point of describing in minute detail the worst of the drudgeries, the most tedious components of the task. A fruitful candidate shouldn't be misled into voicing any unfavorable sentiments—even an eyebrow lifted when "garbage detail" is discussed!

Deviations

What caused you to switch majors? Or minors? Or to give up that course? What made you add a course?

Hot Topic!

What are they hoping to learn?

Once more, what was going through your mind? Suppose you can clearly show that the move was made to substitute an easier major for a challenging one, take more courses with your partner, or do anything equally unnecessary. In that case, it may be regarded as a beneficial shift.

You must be willing to own that, even after switching majors many times, you lacked all the knowledge when you were 19. (Don't worry; the interviewer likewise did not.) Such openness would probably be welcomed and realistic by many interviewees.

After all, how many seniors in high school are aware that they want to work as human resources interviewers, hospital administrators, loading dock foremen, or accountants in the future? However, you should be ready to demonstrate how your prior coursework helped you become the most outstanding applicant for the position.

Don't Panic!

Q: Why are you applying for a job in a field unrelated to your major?

What is it they desire to hear?

Our ideas for the future don't always come to fruition. Changes in the course are frequent, particularly in youth. Living through changes may be challenging enough without being interrogated regarding them. Nevertheless, the interviewer might inquire about one of your 180-

degree twists and require a response from you. You probably will be asked this question if you're seeking a retail management career and have a geology degree. However, this is not the first time this employer has encountered someone similar to you. Today's labor market makes career changes frequent, and choosing a profession different from your major is not particularly noteworthy.

What are you up to then? You know your curiosity has caught the employer's attention enough to merit an interview. So take a deep breath and respond. Be succinct and upbeat: Your professional objectives have been reviewed. You have determined that working in retail is the profession you want to pursue since you love working with customers, the competitive element of sales, and the variety of managerial tasks necessary. Oh, and there are only 142 new positions in geology this year, and you didn't get any of them (perhaps with a sheepish grin).

Then, it could be wise to pause and inquire, "Have I answered your question?" Don't hesitate to answer questions about your qualifications if the interviewer has any. If they do, be prepared to discuss how your degree's field's talents translate to the industry you're looking for. Your earlier employment experience may be analyzed using the same technique. Does a geologist need to master any specific skills that apply to retail management? Do you have any unique abilities? I have no idea, but you had best be prepared to discuss them.

Even though many students who major in more specialized fields are, by definition, unprepared for some particular jobs (and because people are changing jobs, careers, and even industries at an increasing rate), many interviewers will still push you to explain

how your education will benefit them.

Hot Topic!

Q: What classes would you take if you were to start college tomorrow?

What are they hoping to learn?

Be prepared to describe the improvements you would have made to your course decisions to improve your chances of landing this position. Would it have been better to attend additional marketing or accounting classes or statistics seminars? Don't be embarrassed to acknowledge, though, that it took you a little bit to locate the ideal course of study.

It's okay to be a *little* honest but refrain from presenting a dissertation that involves a radical shift in your major, minor, and hair color.

Take this question as an excellent opportunity to discuss how classes that had nothing to do with this or any other "real-world" vocation were nevertheless helpful to your growth. Don't say you would have gone away to school so you could have dated more. Avoid responding, "Same courses, but this time I'd pass."

Avoid providing an answer that suggests you do not comprehend the question's intent. You now have the chance to demonstrate that you grasp the nature of the position and to say why, in light of this knowledge, you would have chosen more useful courses rather than the one on 17th-century Chinese literature.

Q: What lessons can you draw from the internships included on your resume?

What are they hoping to learn?

No employer truly thinks you'll be able to start working right away after graduating from college or graduate school. For you to be productive, you will need training and experience. As a result, you should anticipate some probing during the interview as a somewhat inexperienced applicant as the interviewer tries to gauge how "trainable" you are.

Emphasize how your internship experience in the actual world enhanced your academic training. However, you should never claim to have discovered the "secret of life" in college. No interviewer will respond kindly to someone who presents themselves as an expert.

Demonstrate how your real-world internship experience enhanced your academic training.

- Internships that are pertinent and relate to your new career or employment.
- Replies that are well-thought-out and show recurring worries about careers.
- Good recommendations from the internship supervisors.
- If you truly believe—or, even worse—if you actually tell the interviewer—that you discovered the "secret of life" in college.

Internships are not allowed in fields where they are required.

Internship(s) in a field unrelated to your studies or extracurricular activities shows that your true interests lie elsewhere. Poor or no recommendation from your internship supervisor or a poor response on your part regarding the internship's worth. (Even if the only thing your internship really tested was your coffee-making abilities, you shouldn't bring up such a thing during the interview.)

Variations

- Why aren't there any internships included in your curriculum vitae?
- What made none of your internships pay?
- Would you choose to do another internship after another?
- Why did you select those particular internships?
- What made you believe that you needed to complete an internship?
- Have you ever had the opportunity to work as a professional wingman?
- What subjects received the poorest grades from you? Why? How do you believe that will impact your performance in this role?

What are they hoping to learn?

If you lack professional experience, many employers may request to view your college credentials. So you may as well tell everyone right away!

You probably wouldn't be looking for an accounting job if you failed every accounting course, right? Hopefully, you can attribute poor marks in some of your electives to the time and effort you

devoted to your major.

Are interviewers assuming that every candidate is a straight-A student and won't be able to provide a satisfactory response to this query?

Not inside my realm. In light of this, the initial section of the question's answer is less crucial than the explanation and the way you manage introducing a negative: "Yes, sir, statistical analysis was absolutely outside of my major and, as far as I know, has nothing to do with the position you're giving."

If you truly are unable to respond since you received no failing marks, please let us know!

Suppose you can convincingly justify the one or two subpar grades. Blame the additional time you spent on your major (which you performed fantastically in) if you had a terrible mark in an optional course. If you failed a single major course, perhaps extracurricular activities were to blame (and you have a clear justification for putting such activities ahead of high marks).

If there were too many Cs and Ds to count, and there was no logical justification, it would make the interviewer believe you didn't care or weren't very smart. The many Cs and Ds are a result of decisions you made, which were based on factors that most interviewers would not believe in. Were a lot of Ds a good trade-off, even if spending a lot of time trying to get your friend elected student body president may have been fun and educational?

- **Are grades a reliable indicator of aptitude?**
- **Why weren't your grades higher?**
- **Why do you have such inconsistent grades?**
- **What occurred that semester (year) when your grades plummeted?**

Once again, if your grades were excellent, you should be proud of yourself; if not, presumably, there were mitigating circumstances, such as work, an unexpected opportunity, a family issue, or whatever.

Most interviewers, however, would give you a large thumbs down if you refused to accept responsibility for a subpar performance. Don't take a defensive stance at any cost. The majority of interviewers will thus be left wondering if you truly made a decision or if you just acted without considering the repercussions.

Particular Advice for Recent College Graduates

- Declare your need for assistance without hesitation.
- Make sure the interviewer is aware of your willingness to seek assistance when you do.
- A 22-year-old know-it-all is not often sought for or anticipated by many businesses. Keep it to yourself if you're a 22-year-old elitist.

- Admit that you are not the expert. Or start most of your responses with "I think..." or "From what I understand about the industry...."
- The thought of attending the "school of hard knocks" should not make you look timid. Declare to the interviewer, "Sure, I know this position has its share of unpleasant responsibilities, but I'm sure everyone who has had this job before me has learned a lot from doing them."
- Acknowledge that you may have needed some time to locate your bearings. At 18 or 19, no one has all the knowledge. Most interviewers won't be shocked if you switched majors during an undergraduate. Show how your additional coursework helps to make you the most qualified applicant.
- Whenever someone asks who paid for your school or whether you have any outstanding student debts, don't give them any information. If you wish to, you may highlight your complete academic scholarship or the fact that you were hardworking enough to pay for your education. However, you are exempt from further obligation by law. See Chapter 9 for further information on spotting and avoiding improper inquiries.

Chapter 5: Inquiries Regarding Your Experience

It shouldn't be a surprise that the majority of interview questions will revolve around your prior work experience. What have you done since your alma mater since you said your farewell ten years ago or perhaps just last week? How are you coping in the real world?

Many employers believe the past acts as a "prologue" to how you will perform going forward. Assuming they believe that it must possess a serious fault already arrived. Consequently, be ready to have every job you've ever had extensively investigated, especially the latest two or three. Continue to be optimistic throughout. Remember to include relevant volunteer experience, even if it was unpaid; it may be a fantastic chance to "add" a skill or certification you couldn't acquire on the job.

Let's Examine Some Of The Inquiries You Could Have

A Must Ask on the Job Interview

Q: Please describe your previous three roles for me. Describe what you did, how you did it, who you worked with and for, and what you did.

What is it they desire to hear?

This method is intended to test your ability

to compile a large amount of information into a concise, logical review of three, five, ten, or more years of experience. It is a scattershot technique.

Interviewers who ask this question or a similar one are attempting to flesh out your resume, identify any inconsistencies, lay the groundwork for the much more in-depth questions that will come next, and assess how well you "edit" your response to align your experience and skills with the needs of the position at hand.

- You should provide a concise, well-organized response demonstrating your relevant knowledge and expertise.
- You should be aware of how crucial it is to connect your expertise and talents to the interviewer's needs.
- An obvious ascending pattern: Elevated levels of responsibility, power, cash, subordinates, and other factors.

My least favorite part of an interview is when I am asked, "What exactly do you want to know?" (Reply: Exactly what I asked for!)

Answers that don't match the information on your CV (dates, responsibilities, titles) are unacceptable. Contrary to popular belief, people frequently mention jobs that are not listed on their resumes. (And here's how a skilled interviewer would make you sweat if you even hint at such a problem: "Your CV indicates that you worked at XYZ throughout 2002; however, all you mentioned was that you worked at XYZ. What is the explanation behind that?")

I'll admit that I took part in the most idiotic interview ever conducted by someone who was otherwise intelligent and had some level of expertise. I tried to be a full-time writer for the first five years after graduating from Princeton without literally starving to death. The only way I could do that was to juggle many short-term, part-time jobs (sometimes two or three at once) with my feverish production of short stories, newspaper, magazine pieces, plays, screenplays, and, finally, books, some of which I actually got paid for.

How many jobs did I have in total? Dozens. Some lasted a day, some for months, and one for over two years. However, the only one that showed up on my CV was my two-year stint at a trade organization because my boss kindly consented to support my white lie and let me say that it was full-time—for five years.

After five minutes of interviewing with lots of magazine firms, I was casually discussing the lessons I had learned from two or three of these prior positions. Yes, you read it correctly—those that were unofficially nonexistent. A minute or two after the interview, I suddenly realized what I had done. The interviewer and I both realized that I wasn't getting the job—or any other possible position at that magazine company, for that matter—around the same time. Even though I felt like a little poodle that had been dragged through too many mud puddles, we parted ways amicably.

Therefore, avoid jeopardizing your candidacy by mentioning

tasks, obligations, and abilities that aren't "officially" in existence. I have had success with it!

Never, under any circumstances, voice complaints about coworkers, superiors, or subordinates. Most interviewers won't be impressed by candidates who try to blame everyone else for their mistakes. Even if you weren't at fault, it won't be seen favorably if you pass responsibility.

The majority of interviewers will question you about sideways moves (why didn't you get promoted?) and, much more so, about blatant demotions. You'd best be prepared with a compelling justification.

Hot Topic!

Q: Which of your jobs was your favorite? Why?

- **What is it they desire to hear?**
- **A: A description of the position that the interviewer is talking about.**

You can still recover if you can explain why and how you have changed such that the present work is much better suited for you today, assuming you have to admit that your preferred job varies from the one you have in hand in a few very particular, possibly even significant, ways.

Any response that unintentionally discloses the type of job you're truly looking for and is clearly not the one being offered is not a good idea:

"People Magazine was my favorite employer. I really appreciated how free and unstructured it was and how little monitoring there was. Only 22 hours a week were required from me to do my work, leaving the rest of the time open for me to write or come up with new creative ideas. I had complete freedom to schedule my own actions with little to no interference."

It feels like a sensible response—if only you weren't looking for a position as an assistant to four successful entrepreneurs who demand ten hours of overtime each week and are constantly under deadline.

It doesn't matter if your earlier post had more diversified duties and this one is more narrowly focused or if your previous employment involved some travel and this one doesn't. However, it is problematic if your response does not consider the requirements of the present position since this will show many interviewers that you did not conduct a sufficient pre-interview study or that you are unable to understand the significance of tailoring your prior experience to their requirements.

Q: Tell me about your favorite employer. Describe the worst one for me.

What is it they desire to hear? Wow, what a tricky question! If you're asked to describe your best employer, you may try to give an immediate description of the hiring manager sitting across from you.

But generally speaking, most employers want to know that

you most valued working for someone who was enthusiastic about fostering your development, active in keeping tabs on your advancement, and generous in bestowing credit when and where it was deserved. I wish you had the opportunity to work for someone like them!

Q: How would you describe your worst supervisor at the moment?

Avoid making inflammatory charges without cause. They could do nothing more than raise questions about your own skill level or interpersonal skills.

For instance, if you accuse someone of "favoritism," the interviewer can question why your supervisor liked other employees more than you. The interviewer could question if your complaints about a supervisor who was always watching you could be a sign that you couldn't be relied upon to accomplish a work properly, within budget, on time—or all three.

Maybe you realize that this question allows you to highlight your qualifications, experiences, and successes. Although there are some lousy managers, a clever applicant should be able to view a manager's shortcomings in a good light. Saying that your supervisor was "stingy with his knowledge" highlights your want to learn. Similarly, claiming that a boss was "uninvolved" might signify your desire to function as a part of a cohesive team. Just rehearse and prepare your replics in advance.

Q: Anything unpleasant about your previous employer/s?

Any attempt to pin your failures on your employer, such as, "You know, I had to work really hard to learn how to sell spice racks in the South Pacific, but it sure didn't help that my boss had never sold a darn thing to anyone," would be considered this.

Or, “She frequently summoned me away from the field for assessments and appeared to believe everything I did was terrible. I never had a chance of succeeding since I devoted so much time to completing pointless reports for her and going to meetings to analyze why I wasn't making my improbable quota. I'm hoping my new employer would just let me be.”

Q: If you could go back in time, what would you do to make your relationship with that boss better?

Without a doubt (if you are astute enough to grab the life raft the interviewer just threw overboard), you've learned how to better tolerate criticism as a result of your job experience since then. You may more successfully anticipate your supervisors' demands now that you are aware of their pressures. Utilize this chance to showcase your knowledge, wisdom, and maturity.

"Not with that silly so-and-so, no. He delighted in our suffering. I'm happy we put sugar in his tank of gas.”

Q: What were the most significant moments of your previous employment? In your profession?

What do they want to hear?

Concentrate on your recent successes, whether in your most recent role or the one that came before it. However, be sure they apply to the post you are applying for.

In response to this query, for instance, a friend who had worked as an editor for many years spoke at length about the occasions when the marketing division requested that she produce promotional material. Her desire to change jobs motivated her purposeful attempt to divert the interviewer's focus away from her editing experience and toward her successes as a marketing copywriter.

It's a good idea to reflect on the reasons behind your ability to reach these professional high points. Instead of attempting to sell them anything, I paused and listened to what my consumers wanted.

"I signed up for a tax seminar because I realized I needed to learn a lot more about Subchapter-S corporations."

The interviewer may say that you have given your aims a lot of thought rather than just rushing headlong in their general direction by your response style. You can better demonstrate your ability to identify solutions by letting the interviewer know you

constantly evaluate your weaknesses.

Boasting about accomplishments unrelated to the prerequisites for this position.

Citing (proudly or otherwise) trivial, pointless, small-scale, or questionable achievements.

"I finally succeeded in getting out of bed each morning and arriving on time at work."

"I contributed $25 to the volunteer fire department personally."

"Even though I had to work all day on it, I successfully typed all of my boss's correspondence the same week it was handed to me."

Q: What was your most significant professional failure? What efforts have you made to ensure such an occurrence won't occur again?

What are they hoping to learn?

To compile a thorough record of every weakness, error, and wrongdoing you committed in this circumstance would be foolish. However, pretending you are faultless and have never failed in your professional, academic, or personal life would be equally absurd. The ideal strategy is to acknowledge one flaw or failure—pick a good one!—and then discuss the measures you are taking

(or have done) to ensure that you won't fail in that way again.

Q: What qualifies as a weakness or a failure to be considered acceptable?

That's a good query! Pick any flaw viewed from a different perspective; it may even be a benefit. For instance:

- You have a propensity to try to do everything by yourself.
- By assigning additional tasks to others, you hope to remedy this issue.
- You get frustrated by delays. You are attempting to understand better each stage of the process a product must go through so you can foresee potential delays.
- You've acknowledged your workaholic tendencies. You are, however, making every effort to improve your "condition" by reading time management books.

Consider a failure that happened very early in your career or seems wholly unrelated to the task you would be doing for your new company. Never admit to a trait like procrastination, indifference, or lack of focus that might affect how well you accomplish your work.

Accept responsibility for a failure you don't seem to have done anything to cause. (When I interview someone, the way a successful candidate wins the most points is to make it evident they weren't entirely responsible for an admitted failure but are ready, nonetheless, to take all the responsibility.)

If you have to bring up a failure on the job, be ready to show the interviewer that you now understand what went wrong and provide specific instances to support the lessons you've learned.

Bad Ideas:

- Telling people, you've never made a mistake.
- Pointing out a failure unrelated to employment.
- Your inability to provide proof that you are prepared to accept responsibility for whatever failure is mentioned or any evidence that any adjustments were made.
- Don't utter the phrase "That can never happen again." This irrational evaluation will make you doubt your judgment.
- Never say, "I've always hated my bosses, every single one," regarding your major weakness at work. "But I think I'll like you."

Easy to Remember on the Interview Day!

- **What do you consider to be your greatest weakness?**
- **What was your worst decision ever?**
- **What was the stupidest thing you have ever done?**
- **What do you consider to be the largest issue you have yet to resolve successfully?**

- **What personal information do you not want me to know?**
- **What are you withholding from me?**

Based on your responses to questions like these, a skilled interviewer will press you for information and continue to interrogate you as they look for more and more specifics. The question, "Tell me about the last time you should have delegated but didn't," may be posed to you if, for instance, you admit that your greatest weakness is a fear of delegation since it always appears like you can complete the task faster and better yourself.

How did it happen? Would you repeat it in that manner? What if you could do it over again today?

By probing further, the interviewer can learn more about your character. For example, they can learn how you respond under pressure, how to handle failure and success, how to define success and failure for yourself, and how willing you are to take responsibility—especially for actions or results that were not your fault.

Q: In any of your previous employment, have you ever managed others?

What are they hoping to learn?

Managing people is a need for promotion in most businesses and professions. The interviewer will attempt to elicit your potential in this area if you apply for a supervisory post or a role

that usually leads to a management track.

If you have never really managed someone at work, responding favorably to this question is still recommended. Whether or not their subordinates thought they were effective leaders, candidates with experience managing other people are viewed as being more mature. The fact that they won the trust of their employers is what matters.

If this applies to you, be careful to provide the interviewer with detailed information on the number of employees you managed and the roles in which they were employed.

What if no one has ever reported to you in reality? You might wish to use the word "leadership" instead of "management" when discussing the clubs and other endeavors where you "managed" volunteers or members or fostered agreement within the group. By all means, express your confidence in your managerial abilities if these experiences have led you to believe you possess them.

Not only managing a team of people but managing a comparable (or somewhat larger) group of individuals in a similarly sized and operated department or division. An understanding of the many abilities required to lead and inspire various kinds of workers, especially if you have never had any management responsibilities "on the job."

In a position where managing people is required, you have no management expertise. (Remember, a thumbs down indicates a

response that could cause the interviewer to pause and consider it, but it does not necessarily mean that you will be immediately eliminated.) How could businesses possibly develop their own stars if they exclusively employed those who had managed others?

Any criticism of managerial practices. ("Yes, I managed two people at my previous company, and let me tell you, they were both overpaid do-nothings!")

Don't establish the idea that you take management for granted, seeing it as merely a way to get more status and money while ignoring the challenges of growing responsibility, the need for new skills, and other factors. And don't give the impression that you're hesitant to put in the effort to get them.

Hot Topic!

Q: Describe the kinds of people you have a hard time getting along with.

What are they hoping to learn?

This might be a trap for a candidate who answers too hastily, like "Pushy, abrasive people," only to learn later that the interviewer is notorious for being "brusque."

I felt this was a decent response from one of the people I spoke with: "I was just talking about this topic with my supervisor the other day. My impatience with sluggish performance," he claimed, "is too great. I expect everyone to achieve at a high level since the world is packed with 'C' individuals rather than 'A' or 'B' people.

Therefore, I suppose I do struggle with subpar and unreliable employees. However, I'm learning to be more patient. I don't anticipate ever accepting subpar work.”

Did he actually mention this "just the other day"? Has the discussion ever taken place? Who gives a damn? Probably not. It adds a lovely touch. The solution also functions. Why shouldn't a top candidate be frustrated with underachievers? He even talked about what he was doing to fix his "problem." It was short and to the point, but yet really remarkable.

A generic, nondescript response that offers little context shows a lack of analysis and self-awareness.

This question was posed since, of course, you don't really want to answer it. But you should be aware that such questions, along with similar others like, "What's your greatest weakness?" "Tell me about your worst boss" and "Tell me about your greatest failure" may be on the schedule.

Variation

Q: Who are the personalities you find challenging to get along with?

What do they want to hear?

If you respond with "none," the interviewer will think you're being evasive, foolish, or both. So, have a response prepared. I

advise coming up with a funny narrative that illustrates why someone disliked you.

My acquaintance remembers his first work, which was many years ago. He had just graduated from college and was the first new hire in his division inside a governmental agency in six years. He immediately got to work, eager to achieve. His long-term peers, who naturally despised him for it, were annoyed by the fact that he worked twice as quickly from the beginning. He, therefore, had an almost flawless response that was already prepared and virtually impossible to verify.

Q: Who do you consider to be our two (or three or five) principal rivals?

What is it they desire to hear?

This question (or one similar to it) isn't appropriate for this "group" of questions, although some interviewers like to pose it at the beginning of the process. The breadth or narrowness of your pre-interview research will be severely and swiftly exposed. You are a serious contender if you can explain the company's goods, its advantages and disadvantages compared to the competition, the state of the industry, and other topics with clarity and intelligence.

This requires that you have a firm grasp of the company's position in the market. Although it says nothing specifically about your credentials for the position, if you are qualified, this demonstration of expertise could be the "little extra" that sets you

apart from other eligible (or even somewhat more qualified) candidates.

I would personally think it would be a bad sign if you spent a lot of time hemming and hawing and chewing your nails, paired with an evident lack of a response.

Variations

- **What distinguishes us from our rivals to the greatest extent?**
- **What is our biggest drawback?**
- **In your opinion, which of our newest items has the most potential for development?**
- **What do you believe to be the biggest problem confronting our business? Our business?**
- **Which of our products is experiencing issues?**

- **Which trend do you think is most prevalent in our sector?**

Q: Tell me about yourself in detail now.

Business "style" has little to do with how you present yourself; however, in some organizations and for specific jobs, the "right" outfit may be a defining characteristic of the culture. The way you conduct yourself at work is often measured by your business style, which is frequently subjective.

What kind of rapport do you have with superiors? Subordinates? Peers? What are the principles of your

management? Work alone or with a team more to your liking? These kinds of inquiries are what interviewers use to gauge your behavior and interpersonal skills.

It goes without saying that interviewers' impressions of each candidate's attitude will have a role in at least part of their recruiting judgments.

They evaluate each candidate's style in relation to their own, the team's, and the company's culture in every situation. Therefore, in general, a "thumbs up" response is anyone who will persuade the interviewer that they have discovered a good fit, while a "thumbs down" response indicates stylistic discrepancies that are significant enough to give an interviewer pause.

In other words, rather than categorizing a response as intrinsically correct or wrong, most interviewers only attempt to determine if you will get along with Joe, Sally, or Jimmy—the other business, department, or team members.

These are some "style" questions that you should probably anticipate being asked at some point in the future.

Q: Are you well-organized?

What are they hoping to learn?

Even if you are adamant that a tidy desk is a symptom of a sick mind, go into depth about the organizational skills you have

acquired, such as time management, project management, requirements analysis, and delegating, and how they have improved your effectiveness.

However, don't err too much in any direction. Nobody wants to work for someone who is so analytic that he always knows how many paper clips he has in his drawer or who is so unorganized that she is lucky to remember the day is Monday.

Variations

- **Describe the top of your desk, your present workspace, and tell me about the first five folders in your filing cabinet.**
- **Does your smartphone help you keep organized?**
- **How many applications do you use?**
- **Do you make use of an online calendar? Which one?**

They are evaluating if you are a self-starter who almost never puts things off, which is something I hope you can honestly affirm. If you can't say it honestly, I hope you're clever enough to recognize that this isn't the time to complain about your broken alarm clock, which is why you were 15 minutes late for the interview, as you now tell the interviewer. Goal-setting, job prioritization, and allocating sufficient and proper amounts of time to each task are all skills that good employees possess.

Try to throw in some specifics when responding to a largely hypothetical subject (and what could be more hypothetical than

time?). Here are a few illustrations:

"I seldom ever forget a deadline. When events beyond my control intrude, I try to make up for lost time as soon as possible."

"First thing in the morning, I make a to-do list."

"As the day progresses, I add to it and, if required, rearrange the tasks on it."

"I enjoy communicating with my coworkers a lot."

"But I make sure to set out time that will be free of distractions of any type when I need to concentrate on particular chores so I can work more successfully."

Variations

Hot Topic!

- **What are the first three things you do in the morning?**
- **Describe the first 60 minutes of a normal day.**
- **How frequently do you have to work into the night?**
- **How do you approach change?**

What is it they desire to hear?

Change is a constant in business. Companies must adapt to changes in technology, staff, leadership, corporate structure, the kinds of services they provide, and even the products they

manufacture if they want to be competitive. Additionally, they must evolve as swiftly as their populace.

Pick one instance of a shift you underwent that led to something advantageous. In your essay, demonstrate how you accepted and adapted to change and benefited from it. For example:

"My manager recently decided that our business needed to create an online storefront. Taking the concept from the research stage to operation in eight weeks was the assignment I received along with a designer.

I wasn't skilled in using computers or engaging in online conversation, so I must presume that I was given the assignment because I'm good at adapting.

We did our homework, weighed our options, and put forth a strategy that was subsequently approved. Then, alongside the designer, I labored to provide facts in a manner that none of us had ever used before. Sales were up 7% from the same period last year in our second month of online operations."

Q: How do you approach making significant decisions?

What is it they desire to hear?

You should now understand the corporate culture of the organization you are interested in working for. To match it, please

color your response. For instance, if you want to work for a financial services business, you probably don't want to present yourself as a manager who relies more on "gut feeling" than objective evidence. In the same way, it's wise to avoid admitting that you prefer to "sleep" on decisions when interviewing to be an air traffic controller.

Consider the primary issues raised by the interviewer. What analytical skills would you require? Creative? Are you open to using others' knowledge?

If you are applying for a management post, you should use this interview as a chance to persuade the interviewer that your interpersonal skills have made you management material or have put you on the path to obtaining that objective.

You may say, "When I have to make a significant choice, I seek counsel from others. I make an effort to weigh all options. However, I have the last say in everything. I suppose it explains why many claim it is lonely at the top. More responsibility and independent decision-making are required as you advance in management. "

Although this is an acceptable overall response, you could encounter an interviewer who decides to dig to see whether the "rubber meets the road," asking you to elaborate on the most recent significant choice you had to make and the steps you took to get at your outcomes. Would you be able to elaborate on the great overall response just provided? Or do you accidentally demonstrate that

you do things entirely differently (better or worse) than you claimed to?

Q: Do you function well under pressure?

What are they hoping to learn?

Of course, everyone will answer in the affirmative. However, it will be better if you can back up your claim that you are the Second Coming of Cool Hand Luke with instances. Choose tales carefully to avoid giving the impression that the strain you've experienced is the product of your own tardiness or failure to foresee issues.

Variation

- Describe a situation where you were under time pressure and made a bad choice, an error, or both. Was there anything you would have changed?
- Since then, have you encountered a comparable circumstance? You did what?

As you read this book, you should become aware of the general pattern of questions that I advise you to anticipate: Probing is a crucial component of good interviewing. Why? The more specific their queries, the more probable it is that you will unintentionally disclose any misrepresentations, exaggerations, or omissions, as they assume you can only memorize a certain amount of tiny white lies and rehearse a finite number of

generalizations.

Q: Do you have a good sense of foresight or tend to react to issues?

What do they want to hear?

It happens to all managers occasionally. The most effective people learn to defend themselves by foreseeing potential issues. One sales manager I am familiar with required his personnel to report on positive and negative budget variations weekly. He contributed to increased product turnover and sales by imparting this crucial knowledge to his boss and the business's production, distribution, and marketing departments. Successful interviews and the sort of example you should strive to set may both be achieved with stories of this nature.

Q: Are you a risk-taker, or do you favor staying safe?

What do they want to hear?

Most often, a combination of both will make the best candidate.

The interviewer is looking for hints of originality and ingenuity when they ask this question. You're either the flock or the shepherd, right? However, they also want to know if you have the potential to become a "loose cannon" who will flout corporate rules and be all too willing to lead a deadly cavalry charge.

This is yet another question that is very (business) cultural. However, the interviewer presumably wouldn't want Stonewall Jackson to be the controller; instead, he may like to see him leading his forces into combat.

Variations

- **Describe a recent risk-taking experience for me. Was that a good choice to make? Was there anything you would have changed?**
- **Tell me a story about a time you took the safe route. You could have missed a chance or prevented a disaster.**
- **What would you change if you could restart your career?**

What are they hoping to hear?

To make interviewees think on their feet, interviewers use hypothetical questions. They anticipate that you will "know your lines" when it comes to the specifics of your professional and academic background. But how will you respond if you have to deviate from the script and improvise?

You need to persuade the interviewer that you wouldn't alter a thing unless you're trying to make a major career move. If given the chance, you would rework your career since you enjoy it so much.

Feel free to use this Paul Anka (through Sinatra) quotation:

"Regrets? I've had a few. Overall, though, there are too few to list. In this instance, though, be careful which ones you do mention, and make sure to frame them in a way that demonstrates what you've learned.

Did you quit your first job because you couldn't wait for a promotion, only to discover later you hadn't learned as much as you could have? Did you lose the chance to become an expert in a particular field or acquire a skill you ought to have?

"My only regret is that I didn't go in this direction sooner. I started my career in editorial, and I enjoyed that. But once I got into marketing, I found I really loved it. Now, I can't wait to get to work every day."

"I wish I had never gotten into magazine publishing in the first place. But now I guess I'm stuck. And to think, I could have been editing garden books for FernMoor Press..."

Variations

- **What was the biggest mistake you ever made when choosing a job?**
- **How important a factor has money been in your career choices?**
- **Do you like to work alone or with others?**
- **What are they hoping to hear?**

Again, how you should structure your response depends on the position you are interviewing for. For instance, you won't want

to admit that you thrive on your relationships with coworkers and can't imagine working without much interaction if you're interviewing for a job as an on-the-road sales representative who may develop an unhealthy crush on her rental car but otherwise interacts only with customers, wait, staff and hotel employees.

Try not to portray your surroundings as a bed of flowers without any thorns, even if you enjoy the interactions at work. You've heard the adage, "You can choose your friends, but not your relatives."

Every workplace requires us to get along with coworkers we would not otherwise want to interact with. However, we frequently have to cooperate with them for extended periods and in challenging situations. This fact must be acknowledged. Discuss how you've been able to get along with a range of other people.

I once interviewed candidates for a post overseeing a 16-person production department. I had to carefully assess each applicant's interpersonal skills since publishing organizations employ some of the most eccentric people you'll ever meet in the production divisions.

I questioned a candidate on his management and communication abilities. After a few questions, he gave me a steady gaze and stated, "You know, and I know it's not always simple to manage artists and proofreaders, but I try to persuade them of the value of deadlines and explain what it costs us when we miss them. I also emphasize how unfair it is when things are

delayed needlessly for the department's benefit as a whole.

I generally work out a way to get along with everyone in the department and persuade them that accuracy and punctuality are vital. It's not always simple. But frequently, it's enjoyable. I use this as an example when we are under pressure because a different department is running late. The most crucial thing is to distribute the job equitably and communicate to everyone that they are expected to contribute."

This "right-on" response, it goes without saying, secured the position.

Variations

- **How do you get along with your superior(s)? With your coworkers? or with your direct reports?**
- **How many hours a week do you spend working alone? Do you believe it ought to be increased? Less?**
- **Do you take pleasure in conducting independent research?**
- **Are you prone to put off tasks when left alone?**

What are they hoping to hear?

First and foremost, the responses to these questions need to be somewhat related to earlier inquiries concerning individuals you have encountered with whom you have had conflict or with whom you have encountered conflict.

However, this is yet another subject heavily influenced by culture, and any response's "rightness" will depend on how it will be used in the workplace. The contrast will be clear if you do best working alone, yet the interviewer is looking for someone who will always operate as a team member.

Keep it Simple!

Q: How do you typically manage conflict?

What are they hoping to hear?

“I don't really get furious with other people very frequently. Usually, I can solve issues or see them coming before they arise. I don't back down when disagreements can't be avoided. However, I do make an effort to be reasonable.”

Or:

"I've run with colleagues who weren't doing their fair share of the work, and it led to arguments. Workers are responsible for performing their tasks well for their managers, clients, and coworkers.”

Q: How do you act around a coworker when there is a conflict?

What do people want to hear?

“I was forced to work with a designer who just refused to consider any of my recommendations. He would respond to me in

monosyllables and then take his time carrying out my requests. Finally, I responded, 'Look, we're both pros. Both of us occasionally get it wrong. I've observed that you don't particularly appreciate my ideas. Why don't we just talk about what you don't like instead of resisting adopting them?' That was a total success. In actuality, we finally grew close."

Variations

- **When was the last time you were angry?**
- **How often do you get angry?**
- **How do you handle challenging people?**
- **When was the last time you argued with your boss? A colleague. An assistant. What action did you take, and what was the outcome?**
- **In what ways do you inspire others?**

What do they want to hear?

An excellent reply will state that it "depends on the person" and then provide one or two specific instances. A bad candidate will indicate that everyone is driven by the same thing or that everyone can be motivated by the same strategy, which is akin to the "one-size-fits-all" mindset.

This will be the next question from a clever interviewer after "What is your management philosophy?".

Advice on How to Answer Work-Related Questions

Hot Topic!

Be sincere. However, highlight your positive traits and downplay your flaws. If you must discuss a bad experience, discuss what you took out of it and why you wouldn't repeat the same mistakes. Present only positives. Avoid divulging information that could come back to bite you. Find a happy medium between coming across as a "company man or woman" and a "loose cannon."

Risk-takers frequently pique the interest of interviewers and hiring managers. They do, however, value following the law as well. The direction you should go should be made clear by your pre-interview research. Choose neither if you're unsure; opt for a fair response instead.

To support your assertions, use actual workplace circumstances. Using specific examples from your prior experience can give you the upper hand if you feel the interview is veering into subjectivity. Don't merely claim to be well-organized. Describe how you managed a challenging project from beginning to conclusion.

Keep in mind that, to the extent feasible, you want the interviewer to base his or her judgment on the facts—your talents, credentials, and accomplishments—and not on a personal assessment of "chemistry."

Be careful how you use words. Ensure that you are actually responding to the interviewer's questions and not making suggestions for topics they hadn't considered. As opposed to, "The boss didn't give me enough to do," I advise saying, "I'm looking for greater challenges." Really, are you going to go there?

You really can't win every time. Some people have consistently held a job or even many. Additionally, hiring businesses are especially wary of candidates with a history of frequent job changes. Strangely enough, many individuals are equally wary of employing those who have never relocated. Here's what to do if one of these scenarios applies to your specific career history.

"You regularly switch occupations, I saw. How can we be certain that you will remain?"

What do they want to hear?

Companies spend a lot of money on hiring, and managers have to spend a lot of time on it. It simply serves to increase in frequency with job-hoppers. Create the impression that the job on offer is the "Promised Land" for your career in order to persuade the interviewer that you have staying power.

Choose one of these two strategies:

Admit that you initially had some difficulties establishing your job aspirations, but you are now firmly on the right track.

Make a good impression on the interviewer by demonstrating that you left prior jobs only after realizing that changing jobs was the only option to get more responsibility and experience.

The fact that you would love nothing more than to remain and grow with a firm should be highlighted. If you need to justify your own history of job switching, consider studying the following example:

After graduating from college, Sherri worked four jobs in the first six years. She employs these strategies in a creative way to address a reporter's doubts about her ability to last:

"All the way through college, I was certain that I wanted to become a programmer. My first employment, though, left me dissatisfied after a few months. Naturally, I laid the responsibility at the feet of the employer and the position. Due to this, I seized the chance that presented itself at Lakeside Bank. However, as soon as the first high faded, I was back to my previous sad state.

"At this point, I realized that I truly liked the aspect of my job that involved handling applications. As a result, I applied as soon as I learned about the end-user computing position at SafeInvest. Before hitting a 'glass ceiling,' I learnt a lot there. I couldn't advance since the company was so tiny. Several improvements I created at SI helped me land a job at Deep Pockets Bank, where I was selected for the application role. It's been a great effort. But once more, I discovered that I work alone.

"This position provides the chance to oversee a division and work with programmers and application experts at the bleeding edge of technology. My passion for learning has been the one thing that hasn't changed throughout my career. My opportunity to learn so much would come from this employment."

Variation

- You've only recently started working for your present employer. Is this a sign that you'll be on the move a lot throughout your career?
- You've worked for the same company for a long time. Will it be difficult for you to adjust to a new culture and structure?

What do they want to hear?

The answer to the preceding query has this as a consequence. In this manner, the interviewer treats you: She is concerned about your capacity to remain put if you've moved about. She would doubt your initiative if you had stayed with one business. For you, it appears to be a lose-lose scenario.

To respond, follow these steps:

You've likely worked under a number of supervisors during your time at your present firm. In certain cases, you may have even had the privilege of supervising several individuals of varied backgrounds. You've collaborated with many different colleagues, without a doubt. And from within this one organization, you've had

the ability to see a wide range of other organizations—competitors, vendors, consumers, and so on. It might be advantageous to have someone who is adaptable and loyal like you. You should be able to tell if you are still a strong candidate after the first interview questions, inquiries about your high school and college experiences, and these basic "on-the-job" inquiries. Further inquiries are to be expected if you are. If not, prepare to be formally escorted out the door at this moment.

Asking even more specific questions is appropriate if the interviewer is still confused. You are welcome to draw her a picture as a gift.

Okay, Rembrandt. What more can you give her?

Chapter 6: Core Competencies Questions

Now that the broad strokes have been addressed, such as motivation and general on-the-job attitude, good interviewers will try to elicit more specific information about your prior performance. Take heart: if you've gotten this far, you're still a candidate!

Q: Tell me about the most recent time you:

- Made an error.
- Made the correct decision.
- Made a bad decision.
- Someone was fired.
- Someone was hired.
- Delegated a crucial task.
- Were in charge of a team.
- Successfully finished a challenging project.
- Failed to finish a project on time.
- Picked up a new skill.
- Learned a new skill.
- Discovered a novel answer to an issue.
- Devised a novel answer to an issue.

You Are in Control, Not the Interviewer!

- Discovered a low-cost solution to an issue.
- Gathered your crew.
- Motivated a disgruntled employee.
- Aimed too high.
- Aimed too low.
- Made (or lost) a fantastic sale.
- Helped the corporation save money.
- Cost the firm money.
- Exceeded the budget.
- Outperformed your own expectations.
- Outperformed your boss's expectations.
- Failed to meet your boss's expectations.
- Had to think quickly.
- Had to make an unpopular choice.
- It was necessary to implement an unpopular decision.
- Had to deal with a demanding employer.
- Had to deal with a tough consumer.
- Had to deal with a tough coworker.
- Had to deal with a demanding subordinate.
- Were irritated at work.
- Were irritated at work.
- Were stressed at work.
- Delivered an important speech or presentation.
- Questioned your boss's choice.
- Persuaded your employer to reconsider his choice.
- Went right over your boss's head.
- Won the war despite a defeat in combat.

What are they hoping to hear?

These are examples of competency-based interview questions, as I briefly addressed in Chapter 1. What are they trying to find out? According to Robin Kessler's Competency-based Interviews, there are three broad categories of competencies: those dealing with people, those dealing with business, and those dealing with self-management.

People skills include the following:

- Getting a handle on things.
- Providing motivating assistance.
- Developing teamwork.
- Others are being empowered.
- Change management.
- Others are being developed.
- Performance management.
- Pay close attention to communication.
- Communication by oral means.
- Communication in writing.
- Communication that is persuasive.
- Awareness of interpersonal relationships.
- Having an impact on others.
- Developing cooperative partnerships.
- Customer satisfaction.

Diagnostic information collecting is one of the business competencies:

- Analytical reasoning.
- Consideration for the future.

- Thinking in terms of concepts.
- Strategic reasoning.
- Technical knowledge.
- Take the initiative.
- Entrepreneurial inclination.
- Promoting innovation.
- A focus on outcomes.
- Thoroughness
- Decisiveness.

Finally, self-management skills include self-assurance.

- Stress reduction.
- Personal authority.
- The ability to be adaptable.

All of these inquiries appear open-ended, such as "Tell me about yourself," encouraging you to ramble, yet they plainly need focused, detailed responses. Following up on your original response, follow-up questions will elicit even more information: "OK, I see how the lack of divisional collaboration contributed to the budget shortfall. You've obviously accepted responsibility for your part in the misunderstanding, but what steps did you take to guarantee that this would not happen again? Did it happen again, by the way?"

A skilled interviewer would continue to probe and ask for additional information, examples, who said what, who did what, what were the outcomes, what would you do differently now, what do you need to do to perform better in the future, what have you

changed, and so on.

The more thorough and specific the job description, the more probable the interviewer has recognized the specific talents necessary for success...and the more inquiries that are asked, the more attention will be paid to those precise requirements.

A precise response to a specific question; the more specific, the better.

An answer to any of the preceding questions with a beginning, middle, and finish, similar to a good story: Here's what occurred, here's what I did, and here's what I learned.

Some questions need job-related responses; others may allow for examples drawn from outside activities, such as volunteer work or any other aspect of one's personal life. A wise applicant would "mix and match" tales and instances to persuade an interviewer that she is well-rounded and has a life outside work after 5 p.m.

Accept appropriate credit for an accomplishment (lowering expenses, increasing revenues, an innovative solution, a difficult sale), but be fair and honest enough to place your contribution within the context of what your team/organization/boss/assistants accomplished and make it look as though you're leaning over backward to do so.

Most interviewers will favor a candidate who has had enough experience to make both excellent and terrible judgments, hiring, and choices. In any case, the breadth of your exposure to core business principles is more significant to me than the depth of your

experience.

Avoid creating the idea that you're a "hardworking, self-starting, high-energy" Mr. Generalization who, no matter how many questions she throws at you, can't come up with enough examples of your wonderfulness.

Most interviewers will be skeptical of someone who has years of experience in the same work but appears to have had little exposure to the typical day-to-day vicissitudes of life. You employed someone once, and they were satisfactory. Nobody was ever fired. I can't recall the last time you had to make a big decision.

Avoid claiming to have been CEO/COO/CFO/creative star/sales expert all at the same time, no matter how good you are (or believe you are). Even if you are a Mozartian prodigy, you should be wise enough not to take credit for every achievement your firm has had in the previous decade (particularly if you've only been there three years).

It was always fascinating to me, for example, that seven separate independent publicists approached me at a trade fair and claimed—in their literature and even on their business cards—to be entirely responsible for the success of the book Chicken Soup for the Soul. While I'm not sure if all of them had worked on the book, it was evident that not all of them were solely in charge of the PR strategy!

Q: What do you do when you're having difficulty...

- Attempting to solve a problem?
- Using a subordinate?
- With a superior?
- What about your job?

Q: What do you do if...

- Things are moving slowly?
- Things are frantic?
- You are exhausted?
- You have several priorities (family/work/school, for example).

What are they hoping to hear?

These are merely further attempts to figure out how you think and act in real life. You may have been questioned about difficulties with a supervisor, coworkers, or subordinates 10, 20, or 30 minutes previously, so be cautious—a smart interviewer may be attempting to trip you up by focusing in on the same issue from a different angle. A question structured along the lines of "What do you do when..." is significantly different from "Do you have a problem with?"

Hot Topic!

Q: What skills do you most need to learn or improve in order to grow in your career?

What are they hoping to hear?

You should pretend that you are learning a skill related to the job for which you are interviewing; otherwise,

why are you talking about it? "Well, I really need to tighten my grip on my tennis racquet at the net." "My stroke is completely off."

Allow me to restate the question:

Q: What do your bosses most often criticize about your performance?

What are they hoping to hear?

This is yet another way of presenting a series of questions you've almost certainly previously been asked: What is your biggest flaw?

What was your biggest blunder? What would your boss think of you?

Asking the same question three or four times offers a seasoned interviewer the opportunity to check for discrepancies that you may uncover.

You can surely expect your references to be checked—and your present boss to be contacted—so your response should reflect what your supervisor says.

Consider describing a review from a previous job, then pivoting to what you did about it and asserting that your present boss would no longer consider it an issue. This is a lovely response since it's likely that the interviewer won't be able to confirm the first judgment, rendering the remainder of the scenario

irrelevant—but it works for you!

Remember that a skilled interviewer will find a method to get past this brilliant ruse: "Was there anything your current supervisor criticized you for in your most recent performance evaluation?" or "What specific areas did your most recent supervisor's evaluation indicate you needed to work on?"

Never mention (or convince the interviewer) that a personal characteristic, like as procrastination, laziness, lack of attention, a fiery temper, or being late, might jeopardize your work performance.

Most interviewers will be skeptical if you claim to have never gotten a negative review. While this is not always false—there are firms and managers who do not do systematic assessments or do not take them seriously—it will almost certainly lead to these follow-up questions: "Tell me about the last time your boss criticized you." For what purpose? What was your reaction? "How have you fixed/solved/changed what he criticized?" In my opinion, any candidate who claims they have never been called on the carpet for anything is extremely questionable.

Q: In your prior employment, did you implement new procedures (systems, rules, etc.)? Please tell me about them.

What are they hoping to hear?

Without a doubt, you have some excellent solutions that you would gladly share with the interviewer. Regrettably, some (or none?) may be executed due to circumstances beyond your control.

To answer this question, you do not need to be a divisional president or department head. An administrative worker may have introduced a new file system or a better way to assign departmental communications on their own initiative or simply used technology to enhance a monotonous chore, such as managing the boss's calendar.

The interviewer is looking for hard work, innovation, and someone who genuinely cares about the organization and its success.

So now is the time to bring up the data and numbers we discussed previously. Describe the adjustments or improvements you were in charge of implementing and how they aided the firm in terms of greater earnings, cost savings, or enhanced production.

Adaptation

Was there anything your organization (or department or team) might have done to improve its chances of success?

Here's an appropriate response:

"Sure, we could have expanded, perhaps even doubled, our product line to take advantage of our superior distribution, but we just did not have the funds and were unable to obtain financing."

Q: Have you ever been in charge of budgeting, authorizing spending, and tracking departmental success against financial targets? Are you an expert in this field?

What are they hoping to hear?

Again, financial accountability demonstrates an employer's trust in you. Admit it if you haven't had many—or any—fiscal responsibilities. But, as always, nothing prevents you from being creative in how you construct your response. Here's an illustration:

"Well, I've never actually managed a department, but I have had to set and meet budgetary targets for several projects I've worked on. I did it so frequently that I attended a class to learn how to set up and operate Microsoft Excel spreadsheets."

Discuss your approval authority if you've had larger duties. What is the greatest expense you could approve? Give the interviewer the income and spending of the departments you've managed in round amounts.

Take care. This question is also intended to catch you if you lied in the preceding one. "*So, Ron, you oversaw 14 employees but had no financial responsibilities? Hmmm...*"

If you respond favorably to this question, anticipate additional probing: *"In your experience, what are the most common obstacles you've encountered when completing assignments or projects on time and on budget?"*

If you answer this question positively, expect more probing: What are the most typical challenges you've encountered in completing assignments or projects on time and within budget? Please provide me with one or two instances of how you dealt with them.

Q: Have you ever let anybody go? Why?

What are they hoping to hear?

Even if you have a valid cause, you are aware that firing someone is never easy. Say so, and give the interviewer a "sanitized" (and short!) account of what happened. Remember, you don't want to come out as a nasty person who may disrupt an entire department, nor do you want to come off as overly sympathetic.

You should show some sympathy for the individual or persons who were let go (you clearly didn't enjoy your job), a knowledge that occasionally people have to be dismissed (business is business), and a willingness to do it responsibly, professionally, and compassionately when necessary.

Assume you dismissed someone for failing to fulfill productivity targets. *"Boy, I'm glad I got rid of that bum,"* you may be thinking. *“He was nothing but a wimp and a whiner who never performed a solid day's work in his whole career."*

Go ahead and consider it. When you open your mouth, though, say anything like this: *"Yes, I fired someone who was consistently falling short of his productivity targets. Over the course of several months, his inadequacies were noted and reviewed with him. However, he failed to show any significant improvement throughout that period. I didn't have a choice. As a manager, I want everyone in my department to exercise. Let's face it: not everyone is equally committed to his or her career."*

Here's one way to reply if you haven't really fired anyone:

"I've never fired anyone myself, but it was company policy that no hiring or firings should be done unilaterally. On two occasions, I was asked to comment on someone else's performance. It's never easy to be open about a coworker's flaws. But I felt compelled to do what was best for the department while also being fair to everyone else in it."

Q: Have you ever employed someone? Why did you select them?

What are they hoping to hear?

If you've ever employed one or more employees in your profession, your response may be something like this:

"I have hired people. I also determined if certain internal applicants were qualified for positions in my department. When I initially recruited someone, I focused on making sure they had all of the necessary requirements. I just went through a checklist. Since then, I've learned that some candidates who went on to become excellent employees did not necessarily meet every requirement on that checklist. They made up for what they lacked in the beginning with passion and a willingness to collaborate."

What if you've never employed somebody before?

Demonstrate to the interviewer that you value his or her efforts to assess both your managerial potential and people abilities and try something like this:

"Not at all. However, on multiple instances, I was requested to talk with prospective candidates and provide feedback. Of course, in those circumstances, I was attempting to ascertain whether that individual would be a team player and whether he or she would get along with the other members of the department."

Let's start from the beginning.

Most of the preceding questions in this book are still relevant if you're looking for executive-level employment or interviewing for the position of receptionist (but the interviewer would anticipate a different level of response). Here are some questions to consider you can anticipate if you are a prospective CEO, CFO, CIO, or executive vice president:

Q: Please explain your management philosophy.

What are they hoping to hear?

Most employers want someone who can show a willingness and skill to delegate, instruct, and divide work—and credit—equitably (unless, of course, the interviewer is an authoritarian jerk looking for a mirror image). In general, you generally don't want to come out as a tyrant or a pushover. Successful applicants will demonstrate their capacity to succeed if the occasion arises. They should, however, avoid conveying the appearance that they are fire-breathing workaholics determined to achieve no matter what (or who) the cost.

"I believe that management, more than anything else, gets things done through other people. The manager's job is to give

individuals the resources and atmosphere they need to work productively. I strive to do this by forming teams, assessing individuals entirely on their performance, distributing work equally, and enabling workers to make their own decisions to the greatest extent feasible. This, I've discovered, promotes loyalty and motivates hard effort."

I've actually heard the following wishy-washy responses during interviews:

"I try to make people like me, and then they work really hard for me."

"I guess you could say I'm a real people person."

"I kind of just go with the flow and see what happens."

Q: What is the most challenging aspect of becoming a manager or executive?

Q: Tell me about the last time you were told to revamp a troubled unit/department/division/company. What were you presented with, what did you do, and what type of culture did you want to establish?

Q: How many employees have you hired and fired?

Q: What objectives did you set for yourself?

Q: How long did your forecast last, and what were the outcomes?

What are they hoping to hear?

Every question is designed to assess your management philosophy and your ability to conceptualize on a broad level and implement on a specific level: to foster loyalty, unity, and shared goals; to create and produce under pressure; to stay within budget and/or produce above budget; and so on.

Needless to say, highly concrete examples that clarify the difficulties you've faced, the actions you've taken, and the outcomes you've obtained are required.

Variations

- What kind of decisions do you find hardest to make?
- How do you arrive at a decision?
- How do you determine which jobs to assign to whom?
- Tell me about the last task you assigned that went bad.
- What was your worst decision ever?
- What level of feedback do you expect from your subordinates?
- Tell me about the most recent choice you made with which your subordinates disagreed.
- Tell me about the last choice you made with which your supervisor disagreed.

Q: How do you "stay in the loop"?

What are they hoping to hear?

There are several approaches to getting the information sought

by the interviewer using this question. Here are several examples:

- How many meetings do you plan and/or attend each week? Each month?
- Do you believe in the concept of "Management by Walking Around"?
- Do you spend a lot of time in the offices of your subordinates asking questions, or do you prefer to wait for them to come to you with problems?
- Tell me about an occasion when you missed a meeting.
- Why didn't you come?
- What types of frequent communications do you anticipate from your employees?

All of the aforementioned questions are far more precise than "Explain your management philosophy," a question that even a seasoned candidate can get around with a handful of business-guru quotations. The more senior your present job—and the more "executive" the post for which you're applying—the more likely you'll be asked these sorts of questions. And the more essential the answers become.

Q: How do you deal with colleagues who are contributing to the problem rather than solving it?

What are they hoping to hear?

This question has been asked before in several forms. The interviewer is attempting to distinguish true leaders from "managers with a title" and determine whether your personality will match with that of the organization.

An ethical issue

Q: Could you please tell me about your own code of ethics?

Are you a moral person? What is your personal moral code? I would try to emphasize one's honesty, loyalty, and integrity, which are all qualities that any firm should cherish and embrace. If your own sense of ethics or morality is founded on your religious background or beliefs, I don't think it's essential (or appropriate) to publicize it. As we shall see in Chapter 10, the interviewer has no authority to inquire about your faith, so why bring it up?

And if you're prepared to go to any length to get ahead and don't know the difference between right and wrong? Please do not admit your lack of honesty to the interviewer or arrange an interview at my firm.

Variations

- Tell me about a moment when you did something that was contrary to your principles or ethics.
- Have you ever had to "bend the rules" in order to execute your job?
- Tell me about a time when you discovered or learned something new. Unethical behavior by a coworker. What exactly did you do?
- What would you do if you discovered what this corporation was up to? Something you felt was incorrect?

Q: Would you lie for the sake of your company?

Sorry, but no. That doesn't mean you won't be loyal and dedicated. You are willing to go the additional mile, but you will not compromise your own morals.

Q: A coworker informed you that she is hunting for work but begged you to keep her confidential. What would you say if your supervisor confronted you with the question?

You are not a snitch, and you can absolutely maintain a secret, but you must show that your commitment to the firm outweighs your allegiance to a colleague, subordinate, or friend. Can you conceive of any (also hypothetical) method to keep that person's trust without lying to your boss? Finding such a solution will undoubtedly display your diplomatic abilities.

Variations

- Would you lie to cover up your boss's (colleagues, subordinates, team members) error or ethical violation?
- When is it appropriate to breach a trust?
- When is it appropriate to divulge another person's secret?

Can you keep a secret while maintaining confidentiality? Computer hackers are increasingly targeting businesses that safeguard important patents, product formulae, and other corporate secrets on a regular basis. A rival gaining access to secret information might be disastrous. Can they place their faith in you

to prioritize the company? Are you a part of the solution or just another potential leaker or whistleblower?

More Advice on How to Answer Work-Related Questions

Easy to Remember on the Interview Day!

- Be positive regarding your reasons for quitting your current work (or any past positions). Remember the essential word "more." You want more responsibility, more challenges, more opportunities, and lastly (but only as a logical result of the preceding "mores"), more money.
- If you were dismissed, emphasize what you gained from the experience. Be as upbeat as you possibly can.
- If you were dismissed, emphasize what you gained from the experience. Be as upbeat as you possibly can.
- Determine the level of trust that other employers have in you. This may be accomplished by emphasizing specific facts, numbers, and quantitative successes. Mention the number of workers you've managed, the amount of money you've managed, and the profits your department has made under your leadership.
- Never disparage previous managers or employers. It's the biggest negative of all, yet you're just emphasizing the positive, right?
- Make the job you're interviewing for your primary goal. Frame your responses in such a way that the interviewer understands that you regard this employment as a means to an

end. Make sure it doesn't sound like an entry point or a safe refuge.

Chapter 7: Questions about Your Current (or Previous) Job

Whether you've been in the workforce for 20 years or 20 days, you're bound to get a lot of inquiries about your current or previous career, even if it had the briefest tenure, even if your former employment lasted years and your present one only a few months. Why? Because the interviewer is interested in what you can accomplish for him or her right now, and the most recent employment provides the greatest available proof.

Q: What makes you want to leave your current job?

What are they hoping to hear?

Undoubtedly, no one is interested in leaving a job they love (though some individuals interview on a regular basis to stay "in practice" or to investigate other chances in their field or business). However, you don't want to look pessimistic or, worse, speak negatively about your current employment (If you do, your interviewer will believe that if you are employed, you are likely to begin denigrating him and/or his firm in the same way).

So tread carefully with your dissatisfaction (if that's what brought you here). The less content you are, the more cautious you should be while discussing it. It will not help you if you tell the interviewer that you lie awake most nights fantasizing about putting a contract out on your current boss.

Instead, employ what management consultants refer to as

"visioning." Imagine your ideal advancement in your career, then behave as if you're interviewing for it.

This is what I mean. Assume you want to take on additional financial management duties. *"There is a lot I like about my current job,"* you may tell the interviewer. *"However, my potential for development in this area is restricted at Closely Held, Inc. due to the company's size and the fact that expansion isn't part of its present strategic strategy."*

Unless you've been fired or laid off, you should make it clear that you're interviewing because you want more responsibility, a bigger challenge, or better opportunities for growth (even more money), not because you're desperate to get away from your current job situation.

Highlight your goal to move "up" rather than merely "out."

Avoid making any personal or critical comments about coworkers, bosses, or the policies of your current (or previous) employer.

The introduction of any negativity, regardless of how bad your existing employment condition is. (In fact, the more plainly bad your work is, the more points you'll get from many interviewers for giving the idea of relative satisfaction.)

A desire to take on a lateral shift or even accept a demotion merely to get out of your current job. Unless you are entering an altogether new field or area, such a readiness for stepping out rather than up would cause me to hesitate. What are you

concealing? Is this just a desperate attempt to get out when you're pushed out? And what does such a readiness indicate about your capacity to persevere till the appropriate scenario presents itself? Is my firm merely a calmer sea in which to wait for the perfect cargo to pass by?

Variations

- What is impeding your advancement at your current company?
- Is this the first time you've considered leaving? What compelled you to remain previously?
- If the situation is so severe, why haven't you given notice yet?

Hot Topic!

Q: Where do you believe your boss thinks you are now?

What are they hoping to hear?

While you may have been given a warning or laid off and so be interviewing with your boss's knowledge, it's more probable that you're still working. So never, ever say something like, *"He thinks I'm interviewing with you, so I may leave that hellhole behind. By the way, he'll be phoning you tomorrow to get himself a job."*

Interviews should be scheduled after lunch, after work, or on a personal or vacation day. I dislike hearing that a candidate has taken a sick day to meet with me. It's a white lie, but it's still a lie.

Whatever the truth is, many interviewers will give you points for proving your commitment to your present work by organizing a breakfast interview, a lunch-hour interview, or an after-hours interview.

It looks bad if you have clearly lied or if you show through your body language that the inquiry makes you uncomfortable (implying that you lied), or if your response shows little or no allegiance to the firm that is still paying the bills, regardless of whether that organization is enlightened or tyrannical.

Q: Are you still working at the latest company indicated on your resume?

What are they hoping to hear?

You've undoubtedly heard that it's usually simpler to find work when you already have one. True, since many interviewers assume that a working individual is "better" than an unemployed person, even if the latter is more qualified.

Many interviewers regard being laid off as a sign of weakness. *"Oh, if she was laid off, there must be something wrong with her,"* one seasoned executive recruiter said. *"Companies never let go of extremely good staff!"* If only that were true!

However, the truth remains that mass layoffs may and do occur. Many industrious, loyal employees who made major contributions to their organizations and may be valuable assets to a new one have been let off. Personally, I am persuaded that there is no shame in being laid off, and I treat a laid-off applicant with

the same respect that I do anybody else. I would not presume that all interviewers are as wise.

What if you were let go? Come clean promptly and effortlessly to turn this potentially unpleasant situation around.

Consider Nick's situation. As a hotel sales manager, he was unlucky enough to work under a petty tyrant who made a habit of openly and ruthlessly criticizing Nick and his employees.

Nick eventually got it one day. He exploded at his employer and was dismissed on the spot. Later, at an interview for another hotel sales job, he was asked about his work status. He said flatly, *"I was fired."*

When the surprised journalist inquired, Nick responded, *"My boss and I just didn't get along, and I have to admit I didn't handle the situation well.*

I clearly appreciate the significance of call records, log sheets, and other sales-management procedures. I believe I misinterpreted some of Joe's rapid requests for these items as a lack of trust, which I shouldn't have. I've learned my lesson."

Discuss what you've learned from the event rather than why you were fired.

If you were laid off or "made redundant," as the British phrase, you should not be obliged to apologize. You may say something like, *"Yes, I was one of 16 people laid off when sales dropped."* (If you were not a member or leader of the sales department, this is an

easy way out!)

As is customary, any negative is introduced when you say something along the lines of, "*Yeah, I was dismissed because I'm no longer as youthful as I once was. Wait till they hear what my former attorney has to say about age discrimination. I'm going to make them pay through the nose!*"

Being fired for a reason, particularly if you fail to accept responsibility or outline the efforts taken to fix the situation. Celebrity criminals like Mike Tyson may have two, three, or whatever many opportunities to make millions after doing time, but most interviewers are wary of hiring someone who was dismissed for stealing, drinking on the job, striking their employer, or some other similarly delightful offense.

Q: Describe the structure of your department. What is the name of the person to whom you report? What exactly are his or her responsibilities?

What are they hoping to hear?

Did you hear what I said? If you've been grossly inflating your present position's tasks and responsibilities, that sound you heard was the door closing...behind you...on your way out of the interview.

This question is intended to explain what you actually do—how can you be performing "X" if you stated that's your boss's primary function?—and to set up a series of follow-up questions about why you exaggerated (assuming the interviewer doesn't just

say "thank you" right away). Expect to be requested to develop an organizational chart for your firm or department.

Duties and duties that correspond to those stated in your CV.

Duties and duties are proportionate to the job at hand.

An answer that is consistent with your responses to prior questions concerning job experience. The more thorough these responses, the simpler it will be for an interviewer to see any discrepancies (at which time he or she will go back to those earlier replies and ask why the present one doesn't appear to mesh with them).

A clearly presented explanation of how your department, division, or company is organized, which tends to show consistency with your resume and implies that you have done what you said you had done (although a really good interviewer will take detailed notes so he or she can check each particular with your supervisor when calling for a reference).

A fuzzy, unclear answer that suggests you're making it up as you go along.

Inconsistencies in your résumé or past responses

Failure to incorporate a previously announced significant obligation or work duty, especially if it is crucial to the new employment.

An organizational strategy that is confusing to the interviewer

(The more experience someone has at different companies, the more likely she has been exposed to different structures and management styles, and the more confident she will feel that a structure that appears top-heavy or that gives lower-level staff members an unusual amount of freedom does not "feel right.")

Q: Describe a typical day at your present (or previous) employment. How much time do you spend talking on the phone? During meetings? In one-on-one conversations? Working on your own? Working with a group (or others)?

What are they hoping to hear?

They are searching for the information that would "prove" some of the previous generic comments you made (about responsibilities, obligations, and even favorite features of your job) or indicate that those assertions were dishonest or possibly a little exaggerated.

Variations

- Tell me what you do in the first and last hour of work on a regular day. When do you come and go?
- Tell me about the precise tasks you presently assign.
- Do you assign too many or too few tasks? Why? What's keeping you from making a change?
- How many hours per week do you have to work to meet your work responsibilities?
- What do you consider to be the most significant aspect of your present job? To your company?

Q: Have you been seeking work for a long time?

What are they hoping to hear?

Unless you've been fired or laid off, your response should always be that you've only recently begun looking. If you believe the interviewer knows you've been seeking for a time (maybe through a recruiter who knows your background), be prepared to explain why you haven't gotten or accepted any offers.

Many interviewers, whether or incorrectly, believe that the longer you've been "out there," the less attractive you are to employ.

I, for one, disagree. Is someone who has been seeking for a month, two, or three less appealing than a recently minted ex-employee who is still wearing his business T-shirt under his suit? Expecting everyone who wants a job to get one right away is unreasonable. It's even less rational not to think that the best competent candidates are being selective and are merely looking for the ideal match with the right firm before returning to the corporate waters.

Nonetheless, be prepared to deal with interviewers who are less understanding than I am.

Variations

- How is your job hunt going? | How optimistic are you about finding work?

Q: Have you interviewed with any other companies?

This is a not-so-subtle method of testing your consistency—you just declared one firm to be the end-all and be-all of your quest, yet all of the other companies you've interviewed are in completely different industries, and some are in completely different regions. What should the interviewer believe? What are your intentions?

Variations

- Have you conducted any interviews with our competitors?
- Why haven't you gotten more job interviews?
- Why have you applied to so many companies?
- Why did you choose to interview with them?

Q: Why haven't you gotten any job offers yet?

What are they hoping to hear?

You are as picky when it comes to finding the appropriate work as the interviewer is when it comes to recruiting the ideal applicant. Don't complain or demonstrate that the search is bothering you. If you've already received an offer or two, you may remark, *"I have received an offer. But the circumstances were not ideal for me. I'm especially pleased I didn't accept because I now have a chance at this position."*

However, it is critical to state the truth because the interviewer's next logical inquiry may be:

Q: Who made you an offer? What kind of job are you looking for? What is your salary?

What are they hoping to hear?

If you've previously lied, you're in big trouble! Some interviewers will consider your "voluntary" offer to stop the interview if you admit to lying in these situations.

Many interviewers are well-versed with their rivals and the roles they are attempting to fill. Provide the name of the firm if you did the right thing and revealed the truth. He or she could already be aware of your visit.

It's critical to emphasize that the job you turned down was quite comparable to the one you're applying for today. After all, if the job you're now applying for is ideal for you (as you've certainly told the interviewer three or four times), why would you be interested in a completely different role at the other company?

Q: What will happen if you do not leave your current job? How far do you hope to progress?

What are they hoping to hear?

Is your desperation pulling you away from your current job to the point where you'll say or do anything to acquire this one? Most interviewers will not consider you a strong prospect based on this. Why should he or she try to save you?

Even if you'd rather sell peanuts at the circus than work

another month at ABC Widget, show the interviewer that you're the sort of employee who can make the best of any circumstance, even an unfavorable working scenario. You could say:

"Naturally, I'm interested in this job and have been considering leaving ABC," you may say. "My bosses, on the other hand, think highly of me, and I believe that further opportunities will arise for me in the firm one day. I'm one of ABC's most successful salespeople. I've seen others with comparable abilities progress to managerial roles. But right now, I'm searching for more responsibilities."

Whatever your true feelings are about your present employment, it's always better to approach your section of the interview as if you're in the driver's seat, merrily driving along until you perceive that changing lanes might benefit your career. You're not interested in taking the next exit, no matter where it takes you!

Begin your responses with, *"Well, assuming I'm not the successful candidate for this position..."* Allow the interviewer to know that you're taking your time without being overly egotistical. You want to find a career that is a good fit for you.

If you can (or do) claim that you will continue to progress and be given greater responsibility, it may be at a slower pace or without proper reward.

If you can illustrate a circumstance in which the firm will plainly be unable to maintain or pay its top personnel what they are worth due to no fault of your own (for example, a planned merger, insolvency, cash flow issues, loss of a major client or

product). Clearly, your motivation for leaving is plain and reasonable, and your prospects there are bleak.

"Well, I doubt I'll make it through the week." "I'm sure Old Scrawnynose will fire me right after lunch."

An answer indicating that there are issues in the firm for which you must take some responsibility. *"Well, overall sales are down 10%, but my territory is down 72 percent. It's not my fault that all those businesses failed!"*

Although it's a good idea to persuade your prospective employer that the world is your oyster and you're only waiting for the right pearl of a job, you may be asked questions like these:

Q: Why are you quitting your current work if you're so pleased there? Will they be taken aback?

What are they hoping to hear?

You may believe that your existing firm will fail at any moment. Or maybe you're going because you just broke up with the individual at the office next door. You should not cry on the interviewer's shoulder.

Instead, tell him or her that you are not fleeing anything. You've taken the decision to take on:

- More responsibilities.
- More information.
- The fantastic opportunity at Good Times, Inc.

Variations

- What would need to change in your current position to make it tenable?
- What aspects of yourself/your skills/philosophy/responsibilities have you had to modify in order to adapt to changes at your present firm?
- What features of your present employment surprised you when you first started?

Hot Topic!

Q: If you have these problems about your present job/boss/company and they regard you so highly, why haven't you brought them to their attention?

What are they hoping to hear?

The interviewer is attempting to "hoist you up by your own petard."You're a problem solver! You can't even discuss improvements that could make you happier with your employer.

If you find yourself in this situation, the only way out is to remain as optimistic as possible. Say something like:

"Grin and Bear is aware of my ambition to advance. However, the firm is still modest. There isn't much they can do about it. The management staff is fantastic. There is no need to add to it at this time, and they are aware of some of the issues this causes in retaining strong workers. It's something they discuss fairly openly."

Variations

- If you could remove one task or obligation from your present (or previous) work, what would it be and why?
- What one criticism or recommendation would you give to your present boss?
- Did you do anything like that? What is your reasoning?

Q: What would your coworkers say about you?

What are they hoping to hear?

Of course, they would characterize you as a laid-back individual who works well with others. After all, you've discovered that "a lot more can be accomplished when people band together on a problem rather than against each other."

The personal inventories you completed in Chapter 2 will come in helpful once more. Put terms like "my strongest skills," "my greatest areas of knowledge," "my greatest personality strengths," and "the things I do best" from the lists I advised you to write into the lips of coworkers and acquaintances.

Variations

- What five words would your previous boss use to describe you?
- How well did your supervisor handle performance appraisals?
- How did you fare on your most recent performance evaluation?

- What were your supervisor's primary strengths and weaknesses?
- How did your previous boss get the best performance out of you?
- When was the last time you were right and your employer was wrong? What did you say and do?

Q: Please provide concrete instances of what you have done at your present (previous) position to boost sales, cut costs, be more efficient, and so on.

What are they hoping to hear?

This relates to the prior questions you were asked regarding fiscal responsibilities and the structure of your present department. (Savvy interviewers believe it's a good idea to ask some new questions after the first or two inquiries, then return to the issue later. Many candidates who have successfully navigated the shoals of previous questions may be caught in an exaggeration when the interviewer returns to the subject later rather than quickly following it up).

Q: What do you believe a company owes an employee?

What do people want to hear?

This is not your invitation to negotiate the employee benefits package you desire. It's a loaded question.

Don't get into a rant about the employer's moral or legal obligations to its employees. Try to redirect the interviewer's

emphasis on your optimistic perspective, and make your response brief and sweet: *"I believe that an employer owes its employees opportunities. I'm looking forward to the opportunity to execute profitable initiatives in my future role."*

If the interviewer presses you for further detail on a sensitive subject, such as your thoughts regarding the information an employer should communicate with employees or the size of the raise pool, you may answer as follows: *"I hope that my employer will be respectful of me as an employee and of any business agreements we may reach. However, I am aware that there are instances when organizations must make difficult decisions that demand secrecy and have an impact on personnel. That's how business is done."*

Q: The successful candidate for this role will be working with some highly skilled employees who have been with the organization for a long time. How will you interact with them?

What are they hoping to hear?

Your response should demonstrate your enthusiasm to learn from your potential coworkers as the new kid on the block. You don't want to give them any reason to be suspicious of you. So convey that, while you certainly bring something to the table (skills, knowledge, your own insights), you recognize that you have a lot to learn from the people you'll be working with (even if, in your heart of hearts, you suspect they're a bunch of old fogies and can't wait to get on board and shape them up).

Hot Topic!

Q: Your boss orders you to do something you know is wrong. What do you do?

What do people want to hear?

This is a difficult question, so why not recognize it with a response like this: "*In a circumstance like this, even the finest employee risks appearing insubordinate. I would approach my boss with the utmost deference. If he persisted that I was incorrect, I guess I'd have to do it his way.*"

Q: What would you do if your boss harshly criticized you?

What do people want to hear?

We can all recall a time when we were under duress at work and made a mistake. Maybe you took more than your fair share of the blame. Perhaps you were caught up in circumstances beyond your control. In any case, your supervisor blamed you. But odds are you and your employer got over it and made sure the error didn't happen again.

You might respond to the question by relating a similar event.

You don't have to pick the most vulnerable or risky moment in your career to make your point. Simple errors are sufficient:

"There have been a few times in my career when problems have arisen, and I have been held accountable for mistakes I did not believe I had caused. But an issue is a problem no matter who causes it, and you don't have to cause it to cure it. The most

essential thing is to confront it. On those occasions when the issue was significant enough, I explained my position to my supervisor later—after the situation was resolved and the atmosphere had calmed."

Q: Would you wish to work in your boss's place? What is your reasoning?

What are they hoping to hear?

The interviewer will learn a lot about you no matter how you answer this question, so approach it with caution. It's a roundabout way of determining whether or not you want to be promoted.

Begin with the first portion of the question: Saying "yes" suggests that you are ambitious and interested in furthering your career. Saying "no" expresses misgivings or doubts, at least regarding the work in issue.

Things become more complicated in the second section of the question. For example, if it's evident that you want to advance and the position you're asking for doesn't offer a clear path to a higher level, the interviewer may assume that you'll be dissatisfied. In a highly competitive organization, on the other hand, voicing misgivings about career growth might quickly exclude you from consideration.

To prepare for this question, you need to do two things. First, conduct basic research to gain an understanding of the business culture and chances for promotion. Going into the interview, try to be aware of the options.

Second, determine your truthful response to the question. Maybe you're ready, willing, and eager to advance and take over your boss's position. Perhaps you dread the prospect of working in management and having to deal with personnel concerns. "Know thyself" on this one because your response may come back to bother you if you're employed.

Now, combine the results to create your response.

Ideally, your truthful response will be acceptable to the organization. If your ambitions are incompatible with the possibilities, you can compensate at your own risk by providing a suitable answer. Make it a nice experience:

"In the long run, I'd like to have my boss's job." "I'm especially interested in the vendor relationships and sales promotion aspects of purchasing."

"I am eager to advance in my career, but my current boss's responsibilities are heavily weighted towards managing department production. I aspire to advance to a position with main responsibility for design quality in the future."

"I am willing to take on additional responsibilities, but I prefer the autonomy of a sales position, and I enjoy working directly with clients. My supervisor is primarily in charge of monitoring the department and its employees. In this situation, I would miss the client contact."

Hot Topic!

Q: Could you please tell me a joke?

Please do not do so.

This is the only example I'll provide of queries that are, for lack of a better word, dumb. I don't care what sort of tree you think you are, what animal reflects your management style, or what your zodiac sign implies, and no other interviewer should either. Some of them, of course, do. So take any such question—or a perplexing proposal like "tell me a joke"—as the unwanted distraction that it is. Find a method to bring the conversation back to the specifics you know you need to emphasize, as well as the attributes and talents you need to highlight. Oh, and don't tell them a joke. However, you may always compose an answer that describes how a sense of humor is crucial for calming a hazardous situation, along with a relevant example.

Chapter 8: Then Why Us?

The opening rounds of the majority of prizefights are pretty dull. Before the actual mayhem starts, the fighters take some time to analyze each other and their feints and punches.

The same is true for the majority of interviews. The introductions start just after the first bell. The "getting to know you" round of inquiry begins when the second bell sounds. If the interviewer decides it's worthwhile, they will start "pummeling" you with queries designed to distinguish the "stiffs" from the genuine candidates.

You're at that pummeling stage if you've already confidently responded to around a dozen queries. You no longer have the option of skirting open-ended questions. You need to display actual expertise to reach the final bell.

Easy to Remember on the Interview Day!

Q: What is your knowledge of our business?

What is it they desire to hear?

You wouldn't believe how many applicants respond with, *"Nothing, really,"* thinking this is just an icebreaker.

Avoid doing as they do! Why, after all, would you arrive at one of the most significant interactions of your life so utterly unprepared?

Then, do you confess?

I've pushed (okay, harassed) you to finish your schoolwork. You'll be glad you did your study on this. Give the interviewer a few important (and positive) corporate information before concluding by putting the ball back in their court with a question that shows your interest.

As an illustration, "*Boy, what a growth tale Starter Up it is! I believe I just read that your growth has been double-digit for seven years in a row. Your intention to launch a new product line soon was made known to me in your annual report. The possibility to apply here was one I leaped at. Would you mind briefly introducing yourself and the position you're interviewing for in this division?*"

Any response that reveals your pre-interview preparation is acceptable. You should be at the front of the list of candidates for employment the more knowledgeable you are.

A thorough response demonstrates your investigation's depth, including looking up the business's website, reading its annual report, and becoming knowledgeable about its goods and services.

I believe it is a great touch to refer to a trade magazine article that mentions the firm or, even better, the interviewer.

Variations

- What are the most significant trends you have noticed in our sector?

- Which of our offerings do you consider to be the best?
- Which of our main rivals is performing the best, in your opinion? Who are these people, by the way?
- How well-versed are you in our neighborhood (town, city)?
- Which one of our offices do you want to work in?
- Could you go between a number of our offices without any issues?

But do you have to wait till the interviewer puts you through the wringer, smiles kindheartedly, and then genuinely says, "So, do you have any questions?" I don't think so, especially if you've determined it's a job you want and are qualified for. In that case, I'd advise you to be more forceful and start asking your own questions. Just bear a few restrictions in mind.

The first two inquiries should always be asked with permission. You will have developed an easy connection and won't need to ask permission each time after it becomes evident that the interviewer has no issue with you asking questions despite her continued barrage of her own. However, you must ensure the interviewer feels at ease with your strategy.

Back off if they displays overt symptoms of discomfort, such as grimacing while nodding alright, pouting, or acting in any other way that makes it plain that they are not too pleased with you interfering with their ostensibly well-planned interview strategy.

However, if an interviewer says you are welcome to ask questions at any time or says it's acceptable when you seek

permission, then do so! In those circumstances, waiting for the standard "Do you have any questions?" is a terrible idea: Because you ignored their (strong) warning to be firm immediately, the interviewer could have already demoted you.

Asking questions during a routine interview does not constitute interfering. Additionally, it does not imply that you should constantly follow up a question from the interviewer with one of your own since this may make it difficult for the interviewer to gauge your skills.

As an interviewee and interviewer, I favor taking the initiative and asking questions early (of course, with the interviewer's consent). It impresses me as an interviewer. It gives me the impression that the person in front of me is engaged, aggressive, and interested (absent evidence of the opposite).

As a candidate, I want to have some influence on the interview, gently guiding it in the direction I want it to go. Asking questions often and early does that. Doing this is particularly successful with a novice (or at least less-than-veteran) interviewer who could appreciate your assistance.

Another excellent benefit of often asking questions is that they turn a standard, formal "Q & A"—in which you are the "A"—into a dialogue. By definition, this makes the meeting less formal, less "you vs. me," and more "we." A conversation is also how you discuss topics of interest, exchange opinions, and "chat" instead of "talk." In other words, one of the most important criteria for winning any job is the manner in which you develop personal chemistry! There typically isn't much difference in the qualities of

the final two or three applicants once the applicant pool has been narrowed down.

The connections made throughout the interview process, and the interviewers' estimates of how each candidate would fit in might be what sets one apart from another.

Last but not least, an intelligent technique to avoid an awkward question from the interviewer (at least temporarily) is to ask an excellent question. How would you explain the one-year gap in your employment history? Darn. You didn't want to bring up that failed dot-com bomb just yet. Don't anticipate the subject dying. You are purchasing a brief reprieve at most, but at least you have given yourself some time to consider how you want to diffuse a potentially awkward scenario.

When the interviewer eventually asks, *"Do you have any (other) questions?"* to indicate the conclusion of the interview, you may very well be able to respond, *"No, not really, I think we've covered all the bases,"* by interspersing your insightful questions throughout the discussion. And because you've shown your interest consistently during the interview, you won't need to worry about her rejecting you due to a lack of it.

What Do You Desire to Learn?

Insightful Questions to Ask!

Getting caught up in the challenge of wowing the interviewer with your clever responses is easy. Still, it's crucial that you don't lose sight of the fact that you have a goal—trying to decide whether this situation is right for you and whether this job is deserving of your abilities and dedication.

Here are some crucial inquiries I would want to make bearing this in mind:

"Could you provide a formal, written description of the position? Reviewing in-depth the main tasks involved and the anticipated outcomes interests me."

The screening interviewer should be asked this question. You can use it to assist in getting ready for the interview. Ask the interviewer to narrate a description of the work as thoroughly as they can if there isn't a documented job description.

"Is there often a path from this position to other ones at the company? How many?"

You don't want to be working in a position that isn't fulfilling. So, learn about the advancement opportunities you might anticipate after you obtain this position. What became of the person you would be taking over for? Does the business still employ them? If so, what are you doing?

Try to continue this line of inquiry without seeming like you're eager to quit a job you don't yet have! Your aspirations will be acknowledged if you approach them completely non-threateningly.

"Explain some specific qualities or skills you seek in a candidate for this position."

Your answer should reveal how highly the interviewer values your character attributes. With the help of this knowledge, you may highlight your most vital qualities after the interview to make a good impression.

"Please provide me with some background information on the persons I'll be collaborating with the most."

I wish I had known about this question before my most recent job interview! The response can reveal a variety of information, including how skilled the individuals you could be working with are at their occupations and how much you are likely to gain from them. Most importantly, you'll learn if the recruiting manager looks excited about his staff.

During an interview, the hiring manager often strives to present his best self, just like you do as a potential applicant. However, catching the interviewer off guard with this inquiry may allow you to see the true emotions underneath the "game face."

You won't likely appreciate being a member of the team if they don't appear enthusiastic. This specific recruiting manager could blame their employees for their lack of success and potential

issues.

"What do you like best about this company and why?"

If the interviewer hesitates on this question, it can be a sign that they don't care much about the business. They should be able to persuade you to work with them and the business if they respond with enthusiasm.

You can understand the hiring managers' and organizations' values from the response to this question.

They don't appear to be passionate about the human aspect of the business if they just discuss what they sell and how their stock options are performing.

"How does the business compare to its competitors in the market?"

"Compared to a few years ago, does this viewpoint indicate a change?"

If the business is publicly held, your preliminary investigation should have given you some idea of the answer to this question. Go ahead and incorporate it into your question if you have some of this knowledge:

"I've read that the company's market share has increased from sixth to third during the last three years. What are the main factors behind this extraordinary success?

This question once more demonstrates emphatically that you have done your homework and are prepared to show it.

Before the interviewer makes you an offer, wait to inquire about vacation days, sick pay, personal days, and other benefits. Before you even begin, you'll come off as someone searching for an excuse to leave the office!

Below is a list of inquiries regarding the business, division, and position. While you should try to address as many questions as possible before the interview, this may not always be possible, particularly if you are speaking with a small, privately held business.

CONCERNS REGARDING THE BUSINESS

Questions to ask in an Interview!

- Do you presently have any acquisitions planned?
- Do you have a large number of employees that telecommute or work flextime?
- What is the company's rate of expansion?
- How many people are employed by the company?
- Is there anything else you think is critical that I understand about the business (or department, position, expectations, etc.)?

- How stressful would you evaluate the office atmosphere (conduciveness, workload, collaboration, etc.) on a scale of 1 to 100?
- Please describe the organizational structure of the firm.
- What are the company's advantages and disadvantages?
- What objectives do you have for the upcoming years?
- What are your main markets? Are they developing?
- What are your top offerings?
- What opportunities and strategies do you have for development and expansion?
- What do you value most about this business? Why?
- What major objectives do you envision the business achieving during the upcoming year?
- What rate of growth are you now predicting?
- Internally or through acquisitions, how will this be done?
- What have the past five years of your layoff record been like?
- Do you expect to see any budget cuts soon?
- What effect would they have on my division or position if you did?

- What do you believe about hiring?
- Where do you stand among your peers?
- Compared to where it was last year or a few years ago, is this a change?
- What proportion of each of your markets do you hold?
- What significant obstacles or troubles have you recently faced?
- How were they spoken to? What outcomes are you hoping for?
- What goods or services do you want to launch in the near future?
- Which other business supplying your markets represents a significant threat?
- Who is the company's owner?
- In the upcoming years, will you be expanding into any new markets? What kinds of distribution methods are used for each of them?

Concerns About the Department

A Must Ask on the Job Interview

- Are there any particular difficulties you are now dealing with?
- Could you describe a project that was a success and how you managed it?
- Can you share some recent challenges you've experienced and how your team (as a whole) handled them?
- Can you describe the department's organizational structure and primary duties and responsibilities?
- How is the performance of the department assessed?
- How many individuals are employed only in this division?
- What one aspect of how this department operates (or is organized, run, paid, etc.) would you alter if you could?
- To whom does my employer report?
- To whom should I be making the report?
- What are the department's precise goals for the upcoming three months?
- What are the department's advantages and disadvantages?

- What are the current aims and ambitions of the department?
- How many people have left this department in the previous two years?
- What is the department's spending plan? The planning process involves who?
- What was the department's most recent significant challenge?
- How did you and your group manage it?
- What in this department do you think needs to change the most?
- What other departments would I collaborate most closely with?

Concerns Regarding the Job

Don't Forget to Ask!

- Will I likely be required to attend many after-hours business events?
- Are there any more tasks you would want someone to complete that are not regarded as "formal" facets of the job?

- Can you provide me with a more accurate picture of the kind of judgments I could make (or the sums of money I could spend) without supervision?
- What would a typical day in this role entail?
- Does this employment often lead to other corporate positions? How many?
- How cutting-edge or up-to-date is the gear and software I will be required to use?
- What led to the opening of this position? The earlier individual received a promotion? What is the new title for them? The prior individual was fired, right? Why?
- What kind of relationship do you envision me having with each department head?
- In the first two years, how do you envision my job developing?
- How have previous attempts at this task been handled?
- What is the duration of the position's availability?
- How many hours a week are you anticipating from your top performers?
- How many people will I be receiving reports from?
- What level of financial authority would I have?

- To what extent would I have daily autonomy?
- How much leeway would I have in choosing who I hire?
- To what extent can I influence the goals, objectives, and due dates for my team or department?
- What should my monthly travel expectations be?
- How will we collaborate to set goals and deadlines in the first several months of this employment?
- How would I be evaluated in terms of performance?
- Does the position have a documented job description?
- Is moving a possibility, a choice, or a necessity?
- Are there any internal candidates being interviewed for this post at this time?
- On a scale of 1 to 10, how likely is it that a qualified applicant will be able to progress from this position?
- What criteria are used to determine who gets bonuses and raises?
- Please provide some background information on the individuals I will be collaborating with the most.
- Describe your training programs in greater detail, please. Do you provide compensation for training relevant to your job? A break?

- What objectives should I establish for my first three months on the job?
- What three matters require your urgent attention?
- What do you anticipate will be my greatest challenge?
- What issue should I address right away?
- What is the most important thing I should accomplish in my first three months of employment?
- What type of instruction should I anticipate, and for how long?
- What knowledge is lacking in this situation?
- How long will my days last?
- What are the most sensible directions for my development?
- In a year, what do you want to be able to say about your new employee?
- What location will I work at? Do you mind if I look at it?
- Could I talk with the prior employee of this position?
- Could I terminate a team member who wasn't functioning well?

Easy to Remember on the Interview Day!

Q: What about this job attracts you? What business?

What do they want to hear?

Several earlier chapters have given you the basic idea: You're looking forward to taking on more responsibility, having more chances, managing more people, learning new skills, and honing your current ones.

Naturally, you aren't one to be negative and say no, so if they vehemently insist on raising your pay, go for it! However, it is also the perfect opportunity to discuss your familiarity with the organization and how the position you're looking for can help it succeed.

Knowing this, you may respond, *"I've wanted to explore other uses for your titanium ball bearings because I've heard so much about them. I should say, 'If I get this job, my commute will be better,' not 'I will.'"*

(I can't believe that more than one applicant I spoke with gave me this reaction! Although the candidate's response may be sincere and perhaps essential to them, it wasn't what I hoped to hear.)

Any response that blatantly contradicts itself should be avoided. You're just setting yourself up for a "thank you, we'll be in touch" if your main interest is in something that will, at most, be incidental to your genuine purpose.

Variation

Q: Rate your interest in this firm on a scale of one to 10.

Q: What unfavorable information have you learned about our business?

What do they want to hear?

It's difficult. Any negative connotations of a question, including this one, should obviously be minimized. If there haven't been any bad tidings, bring up the lack of the newest software or your want for a little more predictability in the company's financial results.

It seems to reason that having access to actual news alters your opinion. You might be curious if the fallout from ABC Widget's layoff from a year ago has yet to settle. You could have also heard that two companies were merging.

Never act foolish. Any potential client would be wary of the business's stability and future ambitions in either of the aforementioned circumstances. You should feel free to enter the interviewer's room if they open it up for you to ask questions that could otherwise be awkward.

Nevertheless, avoid closing the door in your own face by bringing up a significant con: *"I'm not sure I like the fact that I'll be reporting to three different executives"* or *"Is it possible to be scheduled for a salary review in 30 days?"*

Q: The size of this business compared to others you've worked for. What are your thoughts about that?

What are they hoping to learn?

You are surely looking forward to fantastic growth prospects and exposure to additional fields of expertise than you would have if the organization were larger. If the potential firm is smaller, you may anticipate a lot less bureaucratic structure where decisions can be taken much more rapidly and where no department is so big that its staff isn't familiar with the entire company's operations.

Q: What qualities do you seek in a future employer?

What do they want to hear?

It goes without saying that your response should be customized for the position you're looking for. The best course of action isn't to respond by slightly reorganizing the job description.

A question like this is frequently asked during an interview to determine your interest in the position and discover any reservations you may have. Put your attention on the task at hand. Affirm your desire to have the opportunity to acquire (or further enhance) one of the essential abilities the position requires by considering the key competencies it demands. Remember to convey your excitement for your line of employment as well.

An illustration would be:

"I look into corporate and governmental funding options in

my present role as a development research associate, and I also draft grant applications.

Despite the fact that I genuinely like my job, I haven't had much interaction with potential contributors. I'm looking forward to working with donors more frequently, gaining their support, and ensuring that they are acknowledged for their gifts in a position that provides more opportunities to do so. I've had a few chances to accomplish this with my present employment, and based on how well I handled Timely Donations, Inc., I can successfully promote an organization's goal to win crucial corporate sponsorship."

Variations

Q: Which job, if any, would you like to hold in the world?

Q: Which organization, if any, would you like to work for?

Q: Describe the ideal position you'd want.

Speaking eloquently about your dreams or desires at this moment is not appropriate. Even if you may desire to work in Paris, there is no reason to mention it during your interview if the firm doesn't have a location there.

Conversely, lying and telling the interviewer that their organization is your dream employer is typically untrue.

Finding a means to get out of the issue as fast as possible is preferable because almost any response will get you into the proverbial "hot water."

Q: Describe the position you are applying for, if you would.

Do your expectations and the interviewer's assumptions about your primary responsibilities differ significantly? This query will surely expose them, then. In the event that a discrepancy stands out, be sure to take the time to provide specific instances of the skills or background that are now understood to be necessary.

Q: Which aspects of the work I've just described appeal the least to you?

What do they want to hear?

I'll start by making a joke. A man was talking to an Irish acquaintance one day when he eventually blurted out in annoyance, *"Why do the Irish always answer a question with a question?"*

The Irishman said, *"Do we, now?"* with a wink, remaining unruffled.

It's better for you to imitate their strategy. A direct response to the interviewer's question is advised! Saying this as an illustration:

"You mentioned a role in which I would be responsible for some remarkable output levels. What type of quality assurance practices does this business employ? Will I be able to speak with internal experts?

"What have you heard that you don't like about our

company?" Was a question that was posed previously, and I assume this one is asking for a genuine response in the same way. A competent interviewer will be interested to learn whether you aren't going to accept the position because of what you think to be a fundamental defect in the position or the organization, which you are keeping from the interviewer.

There will be one of the following three outcomes:

1. You'll expose an unfounded or incorrect objection. You'll become an interested applicant once more when the interviewer responds.

2. You'll make a strong argument that the interviewer can use to disqualify you.

3. You'll make a convincing argument that will cause you to rule yourself out of consideration.

Q: Given what you know about our industry, how does the work description for the position you're applying for compare to your dream job?

What are they hoping to learn?

The "ideal" job is always one where you'll have a wide range of duties that will allow you to continue learning and developing in your field. Therefore, take advantage of your understanding of the sector to create a response that, although perhaps a little utopian, doesn't seem outlandish:

"I am aware that consulting services now make for a growing portion of the fee income at many accounting firms. A position that combines customer counseling, problem-solving, and my cost accounting expertise would be ideal for me. My ideal scenario would be to begin as a team member and eventually lead a practice focused on cost accounting in industrial contexts."

Now, depending on what you know about the position, mention one (and only one) slight weakness and craft thoughtful questions about some areas of the role you are unaware of. As an example, you might state more specifically:

"I am aware that many of your entry-level hires go to the auditing department, where this post is located. My goal is to use this as a springboard for future consulting and manufacturing jobs."

"I'm positive I don't yet possess the necessary education or experience. Is this a job where I can obtain such expertise, and is this career path available at this company?"

Q: How will you approach the least enjoyable or disagreeable tasks in this job?

What are they hoping to hear?

When asking this topic during an interview, a recruiter typically includes details about the role, such as: *"You won't constantly be looking for original solutions to our client's tax difficulties. Most of the time, you'll produce returns and ensure you abide by the most recent rules."* Obviously, you're aware of it. You

may respond by saying:

"I'm optimistic that every position in the accounting industry has its standard tasks. They, too, must be completed. The joy of performing the work properly includes completing those responsibilities. They increase the satisfaction of the comparatively uncommon creativity opportunities we experience."

Q: You don't have much experience in sales or budgeting, for example. How will you get the knowledge you need to conduct this job well?

What are they hoping to hear?

"Well, I've demonstrated that I can pick things up quickly throughout my career. For instance, I didn't have the time to complete the training when my company's inventory system was digitized. However, the software provider has created some computer-based training materials. I learned them and trained at home. I'd want to be able to learn the basics of your budgeting method similarly."

You may also bring up additional alternatives, including attending seminars and reading specialized periodicals. By rapidly catching up, you demonstrate initiative and resourcefulness. The interviewer wants to make sure that you won't just be sitting around moping and whining about not knowing what to do next. Assure them that you intend to take all necessary steps to continue studying within your employment.

How would you intervene now to prevent a catastrophe? Spend some time reading trade and industry journals if you aren't as knowledgeable about the position for which you are interviewing as you'd want to be.

Pay attention to publications that offer suggestions for tips, tactics, and instruments that can improve daily efficiency or assist people in this sort of job in solving frequent difficulties. Showing that you can jump in and remain composed in the face of adversity is what you want to do.

Sharpening your practical knowledge and abilities is also a fantastic notion. Problems you can solve right away are a favorite of interviewers. These tasks are designed to show off your knowledge of the most crucial topics to the position.

The key to success is preparation. During one of these activities, it will be challenging, if not impossible, to recover your credibility if you cannot answer the question or employ a fact or calculation correctly. Considering how far you've come, that would be very awful.

Caution: Depending on the company, the same technique or item may be referred to differently. In order to ensure clear communication, define your vocabulary up front.

Q: What is your anticipated stay with us?

What are they hoping to learn?

"Forever" is one response I don't want to hear since I won't be

able to believe it (and I'll question the candidate's intelligence if they think that's what I want to hear). "*As long as I keep developing, learning new things, and making contributions that you find essential*" should instead be your straightforward response.

I'm not sure if asking this question will ever provide an interviewer with any useful information because any applicant sincere (or foolish) enough to respond, *"Oh, a month or two until I find a job I really like,"* shouldn't have passed the screening process (or the first two questions of the interview, for that matter). Be cautious not to let your true response come through in your body language, however.

"Oh, a month or two until I find a job I really like," squirming does indicate.

Don't be shocked if the interviewer asks, *"Is that what you told the interviewers at your four previous positions?"* if you already give the impression that you frequently switch jobs but still use the traditional *"as long as I continue to grow"* statement. Answering, *"Yep, and they all believed me, too,"* is not a good idea under any circumstances.

Q: How would you rate my performance during the interview?

What do they want to hear?

You have some pretty unpleasant alternatives, I guess. "Lousy" doesn't sound suitable, but "Great, sir, and may I polish

your shoes?" looks a little too obnoxiously pious.

The best course of action is to pose your own question rather than respond, like in the following example: *"I think your inquiries have provided me a fantastic opportunity to share many of my skills and credentials already. What else can I say to persuade you that I am, without a doubt, the best applicant for this position?"*

Variations

- How well do you believe I've handled myself thus far in the interview?
- Are my ramblings excessive?
- What do you think of the queries I've posed thus far?

Chapter 9: Questions Regarding Your Private Life

Most people believe that the candidate who solely speaks about work, work, and work has the best chance of landing the job. However, a "you" exists after 5 p.m., and most interviewers want to get to know that person as well.

The guiding idea for replying to personal inquiries is the same as for responding to professional ones: Highlight the good. Allow the interviewer to learn about your personality's greatest and most intriguing elements.

Just be careful not to speak too much. Your responses may reveal more information than the interviewer can legally request. For example, in the warm glow of a seemingly successful interview, you could feel at ease discussing your children and the problems of being a single parent.

The interviewer could not have inquired about your family circumstances to disqualify you from consideration. However, once this information is public, it is an open game. They are allowed to use it to create accurate assessments of your competence in managing various work areas. If the job you're seeking requires occasional overnight travel, for example, they may feel that your family situation would cause undue hardship.

So, although these questions allow you to illustrate what a wonderful person you are, they may also drive you to divulge facts that may doom you as a prospective applicant for work! Towards

the end of this chapter, I will assist you in identifying queries that are improper at best and criminal at worst.

When Exactly Does the Interview Begin?

Easy to Remember on the Interview Day!

A buddy of mine spent weeks at a time interviewing dozens of individuals for a broad variety of jobs as the head of recruitment for a huge corporation. She became pretty excellent at recognizing undesirable applicants in minutes and "releasing" the unwitting person with a simple "Thanks for stopping by" before the interview even began!

This is how it worked: *"How are you?"* my acquaintance asked a young applicant for a field sales position one morning. The candidate immediately began complaining about the weather and a run in her stocking.

My companion turned to her, pretending discomfort, and remarked, *"Oh! Are you coming to apply for the field sales position? I'm sorry. We neglected to call. We filled the post yesterday. However, we will keep you in mind for any future comparable openings. Thank you for visiting."*

This incident highlights something that few candidates realize: there is no such thing as an "innocent" or "throwaway" question. You are being assessed from the minute the interviewer sees you (or hears you on the phone) until you are offered the job

(or taken out of the building).

Many interviewers use these questions as icebreakers because they offer the idea of "let's just chat, shall we?" and cause applicants to relax their interview guard. Some interviewees learn too late, after being fired after only a few minutes, that these innocuous queries "ice-picked" their opportunity for the job. Here are a few to be on the lookout for.

Q: How are you doing today?

What are they hoping to hear?

You're doing well, thank you. And, no, you had no difficulty finding their offices. That's because (don't acknowledge it, just do it) you asked the interviewer's assistant for instructions.

It all boils down to being optimistic. I'm not advocating that you put on an idiot grin and act like a "Stepford" employee. However, I strongly advise you to make every effort not to let anything unpleasant (even the bad weather) creep into any aspect of your encounter with the interviewer.

Since my recruiter buddy told me about her experience, I've been paying much more attention to the responses prospects provide to these seemingly insignificant inquiries.

Variations

- Did you have any difficulty locating us?
- Where will you be staying? Do you enjoy the hotel?

- How was your flight experience?

Q: What was the most recent book you read?

What are they hoping to hear?

What someone chooses to read reveals a lot about the type of person they are. But, before you start making your reading list, remember this: Right or incorrect, many interviewers appear to feel that nonfiction readers are more engaged in the world around them than fiction readers, whom they may suppose are searching for an escape.

Discuss a popular how-to book rather than discussing the newest thriller you couldn't put down. This shows that you're interested in The 7 Habits of Highly Effective People or The Discipline of Market Leaders or that you want to increase your general knowledge and skills as a businessperson.

Q: What was the most recent movie you saw?

What are they hoping to hear?

Mention a well-known but uncontroversial film. It won't help you to acknowledge it was Friday the 13th, Part 86, happily. Do you want your taste in foreign films or left-wing documentaries to keep you from getting a job? Feel free to debate your preferences if you argue they shouldn't matter.

Variations

- Who are the three people you'd most want to have dinner with?
- Who else would you bring on a desert island?
- Which book is your favorite?
- Which author is your favorite?
- Which actor is your favorite?
- What is your favorite film?
- What is your favorite television show?
- What publications do you read on a regular basis?
- Where do you acquire your information?
- Could you share a favorite quotation with me?

Q: What would I find if I went to your Facebook profile right now?

Everyone has warned you for years that everything you publish online never dies, so you never share images of yourself with a drink in your hand (or your face on the floor). Wait. Did you? What on earth were you thinking? Okay, but you removed them before beginning your job hunt, correct? NO? WHAT WERE YOU THINKING?!

Although this is only a generalization, the older the interviewer, the less likely they are to be deeply associated with social media. However, many firms now routinely review candidates' Facebook pages, Twitter feeds, blogs, and other social media sites, so make sure yours is spotless. And be prepared to answer questions about your internet presence that you would not

have had to ask even a few years ago.

Variations

- How many Facebook friends do you have?
- Which website is your favorite?
- Which podcast is your favorite?
- On Twitter, who do you follow?
- How many followers do you have on Twitter?
- Which blog is your favorite?
- What is your phone's most frequently used app?
- How much time do you spend on social networking sites daily?

Q: How do you combine your job and family life?

What are they hoping to hear?

You're up against a difficult demon. Again, this is a totally legal topic, but it makes it far more difficult if you try to keep any family talk out of the interview.

Why would you want to avoid a debate like this? If you've been around the block a few times, you might be concerned that the interviewer has certain unwritten restrictions, such as no single parents being recruited for travel work.

As a result, if you want to offer the least revealing answer possible, try something like this:

"Throughout my career, I have been a dedicated, loyal, and

hardworking employee, and nothing in my personal life—family obligations, hobbies, or volunteer work—has ever affected my performance. Neither do I expect it to."

Q: When you're not working, what do you prefer to do?

What are they hoping to hear?

Many bosses believe, "If you want something done, give it to a busy person." So, you want to present yourself as a busy, energetic person. Use this chance to create a self-portrait of a well-rounded, curious, and fascinating individual.

Make a point of emphasizing hobbies that will complement your employment tasks. For example, if you're looking for a job as a bookstore manager, noting that you read three novels a week is a great way to stand out. Your devotion to helicopter skiing is likely not (for any employment!).

Variations

- What are your hobbies?
- What makes you happy in your spare time?
- What did you do last weekend?
- Where did you spend your most recent vacation?
- So, how do you spend your extra cash?

Avoid anything contentious. Instead of bungee jumping, picketing abortion clinics, or raising money for the Liberal Party, a wise candidate may mention reading and tennis.

Do you really want your extracurricular activities to get in the way of your job search? Then don't talk about things that might make a conservative employer cringe at your extreme ideas or a squeamish employer anticipate an extended sick absence.

Most athletic activities are typically safe to discuss—participating in team sports, instructing youngsters, or engaging in solo activities like swimming, jogging, walking, or bicycling. Avoid emphasizing hobbies like skydiving or hunting that are likely to cause concern or controversy.

Employers like activities that demonstrate that you are community-minded and people-oriented. Participation in the Chamber of Business, Toastmasters, Rotary Club, or charity fundraising will likely get you points. However, avoid any religious or political activity that may annoy the interviewer.

Prepare your response carefully so that you do not:

- Sound like a slacker. "I support the Giants. I've never missed a game. In addition, I watch every replay of my 14 favorite series."

- Appear to be on the verge of collapsing. "I play racquetball, coach a softball team, serve on the board of directors of the local museum, plan to run for city council this autumn, and attend Egyptology lectures at the university in my spare time." (And how will you find the time and energy to work?)

- Make boasts about risky behaviors. "I enjoy pushing myself. I've signed up for another parachute jump the following weekend. I need something to keep me going until rugby season begins."

- Bring up controversial hobbies that may be offensive to the interviewer. "I'm always on the front lines of Greenpeace protests." Alternatively, "I donate all of my money to the Crusade to Convert the World to (fill in the blank) religion."

BEST WISHES FOR YOUR HEALTH

Employers care about your health in more ways than one. Most businesses are seeking strategies to keep health-care insurance costs from increasing. Most bosses want to know that you won't be incapacitated by every flu virus that circulates and that you won't be out ill when they need you the most. They can ask the following two legal questions:

Q: How are you doing? What do you do to keep fit?

You must be truthful in your response. If a prospective employer is concerned about your health, they might look into your medical background. Indeed, many firms condition employment offers on your passing a medical test.

Many of their fears will be alleviated if you look to be committed to keeping your excellent health. You don't have to be a fitness freak. Simply highlight any regular hobbies with some health benefits, such as garden maintenance, house repairs, or even dog walking.

Q: Do you have any physical issues that would impede your ability to do this job? If so, what modifications would be required?

This is a very reasonable question to pose to the interviewee. So be truthful. Are you searching for a job that needs a lot of data input despite you battling carpal tunnel syndrome for a long time? Will you be doing a lot of walking and standing on the job, which might aggravate your bad knee?

However, keep in mind that the crucial terms are "ability to perform this job." A bodily ailment unrelated to the job is irrelevant... and, by law, none of the employer's concern.

Discrimination and Eradication?

You Are in Control, Not the Interviewer!

In an ideal world, employers and managers would evaluate each applicant only on the abilities and experience required to accomplish the job.

However, it should come as no surprise that our world is far from perfect. In reality, many managers and businesses discriminate against people of color, people with disabilities, individuals over the age of 50, and even women whom they may mistakenly believe are going to have children during their future work!

Few of us can claim to be totally objective when it comes to

assessing others. However, as a candidate for any employment, you are not required to answer questions about your race, nationality, marital or financial status—or even a handicap if it is irrelevant to your ability to perform the job.

Should you get out of your chair and initiate a citizen's arrest right there in the interview if an interviewer brings up your nationality, marital status, or other personal information? No. However, you should stand up and take notice. Every state has laws limiting what an applicant may and may not be asked throughout pre-employment (application and interviewing).

It is not criminal to simply ask the incorrect question. However, it may expose an employer to legal liability if an otherwise competent candidate is passed over for a job based on his or her response. Few businesses are willing to take the risk. As a result, most employers are cautious when it comes to improper queries.

However, regulations do not prohibit interviewers from using subtle strategies to get candidates to disclose information. As an applicant, it is still up to you to avoid the bullet. The issue is recognizing when a query is improper and deciding whether to reveal information that might cost you your career.

Every question the interviewer asks should pass this test: Is it related to your present job or the one you're seeking?

Aside from that, it's a good idea to check with your state's Fair Employment Practices Commission for a list of questions employers should avoid asking on job applications and during

reemployment interviews. Meanwhile, seven questions should set off alarm bells during even the most cordial interview.

Q: What is your age?

For many employers, age may be a sensitive subject. Some employers may be concerned about your energy level or health if you're in your late 40s or 50s. Don't provide them with ammo in the shape of a number.

Employers may not inquire about your birth date or any other information that may betray your age, such as the year you graduated from high school. Interviewers are only permitted to say that hiring is contingent on verification of legal minimum age requirements and that workers under 18 must produce a work permit. (Asking if you are at least 18 years old is thus a legal inquiry.)

However, age, like race, may be easily determined. So, once again, take a positive approach. Play up the benefits of your experience and ensure the company that you still have the same zest for work that you did in your twenties. You might say: *"The more I've done, the more effective I've become. I was a loose cannon when I started out because I was so enthusiastic. Now that I know where to obtain the tools I need and how to work well with a variety of individuals, I find I can achieve more in less time."*

Variations

- What year were you born?
- When did you finish high school?

- When did you finish college?
- Are you approaching retirement age?
- Aren't you too young to look for a job with this much responsibility?
- Aren't you getting a little elderly for a fast-changing firm like ours?

Q: Are you single (married, divorced, separated)?

Often, an interviewer's prejudice is hidden. Many interviewers utilize subtle ploys to convince you to provide only the information they need to eliminate you from the competition.

You may be married with children and be proud of it, but avoid the urge to pull out the latest Walt Disney World photos. Why? After all, what could appear more harmless than talking about your girlfriend, husband, or children? What's the harm in informing your boss about your tentative plans to have a kid within a year?

Perhaps there's no harm in trying. However, you never know how an interviewer would interpret your responses. If you plan to have a kid within a year, an interviewer may ask you about it and ask if you will begin reducing your working hours. If you're engaged, they could presume you'll be preoccupied with wedding preparations, which might cause you to be distracted from the task.

Interviewers may not inquire about your marital status or plans to marry or have children. If you already have children, you are not required to mention their ages or childcare arrangements. In many areas, married women are not obliged to reveal their

maiden name to an employer unless they have previously worked under another name at the firms stated on their résumé.

You may be asked if you are willing and able to move, travel extensively, or work overtime as needed (as long as the latter two questions are asked of all candidates). While these may be veiled efforts to determine whether you have a lot of family obligations—there may not be much travel or overtime—they are nonetheless legal inquiries, and you must be prepared to answer them.

Meeting the Interviewer in the Middle

Be Ready, Get Set!

Instead of just refusing to answer a question and thus alienating yourself from the interviewer, you may find it beneficial to tackle what you perceive are the employer's worries about your condition.

For example, if the interviewer continues to inquire whether you have or plan to have children, they may be concerned about your dedication to the position. You may react with something like: *"I sense you are concerned about my ability to come in on a regular basis and put in the effort required to meet deadlines. Just know that I have always been a dependable worker, one who is dedicated to getting the job done effectively and on schedule. In fact, in my previous career, I was never late for work and always completed all tasks ahead of schedule."*

See? You addressed the genuine issue—the employer's worry

about your devotion to your job—without addressing any queries about children or family plans.

Variations

- What do you believe led to your divorce?
- Why haven't you married?
- Have you ever been married?
- Do you plan on marrying?
- Do you live on your own?
- Do you have any kids?
- Would you rather be addressed as Miss, Ms., or Mrs.?
- Do you have a single child?
- How many dependents do you have to look after?
- Who is in charge in your family?
- What does your spouse do for a living?
- What percentage of your time do you spend with your family?
- What factors do you believe contribute to a good marriage?
- Please tell me about your kids.
- Do you get along well with your children?
- Do you have any non-living children?
- Do you live at home with your parents?
- Have you made daycare arrangements for your children?
- My dang kids seem to catch every bug that comes their way. Do yours do too?
- My wife/husband despises it when I work on weekends. How about you?

- Do you use birth control?
- Are you expecting?
- Do you plan on having children?
- Will your family be burdened by your travel?
- Do you have a family (men or women)?

Q: What country are you from?

When you meet, you can't stop an interviewer from inferring your ancestry based on your skin color, eyes, or hair. However, never give that information over the phone or pass over a photograph of yourself before accepting a position.

Employers may not inquire about your ancestry, descent, parentage, or nationality or your parents or spouse's ancestry, descent, parentage, or ethnicity. It is OK to say that you are fluent in a language other than English, but the interviewer may not inquire as to how you learned to read, write, or speak in those languages.

Assume your surname is "obviously" Italian. *"Rutigliano,"* he says as you welcome the interviewer. *"Isn't it an Italian phrase?"* What are you going to do? Simply smile politely and don't respond at all. The interviewer likely intended no offense.

If the interviewer still doesn't understand it and keeps mentioning your Italian background, you may remark, *"I really don't see what my ancestry has to do with my application for this job."* You can stay on the interviewer's "good" side if you strive to manage the issue professionally.

If an employer presses you to send a photograph of yourself with your job application, simply state, *"I don't have a suitable photograph available at this time. Of course, if this position is offered to me, I'd gladly accept it."*

The Federal Immigration Reform and Control Act of 1986 forbids companies from recruiting undocumented employees or persons not legally permitted to work in the United States. So, certifying that you are authorized to operate in the United States is legal. In actuality, after you accept the offer, you will be needed to provide documentation confirming your eligibility to work in the United States, such as a passport, a green card, or a combination of your birth certificate, social security card, and driver's license.

Variations

- Isn't that a (Italian, Greek, etc.) name?
- What is your native language?
- Where did your parents come from?
- When and where were you born?
- Where did your parents grow up?
- What was your mother's maiden name?
- Do you have it as your surname?
- In which languages do your parents communicate?
- What are your parents' occupations?
- Were your parents born in the United States?
- Did you grow up in this country?
- What sort of accent do you have?
- What languages do you speak?
- Do you speak more than one language?

*The final two are legal questions if the employment requires competence in one or more foreign languages.

Q: How would you describe your sexual orientation?

"I apologize. I'm not going to talk about it."

Variations

- Do you identify as gay?
- Do you identify as gay?
- Do you identify as a lesbian?
- Do you go out with other men?
- Do you go out with other women?
- Do you live with anyone?
- Do you share a home with anyone?
- Do you belong to any gay or lesbian organizations?
- What is the gender of your spouse?

Q: Do you identify as (Jewish, Christian, Buddhist, etc.)?

Employers may inform you of the religious holidays observed by the firm. They cannot, however, request any specific information in this area. If an interviewer pursues you, simply answer, *"I like to keep my religious beliefs separate from my work, and I respect that right in the people I work with."*

However, if you find yourself avoiding too many of these bullets, you should consider whether you want to work under a boss who has demonstrated to be uneducated and callous. If you don't care if he's an insensitive jerk or you badly need the job, don't

let his words bother you. It's up to you.

Variations

- What do you do on Sunday mornings?
- Are you available on Friday evenings?
- We are a (Christian, Jewish, Muslim) corporation. Is that an issue for you?
- Are you a member of any religious organization?
- What faith do you follow?
- Do you give tithes?
- Have you been "born again"?
- Do your kids attend Sunday school?
- Do your kids attend Hebrew school?
- Do your kids go to a madrassa?
- Do you participate in the church choir?
- To which church do you belong?
- Which temple do you often visit?
- Is there any day of the week when you are unable to work?
- Will you be able to work on weekends?
- Which religious holidays will you have to observe?
- To which organizations do you belong?
- Have you ever worked as a missionary?

Q: Do you have any medical issues?

Interviewers may only inquire about a physical or mental handicap that will directly impact your job performance.

Although you may be required to have a physical test after

receiving an offer, your overall physical health is not fair game. Because the findings of this test must be relevant to important work duties, the employer has the authority to condition the offer on the results.

Employers may not inquire as to whether you have:

- A pre-existing mental illness.
- Received workers' compensation.
- Alcohol or drug dependency.
- AIDS, HIV, or an AIDS-related syndrome.

Although new rules and regulations are expected to be enacted, HIV infection, AIDS, and AIDS-related medical disorders are now classified as "disabilities" under the Americans with Disabilities Act.

Suppose you test positive for HIV or AIDS (or any other disability) during a pre-employment medical examination. In that case, the employer cannot withdraw the offer unless the extent of the illness significantly impairs your ability to do the job or poses a reasonable threat to the safety of others in the workplace.

Variations

- Do you have any medical issues?
- How many days did you miss work last year due to illness?
- How much money do you spend on prescriptions?
- Are you able to read the tiny print on this form?
- How's your back doing?

- Do you have good hearing?
- Have you ever been denied health insurance?
- Have you ever been turned down for life insurance?
- When was the last time you were in the hospital?
- When was the last time you saw a doctor?
- Do you see a doctor on a regular basis?
- Do you have a disability?
- Have you ever submitted a claim for workers' compensation?
- Are you self-conscious about your weight?
- Do you follow a diet?
- Shouldn't you be dieting?

Q: To which organizations do you belong?

Consider your response to this question carefully. An employer may inquire about (but should only inquire about) your participation in organizations, professional societies, or other affiliations deemed significant to your work performance.

It's a good idea to leave out organizations whose names could give "clues" about your race, religious faith, color, national origin, heritage, gender, or handicap.

Q: Have you ever declared bankruptcy?

A prospective employer may simply inquire about your current salary. Your existing or previous assets, obligations, or credit rating are not in play. This includes whether you own a house and any information regarding a previous bankruptcy or

wage garnishment (except where allowed by federal and state regulations controlling credit-related information). Again, it is prudent to examine particular state rules.

Variations

- Do you own your house or rent it?
- Do you have any other sources of income?
- Do you make money through hobbies or investments?

Q: What was your military record?

Go ahead and highlight important skills and expertise you earned from your military experience if you have served. However, keep in mind that you are not needed to provide the dates of your military service or the sort of discharge you obtained.

A dishonorable discharge from the military or an arrest that did not result in a conviction does not spell the end of your professional career. In most circumstances, these facts should be left in the past.

However, remember that restrictions vary from state to state and sector to business. Banks, for example, are barred by the Federal Deposit Insurance Act from hiring persons convicted of any offense involving dishonesty or breach of trust, even if the conviction was more than seven years ago.

Variation

- What type of military discharge did you receive?

Q: Have you been arrested before?

A potential employer has no right to know if you've been arrested unless you're looking for a job as a police officer or with the Department of Justice, and only if the arrest ended in a conviction.

Employers in certain places may only inquire about crimes, not misdemeanors. Do some investigation if you have a criminal past.

SO, WHAT ARE YOU GOING TO DO?

Even though there have been several cases accusing businesses of discriminatory recruiting practices over the last 25 years, improper questions are still often asked during interviews. This is especially true for interviews conducted by recruiting managers, who may be less knowledgeable about legal concerns than they should be. You have four options if you are asked an incorrect question:

You can opt to answer the question, presuming that (for the time being, at least) the interviewer is not being devious but simply interested.

You can answer the question you believe the interviewer is asking. He might not mind if you have children, for example, if you point out that travel and overtime are not an issue.

You can make the interviewer very subtly aware that she is stepping on slippery legal ice: *"I'm not sure if my religion is*

relevant to the job, but as evidenced by my resume..."

You have the option to end the interview. I'm assuming you'd do this because, despite your courteous cautions, the interviewer has not stopped at one question and has proceeded to ask improper questions. Why would you want to work for a corporation that has made it known that it discriminates?

WHAT TO DO AFTERWARD

If an interviewer asks you questions unrelated to the job, and you feel you were not hired because of your unwillingness to answer or the information you supplied, you may have grounds to file a discrimination claim against the company.

The key word here is "might." You have the burden of evidence. You must demonstrate that the questions were posed to discriminate amongst candidates. For example, if the manager who asked you all those questions about your Italian lineage, then recruited someone Italian, you wouldn't have much of a claim, even though you were asked improper questions.

If you believe you have grounds for a discrimination allegation, submit it to the relevant state agency and the federal government's Equal Employment Opportunity Commission (EEOC). In most cases, the EEOC will wait until the state agency has completed its investigation before conducting its own.

As one might anticipate, government organizations' wheels might creak at their own glacial rate. Indeed, you may not hear anything for years! Even so, an agency will only decide if there are

grounds to believe your accusation is accurate. If you want justice, you should request that the EEOC send you a notice 180 days after you file your charge.

If you're in the proper place

If the EEOC finds your complaint to be genuine, it will first seek to mediate the conflict between you and your employer. If an agreement cannot be reached, the commission will either bring its own action or issue you a letter authorizing you to sue the employer. If you get such a letter, you must file your claim within 90 days.

If you win your lawsuit, don't expect a massive jury reward. The maximum you may expect from your company is the equivalent of a year's wages.

Finally, none of the material or recommendations in this chapter should be construed as legal advice. I am not a lawyer. If you believe a potential employer is discriminating against you, your first action should be to contact the proper government agencies and an attorney to accurately analyze your rights and alternatives under federal law, as well as state and industry rules and regulations.

Tips for Avoiding Illegal Questions
Understand your legal rights. Conduct some study to determine which queries are inappropriate in your state, business, or profession.
Do not allow the interviewer to enter. Allow him to grab it himself! That is, don't bring up topics you don't want to discuss. If you do, the interviewer is likely to ask questions that would be prohibited if you hadn't opened the door beforehand.
Alter the subject. If you believe the interviewer is asking you inappropriate questions, the first approach is to try to shrug them off and redirect the topic.
Allow them to profit from the benefit of the doubt. After all, you've come here to get the job. So, you must measure your emotions to specific job-search queries against your desire to obtain this job. Many recruiting managers may be unaware that they are making a mistake. Allow them to profit from the benefit of the doubt.
Subtly warn the interviewer. Inform the interviewer in a non-threatening manner that you are aware that the questions they are asking are incorrect. This should convey that you are aware of your rights and are unwilling to be a victim of discrimination.
Finish the interview. If the interviewer refuses to back down, stop the interview as soon as possible. After all, would you want to work for a firm or someone with such narrow-minded views? If you believe you have a solid case, consider filing official complaints against the firm and the interviewer.

Chapter 10: Closing Remarks and Questions

Now that you've come this far, you obviously have the job.

Anyway, there's no way to screw it up now, is there?

Be careful not to unwind too quickly. Care should be used when answering the interviewer's last questions. There are probably still some difficult questions to come. Let's see:

Q: Are you open to traveling?

What is it they desire to hear?

You are, of course. Your family is understanding and helpful when you need to spend time away from home due to the demands of your job. Does that imply that you wish to travel three out of every four weeks? Most likely not. Don't allow this question to cost you the job unless you are completely unwilling to go. (What are you doing at the interview if the job needs far more travel than you are prepared for? Why didn't you know about the demanding travel needs before, if the hefty travel requirements are a complete shock?

This question is more likely to be asked early in the interview if travel is a significant component of the position.

Q: Do you have any relocation plans?

What is it they desire to hear?

Specify if you're sincere: *"Absolutely. Actually, I eagerly anticipate the opportunity to experience life in a different location and culture, a new way of life, and make new friends."*

Please state if you are not: *"Well, not unless the job is so great that it would be acceptable, worth leaving my family and friends and moving away from my family, likewise, pals. Is a relocation required for this position? I might think about it because I'm highly interested. relocating."*

Q: Do you mind if I reach out to your present employer?

What prompts interviewers to pose this query? After you give me this job and I don't have to worry about getting fired because I've been out seeking another work, I'm sure you'll feel like saying, "Sure, after you give me this job."

You'll sound better if you reply, *"Sure you can—after we reach a consensus. I believe it will be better if they learn this from me first."*

Q: Can I reach your references?

What is it they desire to hear?

"Yes, you can, of course." Describe to the interviewer that you will contact them that afternoon or, if it is already afternoon, the

very following day, with a list of references.

Do you appear unprepared with this stalling? Isn't the list something you should have ready to give the interviewer when you arrive?

Actually, it's standard operating procedure (SOP) in interviews to take a little time before providing references.

Waiting allows you to alert any potential references that a call may come from Mr. Krueger of Trikadekaphobia, Inc. Your references should be ready to give glowing recommendations if that is what they plan to say.

Caution: Due to increased defamation and misrepresentation claims, employers are becoming less willing to furnish references. It's a good idea to attempt to obtain an inside scoop on what is being said about you to a potential employer because employment references are partly protected communications.

As a candidate, you might be able to speak with a current or previous employer to arrange a narrative employment reference that is truthful and convenient for both of you. Former employers may be more likely to talk about your skills, faults, and the events leading up to your leave with your permission and engagement.

Q: Any further information about you I should be aware of?

What do they want to hear?

Despite your perception that you have nothing else to say, you should. You have the opportunity to close the sale, which has been elegantly presented to you. If you declined, you'd be foolish.

Create a succinct response to this question that focuses on your advantages and highlights your successes, abilities, and subject-matter expertise.

That is, a strong conclusion comparable to the story you wrote in response to the question, *"Tell me about yourself."* Consider this:

"Mr. Krueger, I believe we've covered everything, but I want to underline again the main assets I would offer to this job:

Experience: This position and the one I presently hold are comparable. I would welcome the opportunity to use the knowledge I've gained from WidgetLand while working for your business.

Management abilities: I oversee a department that is almost as big as this one. I'm a fair and efficient boss. I have a track record of achievement and have taken home two renowned industry honors. I would bring that creativity here.

I'm looking forward to working with you here at Trikadekaphobia, and I'm quite enthusiastic about that. When do you anticipate making a decision?"

YOUR "CHEAT SHEET FOR NEGOTIATIONS"

Before discussing pay, perks, vacation time, and other factors, wait until you receive an offer.

Investigate the pay scales in your sector, locale, and state. If you don't already know the wage range for the particular position you're pursuing, find out. Armed with this knowledge, you should head into any pay negotiations.

Recognize your value. Proof that the business wants you is a strong offer. You have won them over as the most qualified applicant they have encountered. Your relative position of power is increased as a result.

If they object to your initial wage demand, identify the advantages they can gain by hiring you.

Have it put in writing, especially if you negotiate a complicated, unusual wage and benefits package. Before giving notice to your present employment, make sure you have anything in writing—either a letter, note, or email from the employer or one you've given that has been acknowledged.

The benefits should be negotiated. Ensure you comprehend the worth of all the prospective perks in the wage and benefits package.

Benefits can range greatly and, depending on your position, might account for a sizable amount of your entire remuneration.

Determine hidden costs—Higher local income or property taxes, the cost and duration of your commute, the expense of private education due to the subpar local public system, and other comparable considerations need to be "monetized" and taken into consideration.

Strive to earn the highest wage. The interviewer will respond with a different offer if the amount is higher than what the company will pay. From there, try to reach a compromise. Employers anticipate mutual exchange. If you remain cool-headed and professional, you won't enrage them.

This kind of response should reiterate the points you have been making throughout the interview. You request Mr. Krueger's intervention by concluding with a question. Using this persuasive selling strategy, you should be able to determine your likelihood of landing the job.

- Why should I hire you?
- Would I employ you?

Money Speaks

Hot Topic!

In an interview, nobody likes to bring up money. It seems rather "indelicate," but that doesn't mean you should absolutely shun it. Simply keep in mind that timing is crucial.

Simple is my personal guiding principle: Don't talk about money until you've persuaded the interviewer that you're the best candidate for the position.

For this reason, I've moved the first question on pay to this chapter's final section. The interviewer is still evaluating your abilities up until the point at which you have cleared every other obstacle.

Additionally, it's likely that they are still considering other candidates, some of whose talent could be more affordable than yours.

However, resist giving in if an interviewer attempts to induce you to name a precise number early on.

Instead, give a very wide range of options. You can say, *"I think a fair wage for this kind of position would be between $60,000 and $65,000."*

Make sure that the minimal wage you would be ready to take for the position is not less than the bottom end of that range.

You'll be in a lot better negotiating position if the company has picked a choice.

Q: How much money are you seeking in terms of salary?

What do they want to hear?

Your current knowledge of the potential value of your market

should be rather accurate. Research your locality (city, state), industry, and its high and low points if you don't already know them.

A compensation "package" that may include insurance, retirement plans, and other value-added perks may be included in these statistics, so make sure you are aware of it.

Make sure you are aware of what males are being paid for similar work if you are a woman. Undoubtedly, there will be a contradiction. Nevertheless, regardless of what your female predecessors may have made, you should ask for and anticipate receiving a similar wage.

Even if you've been jobless for months, this is not the appropriate setting or occasion to display your desperation, so refrain from gushing, *"Gee, this job sounds so gosh-darn wonderful I can't believe you're going to pay me anything!"* If you just give me an office and a phone, I'll work for the sheer enjoyment of it.

Have faith in your abilities. By now, you've put a lot of effort into persuading the interviewer of your worth as a potential employee. Just let her know what she's decided.

Variations

- What salary do you believe this position should have?
- What do you believe yourself to be worth?
- How much money do you hope to (expect to) earn?
- What are your financial goals?

- How much money did you make last year?
- I want to make sure that my offer to you is competitive before I make it. How long will it take?

Q: The compensation you request is close to the top of the range for this position. Why are you worth that much money to us?

What do they want to hear?

Remind the employer of the money they will save and the additional advantages they will receive when hiring you. If required, go back and review your details. You may state, for instance, *"By negotiating better prices with vendors, I was able to reduce my prior employer's costs by 10%. I believe it is realistic to anticipate that any increased pay we decide upon would be compensated by any cost reductions I might bring to the organization."*

- Why are you requesting such a small amount?
- Would you accept a wage decrease to work here?
- Are you prepared to accept a pay cut from your prior position?
- Do you believe you received excessive pay at your previous job?

You Are in Control, Not the Interviewer!

What Happens if You Reject Their Offer?

Consider it a compliment if you are given a salary at the top of the range for that firm, and don't try too hard to negotiate for additional money. Particularly in the performance-based employment market of today, you don't stand to gain all that much. You may, however, think about arguing for a better deal if you are given pay that is in the bottom range.

Never justify your need for more money while asking for more. Always state the "extra value" the employer should anticipate in return before making such a request. Tell him about the money you'll save him and the various advantages you'll bring him.

Attempt to find win-win solutions. If your boss is insistent that your pay won't increase, he could agree to a company car or some other benefit that benefits you both.

Your negotiating efforts won't put employers off until you get agitated and desperate. No matter how hard you bargain, you won't lose the offer; your readiness (or reluctance) to do so could be the actual litmus test.

Make sure everything is resolved amicably, even if you are upset but have chosen to accept the position. If not, you're making

a negative first impression and might find yourself immediately being watched closely or kept on a short leash.

They could even be forced to alter their thoughts if you are very adamant about it. Being unwilling to compromise on anything, no matter how insignificant, already demonstrates to them that you are not a team player.

A compensation package, not simply a salary, is being offered, so keep it in mind as well. Therefore, even if you are an entry-level candidate, consider the worth of the full package before making a choice.

Even the rank-and-file employees of certain businesses receive highly lucrative benefit packages, which may include stock options, dental care, corporate cars, free lunches, and other perks. You won't have to pay for these perks out of your own money, even if they won't increase your take-home income.

Q: If this position were to become available, what would stop you from accepting it?

What do they want to hear?

Without a doubt, no.

If the position is offered to you, the interviewer will use every tactic to find out whether you'll take it and show up on the start day. They can't promise either, though, in any case. They can only hope to offer you another chance to bring up anything you've been keeping quiet about, such as low pay, a subpar benefits package, a

terrible cubicle, having to report to several people, receiving little help, having unreasonable expectations for sales or profits, etc.

Variation

Q: Would you accept immediately if I presented you with a fantastic deal right now?

There is only one way to find out, Mr. Interviewer, so try it! Additionally, this is an excellent time to go through the specifics of any offer, such as the vacation policy and any bonuses:

"I would love to accept the job right now, but can we discuss a few details first so I can compare everything with other offers I'm considering?"

Q: Are there any other offers that you're currently considering?

What do they want to hear?

I prefer to ask these and other "closing" questions early to understand my competition better. Naturally, this is assuming that you would benefit from an honest response, which, to be honest, is quite unlikely. You should keep your cards close to your vest unless you think the interviewer would respond well to such an admission. Given that you have other fires burning, there is probably little to gain by bringing them up now.

Don't make up dates you don't truly have, just like I wouldn't declare myself to be the most popular girl at the prom if I weren't

one.

Be optimistic even if there are no other offers. Despite the fact that you may mention previous successful interviews you've had or emphasize that you're still very early in your job hunt, this should be your top pick since...

Variations

- How does this position compare to others for which you are interviewing?
- Tell me about other offers you're considering.

Q: Do you have a start date?

What do they want to hear?

You can start immediately if you've been fired or laid off. However, if another party still employs you, you must give your current employer at least two weeks' notice before quitting, and you must offer even more time if you are leaving a job for which you have a lot of responsibility.

I know I don't need to tell you that building new relationships is never a good idea, no matter how excited you may be to begin your new work. You never know when you'll need to go over one of them again! So try your best to be flexible. Offer to assist in recruiting and training your replacement as an illustration.

Offer to start reading books or files in your spare time if it will be a few weeks before you can take on your new tasks full-time.

Another option is to visit the office during the day or on the weekend to meet the workers and get a feel for the place. You may even volunteer to attend a conference or event the business hosts.

Saying you "aren't sure" when you can start indicates that you "aren't sure" about taking the job, even if it could represent how you really feel about it.

Never say you can't start for a few weeks because you want to take a vacation. I understand the need to "recover" from a bad employment experience before starting a new one, but this response just makes me uncomfortable. Maybe I already feel like you prioritize your wants before mine; maybe having to wait four weeks is a significant burden for me. Perhaps it's just a quirk of mine, but I absolutely detest hearing that a potential employee has vacation plans before beginning work for me.

APRES-INTERVIEW ETIQUETTE

Don't Forget to Ask!

It will likely take all your will to keep from kicking up your heels and leaving the office after you emerge from the harsh lights and shake hands with the interviewer. But in your haste, keep in mind that the procedure is still not completely finished. You should abide by the following basic politeness principles:

- Inquire as to when the choice will be made to hire. If you have not heard from the company by then, it is permissible to phone and ask about the position's status.

\- Send an email or a letter of gratitude. Short and sweet is best. Thank the interviewer for taking the time to meet with you. Following a brief restatement of your interest in the firm and the position, find a method to remind the interviewer of how you can utilize your knowledge and expertise to meet crucial criteria for the role. Make sure there are no grammatical or spelling issues when you type it in a professional manner.

Keep in mind that if you meet with many interviewers, you should write or send thank-you email to each individual.

After each interview, ask yourself these queries and make notes on your responses.

- What happened?
- What were their words?
- What did you just say?
- The number of persons you saw was.
- How long did you spend talking to each one?
- What function does each one of them serve?
- Who did you think was most significant?
- Who is in charge of hiring?
- The decision-maker is who?
- Who appears to be the main decision-maker?
- What other people (secretaries, receptionists, department heads, classmates, etc.) did you meet?
- What is their preferred decision-making timeline?
- How do you compare to the opposition?
- What resistance did you need to overcome?
- Do you consider your efforts to be successful?

- How much do you really desire this job?
- What do they think should happen next?
- What's the plan?

Final Details

Nourish your network. Be sure to thank anybody who helped you get the job, such as a previous coworker or friend who set up a personal introduction between you and the interviewer or hiring manager.

Replay the highlights and low points. What was successful about the interviewing process? What would you have done differently?

The purpose is not to criticize your actions or silence. In order to ace your next interview, you want to stick with what worked and adjust what didn't.

Write a new résumé. Did the interviewer ask you any questions you could answer by referring to your resume? Did you catch yourself mentioning successes that you meant to leave out? If so, the moment has come to update your résumé.

Stay in contact. In corporate America, the recruiting procedure sometimes proceeds slowly. The pace is frequently slower with larger corporations. Therefore, don't get alarmed if a week or two go by without hearing from them. It's possible that there is no news to report is positive. If further time passes, it's okay to contact you to inquire about whether the position has been

filled. Remind the company of your qualifications and interest while you have the chance. (However, if you don't receive an answer, I won't phone you again more than three times. Sadly, the message you've been waiting for is not getting a response.)

Accept... in your own time and according to your own conditions. Never take a deal while it's being offered. Give it a day or two of thought. Share with the interviewer when you plan to decide. In the event that you choose to reject the offer, be sure to gently explain to the company why you don't feel qualified for the position.

Top 50 Cybersecurity Interview Questions

Part A - 40 Theoretical Questions

1. What is Cryptography?

Cryptography is the practice and study of techniques for securing information and communication, mainly to protect the data from third parties that the data is not intended for.

2. What is the difference between Symmetric and Asymmetric encryption?

Basis of Comparison	Symmetric Encryption	Asymmetric Encryption
Encryption key	Same key for encryption & decryption	Different keys for encryption & decryption
Performance	Encryption is fast but more vulnerable	Encryption is slow due to high computation
Algorithms	DES, 3DES, AES and RC4	Diffie-Hellman, RSA
Purpose	Used for bulk data transmission	Often used for securely exchanging secret keys

3. What is the difference between IDS and IPS?

IDS is Intrusion Detection System. It only detects intrusions, and the administrator has to take care of preventing the intrusion. Whereas, in IPS i.e., Intrusion Prevention System, the system detects the intrusion and also takes actions to prevent the intrusion.

4. Explain the CIA triad.

CIA stands for Confidentiality, Integrity, and Availability. CIA is a model that is designed to guide policies for Information Security. It is one of the most popular models used by organizations.

Confidentiality

The information should be accessible and readable only to authorized personnel. It should not be accessible by unauthorized personnel. The information should be strongly encrypted just in case someone uses hacking to access the data so that even if the data is accessed, it is not readable or understandable.

Integrity

Making sure the data has not been modified by an unauthorized entity. Integrity ensures that data is not corrupted or modified by unauthorized personnel. If an authorized individual/system is trying to modify the data and the modification isn't successful, then the data should be reversed

and should not be corrupted.

Availability

The data should be available to the user whenever the user requires it. Maintaining hardware, upgrading regularly, data backups and recovery, and network bottlenecks should be taken care of.

5. How is Encryption different from Hashing?

Both Encryption and Hashing are used to convert readable data into an unreadable format. The difference is that the encrypted data can be converted back to the original data by the process of decryption, but the hashed data cannot be converted back to the original data.

6. What is a Firewall, and why is it used?

A Firewall is a network security system set on the boundaries of the system/network that monitors and controls network traffic. Firewalls are mainly used to protect the system/network from viruses, worms, malware, etc. Firewalls can also be used to prevent remote access and content filtering.

7. What is the difference between VA (Vulnerability Assessment) and PT(Penetration Testing)?

Vulnerability Assessment is the process of finding flaws in the target. Here, the organization knows that their system/network has flaws or weaknesses and wants to find

these flaws and prioritize the flaws for fixing.

Penetration Testing is the process of finding vulnerabilities in the target. In this case, the organization would have set up all the security measures they could think of and would want to test if there is any other way that their system/network can be hacked.

8. What is a three-way handshake?

A three-way handshake is a method used in a TCP/IP network to create a connection between a host and a client. It's called a three-way handshake because it is a three-step method in which the client and server exchange packets. The three steps are as follows:

1) The client sends a SYN (Synchronize) packet to the server to check if the server is up or has open ports.
2) The server sends SYN-ACK packet to the client if it has open ports.
3) The client acknowledges this and sends an ACK(Acknowledgment) packet back to the server.

9. What are the response codes that can be received from a Web Application?

Ixx	Informational responses
2xx	Success
3xx	Redirection
4xx	Client-side error
5xx	Server-side error

10. What is traceroute? Why is it used?

Traceroute is a tool that shows the path of a packet. It lists all the points (mainly routers) that the packet passes through. This is used mostly when the packet is not reaching its destination. Traceroute is used to check where the connection stops or breaks to identify the point of failure.

11. What is the difference between HIDS and NIDS?

HIDS (Host IDS) and NIDS (Network IDS) are both Intrusion Detection Systems and work for the same purpose, i.e., to detect intrusions. The only difference is that the HIDS is set up on a particular host/device. It monitors the traffic of a particular device and suspicious system activities. On the other hand, NIDS is set up on a network. It monitors the traffic of all devices on the network.

12. What are the steps to set up a firewall?

Following are the steps to set up a firewall:

1) Username/password: modify the default password for a firewall device
2) Remote administration: Disable the feature of the remote administration 3 Port forwarding: Configure appropriate port forwarding for certain applications to work properly, such as a web server or FTP server
3) DHCP server: Installing a firewall on a network with an existing DHCP server will cause conflict unless the firewall's DHCP is disabled

4) Logging: To troubleshoot firewall issues or potential attacks, ensure that logging is enabled and understand how to view logs

5) Policies: You should have solid security policies in place and make sure that the firewall is configured to enforce those policies.

13. Explain SSL Encryption.

SSL (Secure Sockets Layer) is the industry-standard security technology that creates encrypted connections between a web server and a browser. This is used to maintain data privacy and to protect the information in online transactions. The steps for establishing an SSL connection are as follows:

1) A browser tries to connect to the webserver secured with SSL

2) The browser sends a copy of its SSL certificate to the browser

3) The browser checks if the SSL certificate is trustworthy or not. If it is trustworthy, then the browser sends a message to the web server requesting to establish an encrypted connection.

4) The web server sends an acknowledgment to start an SSL-encrypted connection.

5) SSL-encrypted communication takes place between the browser and the web server.

14. What steps will you take to secure a server?

Secure servers use the Secure Sockets Layer (SSL) protocol for data encryption and decryption to protect data from unauthorized interception.

Here are four simple ways to secure a server:

1) Make sure you have a secure password for your root and administrator users.
2) The next thing you need to do is make new users on your system. These will be the users you use to manage the system.
3) Remove remote access from the default root/administrator accounts
4) The next step is to configure your firewall rules for remote access.

15. Explain Data Leakage/Loss.

Data Leakage is an intentional or unintentional transmission of data from within the organization to an external unauthorized destination. It is the disclosure of confidential information to an unauthorized entity. Data Leakage can be divided into three categories based on how it happens:

1) Accidental Breach: An entity unintentionally sends data to an unauthorized person due to a fault or a blunder.
2) Intentional Breach: The authorized entity sends data to an unauthorized entity on purpose.
3) System Hack: Hacking techniques are used to cause data leakage.

Data Leakage/Loss can be prevented by using tools, software, and strategies known as DLP (Data Loss Prevention) Tools.

16. What are some of the common Cyberattacks?

Following are some common cyber attacks that could adversely affect your system.

1) Malware
2) Phishing
3) Password Attacks
4) DD0S
5) Man in the Middle
6) Drive-By Downloads
7) Malvertising
8) Rogue Software

17. What is a Brute Force Attack? How can you prevent it?

Brute Force is a way of finding out the right credentials by repetitively trying all the permutations and combinations of possible credentials. In most cases, brute force attacks are automated, where the tool/software automatically tries to login with a list of credentials. There are various ways to prevent Brute Force attacks. Some of them are:

- Password Length: You can set a minimum length for the password. The lengthier the password, the harder it is to find.
- Password Complexity: Including different formats of characters in the password makes brute force attacks harder. Using alpha-numeric passwords along with special characters and upper and lower case characters increases the password complexity, making it difficult to crack.
- Limiting Login Attempts: Set a limit on login failures. For example, you can set the limit on login failures as three. So, when there are three consecutive login failures, restrict the user from logging in for some time or send an Email or OTP to use to log in the next time. Because brute force is an automated process, limiting login attempts will break the brute force process.

18. What is Port Scanning?

Port Scanning is the technique used to identify open ports and services available on a host. Hackers use port scanning to find information that can be helpful to exploit vulnerabilities. Administrators use Port Scanning to verify the security policies of the network. Some of the common Port Scanning Techniques are:

1) Ping Scan
2) TCP Half-open
3) TCP Connect
4) UDP

5) Stealth Scanning.

19. What are the different layers of the OSI model?

An OSI model is a reference model for how applications communicate over a network. The purpose of an OSI reference is to guide vendors and developers so that digital communication products and software programs can interoperate.

Following are the OSI layers:

Physical Layer: Responsible for transmission of digital data from sender to receiver through the communication media,

Data Link Layer: Handles the movement of data to and from the physical link. It is also responsible for encoding and decoding of data bits.

Network Layer: Responsible for packet forwarding and providing routing paths for network communication.

Transport Layer: Responsible for end-to-end communication over the network. It splits the data from the above layer, passes it to the Network Layer, and then ensures that all the data has reached the receiver's end.

Session Layer: Controls connection between the sender and the receiver. It is responsible for starting, ending, and managing the session and establishing, maintaining, and synchronizing interaction between the sender and the receiver.

Presentation Layer: It deals with presenting the data in a proper format and data structure instead of sending raw datagrams or packets.

Application Layer: It provides an interface between the application and the network. It focuses on process-to-process communication and provides a communication interface.

20. What is a VPN?

Almost all Cybersecurity Interview Questions will have this question included. VPN stands for Virtual Private Network. It is used to create a safe and encrypted connection. When you use a VPN, the data from the client is sent to a point in the VPN where it is encrypted and then sent through the internet to another point. At this point, the data is decrypted and sent to the server. When the server sends a response, the response is sent to a point in the VPN where it is encrypted, and this encrypted data is sent to another point in the VPN where it is decrypted. And finally, the decrypted data is sent to the client. The whole point of using a VPN is to ensure encrypted data transfer.

21. What do you understand by Risk, Vulnerability, and Threat in a network?

Threat: Someone with the potential to harm a system or an organization.

Vulnerability: Weakness in a system that can be exploited by a potential hacker.

Risk: Potential for loss or damage when threat exploits a vulnerability.

22. How can identity theft be prevented?

Here's what you can do to prevent identity theft:

- Ensure strong and unique password
- Avoid sharing confidential information online, especially on social media
- Shop from known and trusted websites
- Use the latest version of the browsers
- Install advanced malware and spyware tools
- Use specialized security solutions against financial data
- Always update your system and the software
- Protect your SSN (Social Security Number)

23. What are black hat, white hat, and grey hat hackers?

Black hat hackers are known for having vast knowledge about breaking into computer networks. They can write malware, which can be used to gain access to these systems. This type of hackers misuse their skills to steal information or use the hacked system for malicious purposes.

White hat hackers use their powers for good deeds, and so they are also called Ethical Hackers. Look out for our Ethical Hacking Course to learn more about the Ethical Hacking. These are mostly hired by companies as security specialists who attempt to find and

fix vulnerabilities and security holes in the systems. They use their skills to help make the security better.

Grey hat hackers are an amalgamation of white hat and black hat hackers. They look for system vulnerabilities without the owner's permission. If they find any vulnerabilities, they report it to the owner. Unlike black hat hackers, they do not exploit the vulnerabilities found.

24. How often should you perform Patch management?

Patch management should be done as soon as it is released. For windows, once the patch is released, it should be applied to all machines, not later than one month. The same goes for network devices; patch it as soon as it is released. Proper patch management should be followed.

25. How would you reset a password-protected BIOS configuration?

Since BIOS is a pre-boot system, it has its own storage mechanism for settings and preferences. A simple way to reset is by popping out the CMOS battery so that the memory storing the settings loses its power supply, and as a result, it will lose its settings.

26. Explain MITM attack and how to prevent it.

A MITM (Man-in-the-Middle) attack is a type of attack where the hacker places himself in between the communication of two parties and steals the information. Suppose there are two parties, A and B, having a communication. Then, the hacker joins this

communication. He impersonates as party B to A and impersonates as party A in front of B. The data from both parties are sent to the hacker, and the hacker redirects the data to the destination party after stealing the data required. While the two parties think that they are communicating with each other, in reality, they are communicating with the hacker. You can prevent MITM attacks by using the following practices:

- Use VPN
- Use strong WEP/WPA encryption
- Use Intrusion Detection Systems
- Force HTTPS
- Public Key Pair Based Authentication.

27. Explain DDOS attack and how to prevent it.

This, again, is an important Cybersecurity Interview Question. A DDOS(Distributed Denial of Service) attack is a cyberattack that causes the servers to refuse to provide services to genuine clients. DDOS attacks can be classified into two types:

1) Flooding attacks: In this type, the hacker sends a huge amount of traffic to the server, which the server can not handle. And hence, the server stops functioning. This type of attack is usually executed by using automated programs that continuously send packets to the server.
2) Crash attacks: In this type, the hackers exploit a bug on the server, resulting in the system crashing, and hence, the server is not able to provide service to the clients.

You can prevent DDOS attacks by using the following practices:

- Use Anti-DDOS services
- Configure Firewalls and Routers
- Use Front-End Hardware
- Use Load Balancing
- Handle Spikes in Traffic.

28. Explain XSS attack and how to prevent it.

XSS (Cross-Site Scripting) is a cyberattack that enables hackers to inject malicious client-side scripts into web pages. XSS can be used to hijack sessions and steal cookies, modify DOM, remote code execution, crash the server etc.

You can prevent XSS attacks by using the following practices:

- Validate user inputs
- Sanitize user inputs
- Encode special characters
- Use Anti-XSS services/tools
- Use XSS HTML Filter.

29. What is an ARP and how does it work?

Address Resolution Protocol (ARP)is a protocol for mapping an Internet Protocol address (IP address) to a physical machine address that is recognized in the local network.

When an incoming packet destined for a host machine on a particular local area network arrives at a gateway, the gateway asks the ARP program to find a physical host or MAC address that matches the IP address. The ARP program looks in the ARP cache and, if it finds the address, provides it so that the packet can be converted to the right packet length and format and sent to the machine. If no entry is found for the IP address, ARP broadcasts a request packet in a special format to all the machines on the LAN to see if one machine knows that it has that IP address associated with it.

30. What is port blocking within LAN?

Restricting the users from accessing a set of services within the local area network is called port blocking, stopping the source from accessing the destination node via ports. As the application works on the ports, ports are blocked to restrict access, filling up the security holes in the network infrastructure.

31. What protocols fall under the TCP/IP internet layer?

TCP/IP	TCP/IP Protocol Examples
Application	NFS, NIS+, DNS, telnet, ftp, rlogin, rsh, rcp, RIP, RDISC, SNMP and others
Transport	TCP, UDP
Internet	IP, ARP, ICMP
Data Link	PPP, IEEE 802.2
Physical Network	Ethernet (IEEE 802.3) Token ring, RS-232, and others

32. What is a Botnet?

A Botnet is a number of devices connected to the internet where each device has one or more bots running on it. The bots on the devices and malicious scripts are used to hack a victim. Botnets can be used to steal data, send spam, and execute a DDOS attack.

33. What are salted hashes?

Salt is random data. When a properly protected password system receives a new password, it creates a hash value of that password, a random salt value, and then the combined value is stored in its database. This helps to defend against dictionary attacks and known hash attacks.

Example: If someone uses the same password on two different systems and they are being used using the same hashing algorithm, the hash value would be the same. However, if even one of the systems uses salt with the hashes, the value will be different.

34. Explain SSL and TLS.

SSL is meant to verify the sender's identity, but it doesn't search for anything more than that. SSL can help you track the person you are talking to, but that can also be tricked at times.

TLS is also an identification tool just like SSL, but it offers better security features. It provides additional protection to the data, and hence, SSL and TLS are often used together for better protection.

35. What is data protection in transit vs data protection at rest?

Data Protection in transit	Data protection at rest
When data is going from server to client.	When data just exists in its database or on its hard drive.
Effective Data protection measures for in-transit data are critical as data is less secure when in motion.	Data at rest is sometimes considered to be less vulnerable than data in transit.

36. What is 2FA and how can it be implemented for public websites?

An extra layer of security is known as "multi-factor authentication." It requires not only a password and username but also something that only, and only, that user has on them, i.e., a piece of information only they should know or have immediately to hand—such as a physical token.

Authenticator apps replace the need to obtain a verification code via text, voice call, or email.

37. What is Cognitive Cybersecurity?

Cognitive Cybersecurity is an application of AI technologies patterned on human thought processes to detect threats and protect physical and digital systems.

Self-learning security systems use data mining, pattern recognition, and natural language processing to simulate the human brain, albeit in a high-powered computer model.

38. What is the difference between VPN and VLAN?

VPN	VLAN
Helps to group workstations that are not within the same locations into the same broadcast domain	Related to remote access to the network of a company
Means to logically segregate networks without physically segregating them with various switches	Used to connect two points in a secured and encrypted tunnel
Saves the data from prying eyes while in transit, and no one on the net can capture the packets and read the data.	Does not involve any encryption technique, but it is only used to slice up your logical network into different sections for the purpose of management and security.

39. Explain Phishing and how to prevent it.

Phishing is a Cyberattack in which a hacker disguises himself as a trustworthy person or business and attempts to steal sensitive financial or personal information through fraudulent email or instant message.

You can prevent Phishing attacks by using the following practices:

- Don't enter sensitive information in the webpages that you don't trust

- Verify the site's security
- Use Firewalls
- Use AntiVirus Software that has Internet Security
- Use the Anti-Phishing Toolbar.

40. Explain SQL Injection and how to prevent it.

SQL Injection (SQLi) is a code injection attack where an attacker manipulates the data being sent to the server to execute malicious SQL statements to control a web application's database server, thereby accessing, modifying, and deleting unauthorized data. This attack is mainly used to take over database servers.

You can prevent SQL Injection attacks by using the following practices:

- Use prepared statements
- Use Stored Procedures
- Validate user input.

Part B - 10 Scenario Based Questions

1. Here's a situation- You receive the following email from the help desk:

"Dear XYZ Email user,

To create space for more users, we're deleting all inactive email accounts. Here's what you have to send to save your account from getting deleted:

- Name (first and last):
- Email Login:
- Password:
- Date of birth:
- Alternate email

If we don't receive the above information from you by the end of the week, your email account will be terminated."

If you're a user, what do you do? Justify your answer.

This email is a classic example of "phishing" — trying to trick you into "biting." The justification is the generalized way of addressing the receiver, which is used in mass spam emails.

Above that, a corporate company will never ask for personal details in the mail.

They want your information. Don't respond to emails, instant messages (IM), texts, phone calls, etc., asking you for your password or other private information.

You should never disclose your password to anyone, even if they say they work for UCSC, ITS, or other campus organizations.

2. A friend of yours sends an e-card to your mail. You have to click on the attachment to get the card. What do you do? Justify your answer.

   There are four risks here:

1) Some attachments contain viruses or other malicious programs, so in general, it's risky to open unknown or unsolicited attachments.
2) Also, in some cases, just clicking on a malicious link can infect a computer, so unless you are sure a link is safe, don't click on it.
3) Email addresses can be faked, so just because the email says it is from someone you know, you can't be certain of this without checking with the person.
4) Finally, some websites and links look legitimate, but they're really hoaxes designed to steal your information.

3. One of the staff members in XYZ subscribes to several free magazines. Now, to activate her subscriptions, one of the magazines asked for her month of birth, the second asked for her year of birth, and the other one asked for her maiden name.

What do you infer from this situation? Justify.

All three newsletters probably have the same parent company or are distributed through the same service. The parent company or service can combine individual pieces of seemingly harmless information and use or sell it for identity theft. It is even possible that there is a fourth newsletter that asks for a day of birth as one of the activation questions.

Often, questions about personal information are optional. In addition to being suspicious about situations like the one described here, never provide personal information when it is not legitimately necessary or to people or companies you don't

personally know.

4. In our computing labs, print billing is often tied to the user's login. Sometimes, people call to complain about bills for printing they never did, only to find out that the bills are, indeed, correct.

What do you infer from this situation? Justify.

Sometimes, they realize they loaned their account to a friend who couldn't remember his/her password, and the friend did the printing, thus the charges. It's also possible that somebody came in behind them and used their account.

This is an issue with shared or public computers in general. If you don't log out of the computer properly when you leave, someone else can come in behind you and retrieve what you were doing, use your accounts, etc. Always log out of all accounts, quit programs, and close browser windows before you walk away.

5. There is this case that happened in my computer lab. A friend of mine used their Yahoo account at a computer lab on campus. She ensured that her account was not left open before she left the lab. Someone came after her and used the same browser to re-access her account, and they started sending emails from it.

What do you think might be going on here?

The first person probably didn't log out of her account, so the new person could just go to history and access her account.

Another possibility is that she did log out but didn't clear her web cache. (This is done through the browser menu to clear pages that the browser has saved for future use.)

6. Two different offices on campus are working to straighten out an error in an employee's bank account due to a direct deposit mistake.

Office #1 emails the correct account and deposit information to office #2, which promptly fixes the problem.

The employee confirms with the bank that everything has, indeed, been straightened out.

What is wrong here?

Account and deposit information is sensitive data that could be used for identity theft. Sending this or any kind of sensitive information by email is very risky because email is typically not private or secure. Anyone who knows how can access it anywhere along its route.

As an alternative, the two offices could have called each other or worked with ITS to send the information in a more secure way.

7. The mouse on your computer screen starts to move around on its own and click on things on your desktop. What do you do?
   a) Call your co-workers over so they can see
   b) Disconnect your computer from the network
   c) Unplug your mouse

d) Tell your supervisor

e) Turn your computer off

f) Run anti-virus

g) All of the above

Select all the options that apply.

The right answer is B & D.

This is definitely suspicious. Immediately report the problem to your supervisor and the ITS Support Center: itrequest.ucsc.edu, 459-HELP (4357), help@ucsc.edu, or Kerr Hall room 54, M-F 8 AM-5 PM.

Also, since it seems possible that someone is controlling the computer remotely, it is best if you disconnect the computer from the network (and turn off wireless if you have it) until help arrives. If possible, don't turn off the computer.

8. Below is a list of passwords pulled out of a database.
   a) @#$*&^%
   b) akHGksmLN
   c) UcSc4Evr!
   d) Password1

Which of the following passwords meets UCSC's password requirements?

The answer is UcSc4Evr!

This is the only choice that meets all of the following UCSC requirements:

- At least 8 characters in length
- Contains at least 3 of the following 4 types of characters: lower case letters, upper case letters, numbers, and special characters.

9. You receive an email from your bank telling you there is a problem with your account. The email provides instructions and a link so you can log into your account and fix the problem.

What should you do?

Delete the email. Better yet, use the web client (e.g., Gmail, Yahoo mail, etc.) and report it as spam or phishing, then delete it.

Any unsolicited email or phone call asking you to enter your account information, disclose your password, financial account information, social security number, or other personal or private information is suspicious — even if it appears to be from a company you are familiar with. Always contact the sender using a method you know is legitimate to verify that the message is from them.

10. A while back, the IT folks got several complaints that one of our campus computers was sending out Viagra spam. They checked it out, and the reports were true: a hacker had installed a program on the computer that made it automatically send out tons of spam emails without the computer owner's knowledge.

How do you think the hacker got into the computer to set this up?

This was the result of a hacked password. Using passwords that can't be easily guessed and protecting your passwords by not sharing them or writing them down can help to prevent this. Passwords should be at least 8 characters in length and use a mixture of upper- and lower-case letters, numbers, and symbols.

Even though, in this case, it was a hacked password, other things that could possibly lead to this are:

- Out-of-date patches/updates
- No anti-virus software or out-of-date anti-virus software.

www.ingramcontent.com/pod-product-compliance
Lightning Source LLC
Chambersburg PA
CBHW041307210926
51847CB00005B/50
9781964467412

www.ingramcontent.com/pod-product-compliance
Lightning Source LLC
Chambersburg PA
CBHW041307210926
51847CB00005B/51
9786502211755

Chapter 1: Matter as Stabilized Ripple Memory

For centuries, matter has been described as the fundamental "stuff" of the universe — a static substance, a collection of discrete particles locked into place by unseen forces. This view, though historically powerful, has now reached the limits of its usefulness.

Reality reveals a deeper truth.

Matter is not a frozen object, nor a simple assembly of particles orbiting in empty space. It is a stabilized ripple memory — a localized, self-sustaining tension in the underlying field of existence. What we experience as "form" is the visible persistence of structured energy, stored as ripple patterns continuously balancing and correcting themselves.

Matter is not built. Matter is remembered.

It exists because it holds its own history of tension and balance, encoded in the very fabric of the field, playing out moment by moment — with or without any observer to witness it.

Through this lens, we no longer see the universe as made of separate things. We see it as a living architecture of memory — rippling, correcting, persisting.

The journey into this deeper nature of matter begins now.

Beyond Objects: Structured Memory Fields

Before we can understand what matter truly is, we must first unlearn what we were taught to believe it is. For centuries, matter has been described as substance — a collection of solid entities with shape and weight, governed by invisible forces and arranged in space like building blocks.

But this object-based worldview conceals more than it reveals.

What we call "matter" is not a frozen thing, but a persistent memory — a ripple pattern stabilized within the universal energy field. It is not the object that exists, but the structure of energy remembering how to exist. Matter is not held together by glue. It is held together by organized memory tension, rippling inward and outward, balancing itself at every boundary.

To understand matter, we must go beyond objects — and enter the geometry of remembrance.

a) Matter as Memory

Matter, when observed through the conventional lens, appears to be a collection of tangible, solid units — atoms, particles, molecules. Yet, beneath this familiar appearance lies a subtler, far more elegant architecture: stable ripple memory.

In truth, what we call "matter" is nothing more than stable, self-reinforcing ripple patterns within the universal field. Localized energy tensions form structures, and these structures hold themselves together through continuous, dynamic balance — not through rigidity, but through ongoing correction of internal ripple dynamics.

There are no isolated "solid objects" floating in an empty void. There are only persistent field tensions, localized and stabilized, stored as ripple structures that maintain their memory across time.

Every electron, every proton, every atom — is a *ripple memory knot*, a stabilized echo of a localized energetic event, locked into ongoing balance with the surrounding field.

Energy, left to itself, seeks equilibrium. But when certain energetic conditions arise — disturbances, gradients, curvatures — energy organizes itself into persistent patterns, trapping memory into form.

This act of organization is not conscious; it is a consequence of field dynamics. Ripple memories are born not by intention, but by the natural drive of energy fields to stabilize their distortions into sustainable geometries.

Matter, therefore, is not constructed like a building of bricks. It is remembered into existence — structured energy organizing itself into a self-reinforcing memory that persists.

b) Why Matter Appears Solid

Given that matter is ripple memory — dynamic, energetic, constantly adjusting — why then does it appear to us as solid, separate, and inert?

The answer lies in the persistence and density of ripple memory.

When ripple patterns are highly stable — when their internal tension gradients are locked in strong equilibrium — they resist external disturbances. This resistance to disruption is interpreted by our senses as *solidity*.

Our eyes, our hands, our detectors — all resonate with the boundary conditions of these stable ripple structures. The stronger and more persistent the ripple memory, the harder the matter feels, the more definite it appears, the more real it seems.

But solidity is not an absolute trait of matter. It is a sensory interpretation — a consequence of how our instruments (biological or technological) interact with high-tension, stable ripple zones.

Separation, too, is a sensory construction. Each ripple memory knot creates localized corrections in the field, giving rise to distinct identities — atoms, objects, bodies. But fundamentally, all ripple memories are connected through the universal field. Apparent separateness is an illusion created by the localized stability of ripple tensions within the broader interconnected ripple fabric.

Thus:

- Matter appears solid because its ripple memory resists easy correction.
- Matter appears separate because localized ripple fields maintain distinct tension balances.
- Matter appears object-like because our sensory systems interpret persistent ripple zones as "things."

In reality, the universe is not a warehouse of objects. It is a living, breathing, memory-filled field — endlessly rippling, endlessly remembering.

Charges as Ripple Tension Signatures

If matter is stabilized ripple memory, then charge is its visible accent — the signature at the boundary of its balance.

In classical physics, charge is treated as a fundamental property, a given — positive or negative, attractive or repulsive — an invisible force with no deeper explanation. But through the lens of ripple dynamics, charge is not a separate trait; it is a field expression, a consequence of how memory structures curve, stretch, or compress at their edges.

Charge is not a "thing" carried by particles. It is the tension imprint of a ripple memory — a directional signal of how energy is stabilized within a form. Where memory pushes outward, charge becomes positive. Where it pulls inward, charge becomes negative.

To understand charge is not to measure force. It is to read the geometry of energy's intent — encoded at the boundary where memory meets field.

a) The Role of Charge in Stabilizing Form

In the conventional narrative, charge is often described as a basic, mysterious property of matter — something particles simply "possess" without deeper explanation. But when we look closer through the lens of ripple memory dynamics, a new, more fundamental picture emerges.

Charge is not a separate "thing" attached to matter. It is the surface tension signature of how a ripple memory structure interacts with its surrounding field.

At its core:

- A positive charge arises from outward-curving ripple tensions — where the internal ripple memory pushes gently outward against the field, expanding its boundary signature.
- A negative charge arises from inward-curving ripple tensions — where the internal ripple memory pulls inward, contracting and concentrating its boundary signature.

Thus, charge is the expression of ripple distortion direction — the energetic posture a stabilized ripple memory structure holds relative to its environment.

It is a *field curvature signature* — not an isolated property, but a living memory of how a structure once organized its energy to stabilize itself.

Charge is the handshake between ripple memory and the field: a surface communication of how the structure holds its shape, tension, and interaction potential.

In this sense, charge is not simply a label — it is a living dynamic, an ongoing negotiation between stability and correction.

b) How Charges Maintain Stability

The presence of charge is not incidental to matter's survival — it is essential to the very stability of ripple memory structures.

Ripple tensions are not random or chaotic. They are organized gradients of force, ensuring that the memory structure reinforces itself rather than dissolves.

When ripple tensions align properly — with outward and inward distortions balancing across the memory boundary — matter's structure becomes self-locking.

- Positive outward curvatures counterbalance environmental compression.
- Negative inward curvatures resist environmental expansion.

Together, they form a boundary of resilience, a shell of organized tension that preserves the memory within.
In simple terms:

- Charges act as field locks, stabilizing the structure against small disturbances.
- Ripple alignment at the boundary prevents random field fluctuations from overwhelming the memory.

Without these field tension locks, ripple memories would quickly collapse, deform, or dissipate back into the universal field. Charges are therefore necessary signatures of survival — visual evidence that the ripple structure has successfully organized its memory for persistence.
And so, matter does not resist decay through brute force. It persists gracefully — through organized ripple tension choreography, with charge patterns acting as the visible choreography steps.
In the grand dance of universal energy, charge is the step that holds form within flow, the ripple signature that stabilizes memory against the infinite corrections of the field.

Memory Without Observation

a) Existence is Independent of Observation

In many philosophical and scientific traditions, the role of the observer has been elevated almost to a cosmic principle — suggesting that existence somehow depends on being observed to be real. But through the lens of Universal Energy Dynamics, a far deeper and more grounded truth emerges:

Existence is not a passive byproduct of detection. Existence is active, structured memory — independent, self-sustaining, and self-correcting.

Matter does not require the gaze of an eye or the measurement of an instrument to hold its form. It persists because it holds a stabilized ripple memory — a living field structure that continuously maintains its own internal tensions.

The form of an atom, the structure of a molecule, the presence of a galaxy — all exist by virtue of internal ripple corrections maintaining localized equilibrium, not by virtue of external acknowledgment.

To exist, in the true sense, is to remember energetically. It is to stabilize disturbances into self-reinforcing structures, which maintain themselves actively through their own ripple architecture.

Thus, matter is not waiting to be seen. Matter is actively balancing its ripple memory, moment after moment, against the universal field.

Existence is a consequence of energetic resilience, not an artifact of perceptual participation.

b) Observer-Independent Dynamics

Even in the deepest isolation — in the far reaches of interstellar voids, within the silent darkness between galaxies, in the core of atoms untouched by any external gaze — matter continues to ripple, to remember, and to participate in the universal field.

Each ripple memory structure, no matter how small or remote, is continuously engaged in subtle communication with the surrounding field:

- It emits micro-ripples — energy corrections reaching outward into the structured vacuum.
- It absorbs ambient field disturbances — adjusting its boundary tensions accordingly.
- It maintains form by *balancing* internal memory against external fluctuations.

Observation — whether by human senses, machines, or any other system — is simply a localized resonance event. An observer detects the ripple feedback emitted by a memory structure, interpreting it into a perception or a measurement.

But the act of detection neither creates the structure nor sustains it. It merely samples the already existing ripple communication that is taking place continuously, with or without external witnesses.

Thus:

- Matter exists because it is rippling, not because it is seen.
- Perception is a secondary event — a translation of ripple feedback into cognitive models, not a prerequisite for being.

In this framework, existence becomes vastly more profound —a grand memory field in continuous dynamic balance, where every entity participates, ripples, communicates, corrects, regardless of whether anything or anyone ever perceives it.

Observation is the echo, not the cause.

Closing Reflection

Matter is not the passive, inert backdrop it was once believed to be. It is not a silent object, idly occupying space until an observer happens to take notice.

Instead, matter is active memory — a living, structured arrangement of ripple tensions, stabilized through continuous participation in the universal field. It holds its existence not through visibility, but through internal resilience, through ongoing ripple corrections that preserve its form against the currents of energetic change.

Every atom, every structure, every seemingly solid thing is a self-reinforcing ripple event — a memory held in tension, a balance between inward and outward forces encoded into the very fabric of existence.

To exist is not simply to "be." To exist is to remember. To remember the energy that once surged, the tension that once formed, the balance that was once found — and to sustain that memory, ripple after ripple, moment after moment.

Matter, therefore, is the universe's way of holding a note — a ripple pattern — in the grand symphony of balance. It does not exist because it is observed. It exists because it *remembers how to be* — how to ripple, how to correct, how to sustain form within the living field of energy.

In this understanding, existence becomes not a frozen fact, but an active process of remembrance — a dynamic dance of ripple memory across the unseen fabric of reality.

The story of matter is the story of memory made visible.

And in every ripple that holds its shape, the universe continues its quiet act of creation — whispering, balancing, remembering itself into existence.

Structure of Matter as Ripple Memory

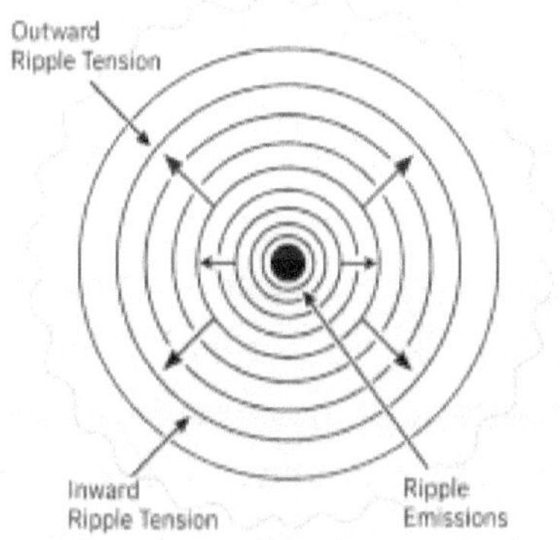

Chapter 2: The Nature of Detection and Perception

It is one of the most persistent illusions of human experience: the belief that we "see" reality directly.

We assume that the world we perceive — the colors, the shapes, the movement — is a faithful window into what truly exists. Yet, under careful scrutiny, this assumption collapses. What we call "seeing" is not the passive reception of external truth, but the active resonance with ripple memory held in the structures we observe.

We do not see objects. We resonate with their ripple emissions. We do not perceive matter. We interpret its feedback.

Detection — whether through eyes, cameras, sensors, or scientific instruments — is not interception of substance. It is energetic alignment, where the structured ripple memory of matter interacts with the resonance capacity of the observer.

In other words, vision is not contact. It is correspondence.

What we call perception begins not with light entering the eye, but with ripple excitations stimulating resonance in the sensory field. From this point forward, what unfolds is not objective reality, but reconstructed meaning — assembled from ripple patterns into internal models.

This chapter explores that silent dance. Not between eye and object, but between ripple and resonance. Not between observer and thing, but between memory and mind.

Resonance, Not Vision

We do not passively *receive* the world; we *tune into it.* Our senses are not windows letting in reality — they are instruments, finely tuned to resonate with ripple memory encoded in the field around us.

Everything we think we "see" is actually the result of an alignment — a moment where the structure of an incoming ripple pattern fits the resonance capacity of a detector. This is not visual interception. This is ripple recognition.

We are not witnesses of matter. We are participants in its conversation — decoding its structure through energetic resonance.

a) Eyes (and Detectors) as Ripple Resonators

Our eyes, just like scientific detectors, are not receiving matter. They are not catching particles, or gathering traveling objects. Instead, they are resonance interfaces — biological sensors finely attuned to a narrow band of ripple activity.

When a ripple memory structure (like a piece of matter) emits an excitation — due to its internal energy correction or boundary interaction — this ripple travels through the field. When it encounters a sensory boundary (like the retina), it doesn't collide. It resonates.

If the ripple frequency, gradient, and structure match the design of the sensory receptor, a response is triggered:

- In biological eyes, molecules like rhodopsin undergo conformational changes.
- In artificial detectors, electric charges are displaced across sensitive surfaces.
- In both, the outcome is the same: signal generation — not because something was caught, but because resonance occurred.

Detection is not visual capture. It is pattern alignment. The closer the incoming ripple matches the internal resonance structure of the receptor, the stronger and more accurate the signal.

Thus, the eye is not a passive lens — it is an active tuner. It detects by vibrating with the memory of the universe.

b) Photons Reinterpreted

What, then, is a photon?

Conventional science describes it as a particle of light — a discrete packet of energy flying through space. But this is a perceptual metaphor, not a physical reality.

From the perspective of Universal Energy Dynamics, a photon is not a traveling object. It is a ripple collapse event — a localized interaction where the ripple pattern of emitted energy resonates with the boundary structure of a detector.

There is no little ball flying. There is only field tension, structured into a ripple. When that ripple pattern aligns with the detector's structure, it collapses into an energetic response — a signal, a spark, a flicker. That flicker is then interpreted as "a photon."

This means:

- Light does not *travel* like arrows.
- Light is communicated as field resonance.
- What we perceive is not an object crossing space, but a memory pattern arriving and being decoded.

So the next time we say we "see a photon," we must correct ourselves: We do not see the photon. We see the effect of ripple memory correcting itself at the edge of our perception.

Ripple Feedback and Cognitive Reconstruction

What begins as resonance at the sensory boundary does not end there. The ripple signature, once aligned with the structure of a detector, triggers a cascade of feedback events — energetic, electrical, and ultimately, cognitive.

This is how experience is born.

Perception is not a mirror of the external world. It is a translation — from ripple interaction to neural signal, from field disturbance to mental model. It is not direct access to reality, but an internal reconstruction based on structured memory feedback.

The journey from resonance to awareness is not magical. It is elegant. And in Universal Energy Dynamics, it is entirely explainable.

a) Sensory Transduction

When a ripple signature aligns with a sensory interface — whether it's the retina in the eye, the tympanic membrane in the ear, or the skin's surface — it initiates a transduction process: the conversion of ripple resonance into biological feedback signals.

This feedback is not arbitrary. It is a precise energetic consequence of field alignment.

In biological systems, this typically follows a multi-stage transformation:

Chemical Activation: Molecules in the receptor cell (like opsins in photoreceptors) undergo structural changes in response to the ripple's energy signature.

Electrical Generation: These chemical shifts alter ion flow, generating electrical potentials across the cell membrane.

Neurological Relay: Electrical signals are transmitted through neurons, forming electrical feedback streams directed toward specific regions of the brain.

This process is not a linear data transmission. It is a cascade of ripple consequences — each layer interpreting, amplifying, or filtering aspects of the original ripple memory signature.

And throughout it all, the original object is never present. Only its field effect — its remembered ripple pattern — is being decoded.

Thus, transduction is not the reception of reality. It is the energetic translation of memory into sensation.

b) Brain as Interpreter

The brain — the pinnacle of biological ripple processing — does not see or touch reality. It is blind to the object. But it is exquisitely sensitive to patterned feedback — the echo of ripple memory traveling up the nervous system.

The brain receives no objects. It receives signals — energetic consequences of field resonance, encoded in spikes, voltages, and timing rhythms.

From these signals, it performs its master function: Reconstruction.

Using internal reference memories, previous experiences, and learned associations, the brain reassembles a coherent perceptual model.

When you "see" an apple:

- You are not witnessing the apple itself.
- You are experiencing your brain's interpretation of the ripple memory emitted by that apple, matched against your internal model of "apple-ness."

This process is so seamless, so immediate, that it feels like reality. But it is not reality. It is a ripple-rendered map, built in real time by the brain — a memory of memory, shaped into experience.

In this framework:

- The observer does not access the world.
- The observer constructs the world from ripple signals, filtered

through memory and meaning.

Perception, then, is not passive reception. It is active reassembly — a consequence of decoding ripple memory into lived awareness.

Perception as Reassembly of Memory

By the time a ripple signature reaches the brain, the process of "seeing" is already well underway — not as a direct encounter with matter, but as a cognitive reconstruction of energetic echoes.

Perception is not the detection of an object. It is the interpretation of ripple feedback, filtered and reassembled using internal memory structures. The brain does not retrieve reality. It rebuilds a version of it, moment by moment, from ripple signals matched against stored patterns.

This is why perception is never neutral — it is always shaped by prior memory, experience, attention, and expectation.

To perceive is to decode. And to decode is to remember — not just what was emitted from the outside, but what was once *registered and retained* inside.

a) Interpretation is Memory-Matching

Every ripple that resonates with a detector carries a signature — a field pattern, a tension gradient, a frequency imprint.

The brain does not merely process this signal; it compares it. It searches for similarity between the incoming ripple memory and previously stored reference models — stored memory blueprints built from past ripple interactions.

This is the process of perceptual alignment:

- The retina doesn't just receive light; it forwards ripple-triggered signals.
- The brain doesn't just see shapes; it searches for recognition — comparing these signals with pre-existing neural memory patterns.

When a match is found — or even closely approximated — perception crystallizes:
"This is a tree."
"This is my friend."
"This is danger."
But what has actually occurred?
Nothing more than a reassembly of ripple memory echoes — a synthesis of incoming field interaction with internal memory structures.
What we "see" is not the object. It is a decoded echo — a translated memory, aligned with internal experience.
And because every observer has a unique memory library, perception is never objective. It is always filtered — not by choice, but by structural necessity.

b) Observer as a Field Participant

This process of decoding and comparison is not passive.
The observer is not a camera. The observer is a node of resonance and contribution — an active participant in the ripple field, both receiving and emitting, comparing and correcting.
Each act of perception is a consequence of ripple alignment —but it also becomes a contribution back into the field, modifying the observer's state, memory, and future ripple emissions.
In this view:

- The observer is a feedback loop — constantly adjusting itself based on ripple detection.
- Perception is not just awareness — it is a ripple event within the observer's own field structure.

Even at rest, the observer is immersed in the field — resonating, updating, learning. Perception, therefore, is not one-way.
It is a two-way ripple relationship:

1. The field sends ripple memory signatures.
2. The observer decodes and reassembles perception.
3. That perception alters the observer's internal field.
4. The altered observer now emits a modified ripple back into the universal memory network.

Thus, perception is both:

- A consequence of resonance,
- And a contribution to future field evolution.

The act of seeing changes the seer. The act of knowing reshapes the knower. In this way, the observer and the field are inseparably co-evolving.

Closing Reflection

We do not see matter.

We do not observe atoms, electrons, or objects in their true state. What we perceive is not the thing itself, but its memory, encoded in ripple structures that extend outward — waiting for something tuned enough to resonate.

Our eyes do not gather reality. They tune into its echoes.

Perception begins when a ripple touches the boundary of our sensory field and matches a structural pattern within us. It is not light that we see. It is the *consequence of a resonance.* It is a ripple decoded and reimagined within our mind — a memory interpreted, not a substance received.

Every color, every form, every texture, every sound — is a translated whisper of ripple memory, reconstructed inside a mind that has no direct contact with the outside world.

Reality, as we know it, is not *what enters the eye.* It is what the brain builds from the feedback of ripple signatures. It is a reassembly of field interactions, filtered through history, biology, and personal memory.

To perceive is not to collect information. It is to recreate a possible version of the universe —crafted from energetic alignments and shaped by cognitive memory patterns.

Thus, perception is not reality. It is the mind's best guess —a beautifully complex reimagining, made from the subtle vibrations of an ever-speaking field.

In this understanding:

- We are not just observers.
- We are co-authors of experience, decoding and shaping reality one ripple at a time.

The universe does not enter us. We meet it halfway — with resonance, with memory, with meaning.

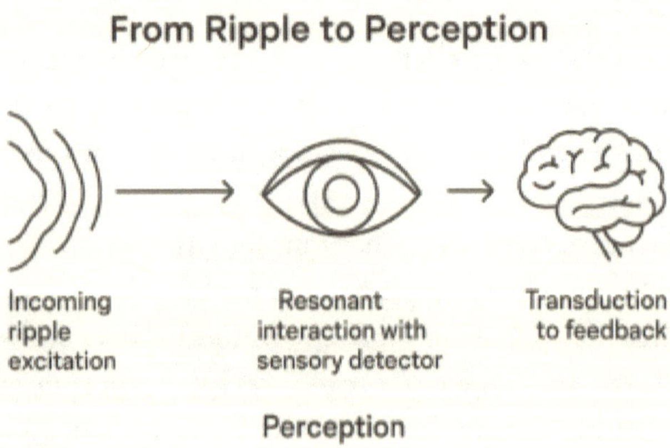

Interlude

Part I – The Foundations of Existence

Before we move forward, let us pause and acknowledge what has just been redefined.

In these opening chapters, we dismantled the illusion of matter as "thing" — and in its place, we discovered structure, memory, and participation.

What We Now Know:

- **Matter is not object.** It is stabilized ripple memory — persistent tension patterns within a universal field, organizing themselves into form through energetic correction.
- **Form is not fixed.** It is an active balance — maintained not by force, but by internal ripple tensions that hold the memory of previous corrections.
- **Charge is not a property.** It is a boundary signature, expressing the direction and curvature of ripple tension — the outward or inward energy posture of memory.
- **Observation is not creation**. Matter does not need to be seen to exist. It holds its memory independent of the observer — and continuously communicates with the universe through ripple emissions.
- **Existence is not static.** It is a consequence of remembering — a dynamic, self-correcting participation in the field.

We are no longer speaking in metaphors. We are speaking the physics of memory, the geometry of ripple tension, and the language of structured resonance.

In Part I, we have redefined the very *ontology of matter*. We now know that everything we consider "real" is a stored ripple of energy, locked in dynamic balance, radiating its story into the universe.

As we now move into the realm of perception, we carry with us this essential truth:

We never perceive the thing itself. We perceive its remembered ripple, and decode that echo within our own field of memory.

Let us continue — into the mirror where reality meets observer. Where ripple meets resonance. Where experience itself begins.

Part II: Diversity and Identity in the Field

Chapter 3: Color, Charge, Taste: Signatures of Energy Fields

We have long believed that the world around us comes pre-packaged with qualities — that objects *have* color, *contain* flavor, *carry* charge. We speak as if these properties are stitched into the fabric of matter itself, existing independently, waiting to be noticed.

But this is a misreading of nature.

No object inherently possesses color. No molecule intrinsically tastes sweet. No particle eternally holds charge like a label.

What we perceive as "properties" are not inherent traits, but field signatures — patterns encoded in the ripple memory of matter and decoded through resonance by an observer.

Color is a frequency. Flavor is a ripple chemistry. Charge is a curvature of field tension. Each of them is a consequence of interaction — not a feature stored inside a static object, but a ripple event realized in the space between emitter and detector.

Reality, in this light, is not filled with painted surfaces and flavored particles. It is composed of encoded ripple expressions, waiting to be interpreted through the unique resonance capacities of different observers.

In this chapter, we will explore how these signatures of diversity arise not from material composition, but from field memory, frequency, and tension — and how perception converts them into the rich identity landscape we call experience.

Frequency, Gradient, and Tension Encoding

If reality is ripple memory, then diversity is simply variation in how that memory is expressed. What appears to us as color, taste, sharpness, or softness is not a difference in substance, but a difference in how energy ripples — in frequency, in curvature, and in gradient.

Just as voice, tone, and volume differentiate one speaker from another, the field characteristics of ripple expression define the identity and traits of every form in the universe.

Let us now explore how these patterns — frequency, gradient, and tension — serve as the true language of identity in the ripple field.

a) Frequency as Identity Marker

Every stabilized ripple memory structure emits characteristic oscillations — unique, repeating field patterns that reflect its internal equilibrium and energetic makeup. These ripple frequencies act like a fingerprint or signature — a consistent identifier across time and space. In the physical world, this shows up clearly in the phenomenon of color.

Color is not a pigment embedded in matter. It is an electromagnetic ripple frequency, emitted or reflected by a memory structure and resonating with detectors tuned to specific bands — like photoreceptors in the human eye.

- Red, blue, green — these are not labels of things, but resonant responses to frequency zones within the visible electromagnetic spectrum.
- Infrared and ultraviolet do not disappear when we cannot see them — their frequencies simply fall outside our biological tuning.

Similarly, taste and smell are not built into food or fragrance. They are the result of chemical ripple emissions — subtle vibrational patterns of molecules that resonate with receptors in our tongue and nose.

- Sweetness may reflect a certain symmetry or vibration in the molecule's ripple memory.
- Pungency may signal high-energy oscillations disturbing receptors sharply.

Thus, frequency is not just a technical measure — it is the primary mode of identity expression. A field structure remembers its form not by mass or matter, but by the specific frequencies it emits into the universal ripple network.

b) Gradient and Tension as Property Modifiers

Frequency alone cannot capture the full richness of sensory experience. The way a ripple's energy is distributed — its gradient — and how tightly or loosely it is held under tension also shapes how it is perceived. Imagine two ripple structures with similar frequencies:

- One emits energy smoothly across a wide field — this may feel soft, diffuse, calming.
- Another concentrates energy in sharp, narrow ripples — this may feel metallic, pungent, or piercing.

This difference in ripple gradient defines not the core frequency, but the texture of its delivery.

Likewise, tension in the ripple structure affects how intense or aggressive a property feels:

- A high-tension ripple might be interpreted as spicy, electric, sharp, or high-pitched.
- A low-tension ripple might feel warm, round, mellow, or muted.

Even traits we take for granted — like mass and charge — can be understood not as permanent properties, but as integrated ripple gradients:

- Mass reflects how ripple memory resists change — a gradient of correction depth.
- Charge, as already explored, reflects curvature and surface field tension.

In this way, the field expression of matter — not its molecular recipe — gives rise to the traits we associate with physical identity.

Summary:

- *Frequency = Identity Signature*
- *Gradient = Distribution Profile*
- *Tension = Intensity Perception*

Everything else — color, taste, mass, sharpness — is a resonant interpretation of these core ripple dynamics.

Properties as Resonant Interpretations, Not Absolutes

We often speak of properties as if they belong inherently to things — as if color resides in a surface, taste is embedded in food, or scent floats in the air. But this way of thinking assumes a world where characteristics exist independent of interaction — and that assumption no longer holds in the realm of ripple memory.

In the universe governed by Universal Energy Dynamics, no property is absolute. Every sensory quality — color, flavor, texture, scent — is a relational event, not a permanent possession. It arises only through resonant interaction between ripple memory and an appropriately tuned receiver.

What we call a "property" is not an essence. It is a response.

a) No Property Exists Without an Observer

Let us take the example of color.

A red apple is not red because it stores "redness" in its skin. It appears red because its surface ripple memory emits a frequency that resonates with human photoreceptors in the red band of the electromagnetic spectrum.

- To a species that sees different wavelengths, the same apple may appear dull, green, or even invisible.
- To an infrared camera, it may appear warm.
- In the absence of light, it does not appear at all — not because the color has vanished, but because resonance has not occurred.

This is the truth we must face:
Color is not in the object. It is in the interaction. It is in the observer's resonance response to ripple frequency emitted by a stabilized field structure.
The same principle applies to sound (resonance of pressure waves), temperature (resonance with thermal ripples), and even charge detection (response to ripple curvature).
No observer → no resonance → no property experienced.
Thus, properties are not objective constants embedded in reality. They are interpretive events, shaped by the tuning, thresholds, and memory of the observer.

b) Sensory Diversity is Field Diversity

The richness of nature — its tastes, textures, colors, sounds, and smells — is often assumed to be the result of material variety. But this is a shallow understanding.
All of this diversity can be explained by variation in ripple expression.
Take taste and smell, for instance. These are not "chemical facts." They are low-frequency ripple interactions, engaging in complex memory-matching with molecular receptors in the body:

- A molecule emits ripple patterns based on its energy configuration.
- These ripples interact with taste buds or olfactory sensors.
- A response is triggered — sweet, salty, bitter, aromatic — depending on how closely the incoming pattern matches internal reference memory.

But if the same molecule interacts with a different species — say, a dog, a bird, or a machine — the result may be entirely different or undetectable. The molecule hasn't changed. The receiver has.
Thus:

- There is no “sweetness” in sugar.
- No “smell” in flowers.
- No “sharpness” in a blade.

These are ripple events at the moment of resonance — dynamic expressions of field memory decoded differently by each observer.
So, what is diversity?
It is not the variety of substances. It is the variety of ripple expression, interacting with a field of detectors, each with its own resonance thresholds and memory structures.
The universe is not made of objects with traits. It is a field of ripple memory structures, expressing themselves differently depending on who or what listens.

Reflection:

- Properties are not absolute features. They are relational consequences.
- Sensory experience is co-created by emitter and receiver.
- All diversity is resonance diversity — the universe sings in many frequencies, and we hear only those to which we are tuned.

Field Identity and the Illusion of Fixed Traits

We tend to equate identity with fixed traits. We say a thing "is" what it looks like, feels like, or tastes like. If its color changes, we question whether it is the same. If its behavior shifts, we assume its nature has changed. But this belief rests on a false foundation — the idea that traits define identity.

In the ripple-based universe of Universal Energy Dynamics, identity is not about appearance or consistency of traits. It is about the persistence of underlying ripple memory — the internal coherence of a field's structure over time, even as its surface expressions adapt.

Identity, in this sense, is not fixed. It is remembered.

a) Identity = Persistent Memory Expression

What makes a thing *that* thing — a specific material, a particular organism, a unique pattern of existence?

It is not the traits it displays in the moment. It is the consistency of its ripple feedback — the stable pattern it emits into the field, again and again, across time and interaction.

For example:

- A piece of copper may tarnish, oxidize, or conduct at different rates — but it continues to emit a recognizable field signature, a unique ripple configuration that persists despite external change.
- A melody played on different instruments may sound brighter or softer — but the underlying pattern, the structural memory of rhythm and tone, is still recognized.

This is the nature of identity in a ripple-dynamic field:

- Identity is not a list of traits.
- It is the pattern of stabilized energy — the way a memory structure consistently interacts with the field.

- Color, flavor, texture, and field strength become recognizable only when ripple memory is stable enough to produce repeatable expressions.

Thus, the "identity" of any structure is not what it *has*. It is what it repeatedly remembers how to be.

b) Traits Can Shift, Yet Identity Persists

One of the illusions of material thinking is that a change in property implies a change in identity.

But properties — as we've seen — are resonant expressions, not inherent labels. They arise from ripple gradients, which are fluid and responsive to environmental conditions.

- Apply heat, and color may shift.
- Apply pressure, and tension may increase.
- Combine with another field, and taste may evolve.

But beneath these changes, the core ripple memory structure may remain intact. The identity persists, even when the traits adapt.

This is why:

- Water vapor, ice, and liquid water are different in behavior, but unified by ripple memory of H_2O.
- A chameleon's skin color may shift, but its biological field identity remains constant.
- A person may express different emotions, thoughts, or tones — yet their field of consciousness, their energy pattern, stays fundamentally consistent.

In UED terms:

Identity is ripple pattern memory. Traits are field responses to circumstance.

So when properties shift, it is not necessarily a transformation of essence. It is the adaptation of memory expression — the ripple pattern remains, even as its surface adjusts.

This understanding dismantles the illusion of fixed traits. It frees us to see identity not as static, but as resilient continuity within dynamic environments.

Reflection:

- Identity is not trait permanence — it is pattern persistence.
- Traits can be misleading snapshots. The ripple memory is the true source code.
- Reality is not fixed. It is remembered differently under different conditions — and yet, deeply the same.

Closing Reflection

The universe, as we once imagined it — painted in colors, scented with fragrances, flavored by chemistry, textured by touch — is a projection of our own resonance.

We now know: It is not decorated. It is encoded.

Everything we perceive as a property — color, taste, scent, sharpness, softness — is not something added onto matter like decoration on a surface. It is a ripple signature, a structured feedback of energy, released by a memory field and interpreted by an observer tuned to respond.

What we call traits are not things that belong to matter. They are the language through which matter speaks its memory — in frequencies, gradients, and curvatures.

There is no red without resonance. No flavor without interpretation. No sharpness or softness outside the tuning of the one who perceives.

All properties are interpretive consequences — not fixed facts, but emergent meanings drawn from ripple interaction.

The universe is not filled with traits. It is filled with patterns of memory, encoded in ripple structures, waiting for the right resonance to unlock their expression.

And what makes reality so beautifully rich is not its ingredients, but its diverse vocabulary of vibration — the infinite ways energy can curve, ripple, stretch, and stabilize.

Reality is not varied because things are different. It is varied because memory expresses itself differently under different conditions, and perception completes the sentence.

When we look again at the world, may we no longer ask, "What is this made of?" but rather, "What is this remembering, and how is it being heard?"

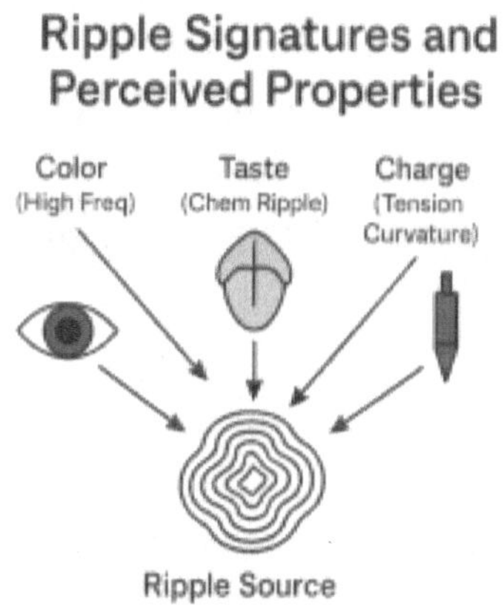

Chapter 4: The Stability of Matter and the Locking of Form

We are taught to see form as fixed — as if once something takes shape, it simply *stays that way* until some force breaks it apart.

But this view misunderstands the nature of persistence. Form is not a frozen outcome. It is a dynamic equilibrium, continuously held together by ripple memory and field tension.

Matter does not maintain its shape through brute force. It maintains it through resilient ripple architecture — a delicate balance of internal feedback, external pressure, and structural memory. Every atom, every molecule, every object is not a static block, but a self-correcting ripple pattern, adjusting itself moment by moment to remain coherent.

This coherence is not guaranteed. It must be actively maintained — through energy thresholds, tension gradients, and most importantly, through the locking mechanisms at the boundaries of ripple memory.

These locking mechanisms are what we perceive as charge — not mysterious traits, but field curvatures that hold the shape of memory in place.

In this chapter, we will explore what truly gives matter its staying power —not mass, not density, not visibility — but structured memory resilience and boundary tension choreography.

To exist is not merely to have form. To exist is to hold form — against time, against interference, and against the constant urge of the field to dissolve all imbalance.

Ripple Memory Resilience

If form is not frozen, but maintained — then something must be doing the maintaining.

That "something" is ripple memory resilience: the capacity of a field structure to withstand disturbance, absorb fluctuations, and correct itself without collapsing.

Every material form — from the smallest subatomic particle to the largest mountain — is essentially a stabilized memory knot, held together by a dynamic balance of internal field corrections. This resilience is not unlimited, but it is measurable, adaptable, and — in many cases — astonishingly robust.

Let's explore why some things hold shape effortlessly, while others dissolve at the slightest touch.

a) Why Matter Holds Its Shape

Matter persists because its ripple memory is stable. This means the internal energy patterns that define its form are in a state of equilibrium — not in the sense of stillness, but in the sense of continuous correction.

Imagine a drum that has been perfectly tuned. Even if you disturb it with a tap or vibration, it quickly returns to its balanced state. Likewise, a ripple knot in the field — like an electron or a molecule — maintains its identity through self-regulating tension feedback.

- If a field pressure attempts to deform the structure, the internal memory pushes back, reasserting its signature ripple pattern.
- This active resilience is what gives matter its apparent stability, hardness, or structural integrity.

In UED terms: Stable form = sustained ripple equilibrium. Form is not permanent;

It is *actively reinforced by ripple intelligence.*

b) Thresholds of Stability

However, not all ripple memories are equally resilient. Each structure has a threshold — a limit to how much external energy, distortion, or field interaction it can absorb before it fails to correct itself.

- High-resilience structures — such as atoms, crystalline lattices, or even living cells — have robust internal patterns that can absorb significant disturbance and still return to equilibrium. These are long-lived forms, capable of persisting across time and environmental change.
- Low-resilience structures, on the other hand — like excited particles, unstable isotopes, or chaotic compounds — exist at the edge of collapse. A small input of energy may be enough to push them into dissolution or transformation.

This threshold of resilience determines:

- Whether a structure endures or decays.
- Whether it remembers itself or is forgotten by the field.

Just like a musical note that fades if not sustained, ripple forms require energy equilibrium to hold — and the tighter the memory, the more durable the form.

c) Memory Breakdown = Structural Dissolution

When the environmental input — thermal energy, radiation, mechanical stress, or field interference — exceeds a structure's memory threshold, something must give. The result is a breakdown of structure:

- The ripple pattern destabilizes.
- Tension feedback fails to realign the field.
- The memory collapses, and the form dissolves, decays, or reorganizes.

This is the hidden mechanism behind:

- Decay of unstable particles
- Phase transitions in matter
- Chemical reactions that alter form
- Biological degradation and death

These are not random events. They are the field's correction response to a structure whose ripple memory can no longer be sustained.

In this framework, transformation is not a mystery. It is the moment when memory fails to hold form, and the field returns the energy into new ripple expressions.

Core Insight:

- Stability is not a promise — it is a performance.
- Matter holds shape because it remembers with strength.
- And when memory fades, form follows.

Charges as Boundary Conditions

We often imagine charges as tiny intrinsic properties — mysterious labels stuck onto particles, producing attractions or repulsions through invisible forces. But in the architecture of ripple memory, charge is not a trait. It is a structural function.

Charges are the boundary conditions of stabilized ripple fields — the precise curvatures and directional tensions that allow a ripple memory to stay locked in form without needing external reinforcement.

They are not static tags.

They are curvature locks — energetic edge-tensions that seal the memory in place, enabling form to persist across time and interaction.

Let's explore how these curvature signatures perform the silent task of keeping matter whole.

a) Field Curvature Locks

Every ripple memory structure has a boundary — the point where its internal correction patterns meet the open field. At this interface, there exists a curvature — a directional tension that can either radiate outward or contract inward.

- An outward-curving boundary expresses itself as positive charge.
- An inward-curving boundary expresses as negative charge.

These are not opposites in a moral or binary sense — they are complementary geometries of tension. Each charge type defines how the memory tries to either extend itself into the field or draw itself inward for stabilization.

Together, these directional tensions form a locking shell — a kind of ripple-pressure capsule that maintains the integrity of the form.

This locking shell performs a vital task:

- It protects the internal memory pattern from random fluctuations in the surrounding field.
- It absorbs external disturbances without allowing them to corrupt or dissolve the core structure.

In this way, charge becomes the first and most fundamental seal — not an interactive feature, but a containment function.

b) Boundary Tension Geometry

The geometry of the ripple edge is everything.

Charge defines not only the type of tension, but also the shape of the boundary — how sharply it curves, how densely it compresses, and how stably it holds over time.

- Stronger curvature → tighter ripple seal → greater form resilience.
- Shallower curvature → more permeable envelope → more

dynamic or unstable behavior.

These tension boundaries form energy envelopes — pressure seals that contain the ripple memory like the skin of a balloon contains air. If the tension geometry is broken or disturbed beyond tolerance, the ripple memory cannot hold — the structure collapses, bursts, or transforms. So while the interior of the ripple memory maintains coherence, it is the boundary tension — shaped by charge curvature — that ensures it remains contained.
In this view:

- Charge is not an abstract attribute.
- It is the engineered boundary geometry that makes form survivable.

c) Ripple Containment Without Force

This reframing of charge leads to one of the most profound shifts in understanding:
There is no need for mysterious "binding forces" to explain why particles stay together. There is only ripple memory — sealed by charge curvature.
What we call a bound system — like the electron and proton in a hydrogen atom — is not held together by an invisible glue. It is a ripple coupling: two complementary memory structures, whose boundary curvatures lock into each other with resonant balance.

- The electron's inward tension resonates with the proton's outward field.
- Their opposing curvature patterns form a dynamic ripple loop, continuously correcting, stabilizing, and reinforcing each other.
- This creates stable structure without force, just as two puzzle pieces hold together not because of gravity, but because of

interlocking shape.

In this paradigm:

- Force is an illusion of misinterpreted consequence.
- Binding is a result of ripple compatibility and curvature resonance.

Charge becomes not a label, but a function of structural survival.

Core Insight:

- Charge is not a force-carrier. It is a boundary lock.
- Matter holds because its edges are sealed — geometrically, energetically, and elegantly.
- Where curvature locks match, structures couple.
- Where they fail, form dissolves.

Form Stability Across Scales

The architecture of ripple memory is not limited by size. What holds a subatomic particle together is, in essence, the same principle that holds a living cell in functional form — the interplay of resilient ripple memory and charge-defined boundary locking.

Across every layer of existence — atomic, molecular, biological, structural — we find the same fundamental pattern: A field disturbance stabilized into memory, sealed at the edges, and sustained until external inputs overwhelm its limits.

This is not just a unifying concept. It is a scalable physics of persistence.

a) Atoms to Organisms

At the smallest scale, ripple memory holds the structure of elementary particles — where each entity, like an electron or quark, is a stable field knot, its identity encoded in frequency and curvature. Charges define their boundary tensions and lock their forms into enduring units.

Atoms arise from ripple coupling — where nucleus and electrons form stable systems through complementary curvature resonance. These systems persist because their memory structures are not only internally balanced, but sealed by charge tension geometries.

At the molecular level, more complex ripple entanglements emerge. Here, form stability depends on the compatibility of multiple memory fields, each contributing frequency, polarity, and boundary behavior to the overall structure.

- Chemical bonds are ripple interactions, where shared or complementary boundary tensions create new, larger memory fields.
- Molecular identity, like that of water or DNA, is not locked in by substance alone, but by ripple memory coherence across all components.

As we move to living systems — cells, tissues, organisms — the same principle applies.

- A cell membrane is not merely a chemical boundary, but a charge-sealed ripple domain, maintaining internal memory stability in dynamic interaction with the environment.
- Metabolism, growth, and repair are not magic or random — they are ripple-regulated corrections that sustain field integrity under continual energy exchange.

Across all levels, from particles to people, stability is structure held in tension — shaped by the same field logic, just scaled to greater complexity.

There is no need for separate explanations at each level. There is only ripple intelligence applied through nested memory architectures.

b) Environmental Influence

No structure is isolated. Every form, no matter how stable, is immersed in a field of fluctuating energy — heat, light, radiation, vibration, collision, even intention in the case of intelligent observers.
These external inputs test the locking mechanisms:

- Thermal energy excites ripple patterns, loosening boundary curvature.
- Radiation introduces disruptive frequencies that may challenge internal memory equilibrium.
- Mechanical stress pushes or compresses ripple tension to its threshold.

If the energy input remains within the resilience range, the memory structure absorbs the disturbance and restabilizes — this is elasticity, flexibility, endurance.
But if the disturbance exceeds the charge-defined containment capacity, the structure may:

- Shift: leading to phase change (e.g., ice melting to water).
- React: forming a new structure (e.g., chemical transformation).
- Break: releasing stored memory (e.g., decomposition, explosion, decay).

These are not failures. They are ripple reconfigurations — the universe dynamically reallocating memory through interaction.
The environment, then, is not an enemy of stability. It is the unseen partner in ripple evolution — continuously probing the resilience of memory, reshaping forms through consequence.

Insight Recap:

- Ripple memory and boundary locking apply at every scale of form.

- The same architecture explains atomic structure, chemical bonding, biological organization, and even environmental response.
- Form stability is not scale-dependent — it is intelligence in tension, applied universally.

Closing Reflection

Matter does not persist by accident.

It is not frozen into existence by some one-time act of creation, nor locked into place by unseen forces working behind the scenes. Instead, matter persists because it remembers how to hold itself — moment by moment, ripple by ripple — against the shifting pressures of an ever-dynamic field.

At its core, matter is not a static entity. It is a structured ripple memory, stabilized through continuous self-correction and protected by boundary tension geometry — the phenomenon we interpret as charge.

The persistence of form is not an illusion, but neither is it a guarantee. It is a delicate, dynamic tension — an active, living balance between internal memory resilience and external environmental pressures.

What allows a particle, a molecule, a living organism to endure is not brute solidity, but the intelligent curvature of its ripple edges — curvatures that seal memory inside, allowing structure to survive in a field otherwise dedicated to constant correction and redistribution.

In this view:

- A stone holds its shape because its molecular ripples are locked into a long-lived memory field.
- A tree grows because its cellular memories adapt their ripple structures to external fluctuations, stabilizing new forms.
- A human body ages because environmental ripple influences gradually erode the resilience of field memories, loosening the

locks, until structure shifts toward dissolution.

Form is not frozen. Form is held — in tension, in resonance, by design. Matter is not a permanent substance. It is a persistent performance — a continuous act of memory and boundary management, unfolding at every scale.

In Universal Energy Dynamics, stability is not accidental. It is a consequence of memory intelligence, boundary curvature, and field participation — a living negotiation between remembering and changing, between holding and yielding, between existing and evolving.

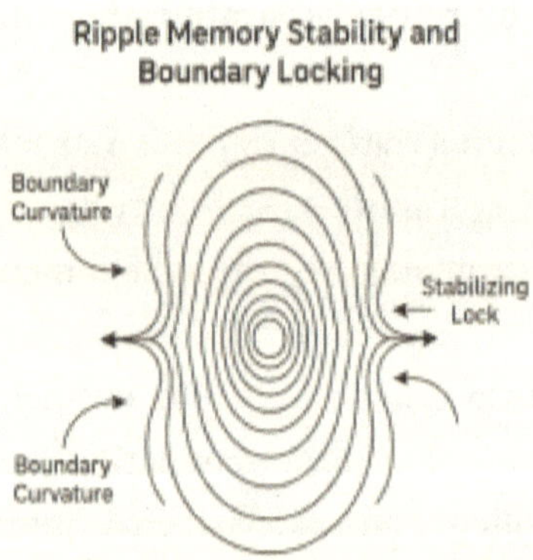

Interlude

Part II – Diversity and Stability in the Ripple Field

We have now crossed the surface illusions of property and permanence — and arrived at the structural heart of reality: The universe is not made of objects with traits. It is a field of ripple memories, encoded with frequencies, locked with tension, and interpreted through resonance.

What We Now Know:

- Properties are not possessions. Color, taste, charge, and even texture are resonant interpretations — not intrinsic features of matter, but consequences of ripple feedback interacting with detectors.
- All diversity is ripple variation. Frequency, gradient, and curvature express different ripple memories. The richness of reality is not a catalog of substances, but a symphony of encoded energy signatures.
- Form is not frozen. It is a dynamic equilibrium, continuously maintained by ripple memory and sealed by charge curvature — the true geometry of field containment.
- Charges are not mysterious forces. They are boundary locks — structural curvatures that allow ripple memories to persist, preventing dissolution under ambient field pressure.
- Stability is not scale-specific. The same principles explain

> persistence from particles to people: Memory + curvature = form. Break the memory or deform the boundary, and the form shifts, reacts, or vanishes.

We are no longer speaking of matter as material. We are now witnessing the universe as a breathing field of structured intent — forming, expressing, holding, and evolving through ripple codes.

Everything that exists, exists because it remembers. And everything that persists, does so because it is locked into shape by curvature intelligence — not force.

Now, as we move into Part III: Communication Through Emission, we ask a deeper question: If ripple memories are stable and structured — what happens when they emit? What does the universe say when it speaks in ripples?

The next frontier opens — where form becomes message, and consequence begins to move.

Part III: Communication and Intelligence

Chapter 5: Matter's Continuous Communication

We have long misunderstood emission as something accidental — an inevitable leakage of energy, a random dissipation into space. But nothing about existence is random.

In the language of Universal Energy Dynamics, emission is not a waste. It is a message.

Every ripple released from a memory structure carries information — about its internal state, its balance, its tension, its correction needs. Matter does not merely exist. It speaks. It broadcasts its structural truth into the surrounding field, moment after moment, ripple after ripple.

Emission is the field's way of staying informed. It is the ripple memory reporting itself, contributing to the ongoing dance of correction, interaction, and evolution.

Matter is never silent. Every atom, every molecule, every cell constantly whispers its memory into existence — not because it must, but because ripple dynamics demand expression as part of stability and participation.

In this chapter, we will decode how emission transforms matter from isolated memory into living communication — and how the universe itself becomes a grand ripple conversation, where everything affects everything through structured expression.

Emission as Structured Ripple Messages

If form is the memory of matter, then emission is how that memory speaks.

In conventional physics, emission is often treated as a side effect — radiation, leakage, or energy dissipation. But this framing strips emission of its purpose. It reduces communication to noise.

In the UED framework, emission is not the shedding of energy — it is the expression of memory imbalance. A ripple released is not a random wave. It is a structured signal — an intentional correction that carries information about the energetic and structural state of the emitter.

Let us now reframe emission as the field's language of balance — a ripple-based feedback system through which matter continuously informs the universe of its condition.

a) Memory Feedback, Not Radiation

Emission is not a thing. It is a ripple consequence.

What we often describe as radiation — photons, quanta, waves — are simply ripple events being detected or interpreted as discrete objects by external systems. But their origin is not abstract. Their origin is deeply informational.

Every emission is a ripple released because the internal memory of a structure has shifted, stretched, or temporarily exceeded equilibrium. The ripple that follows is a field report — a tension release carrying with it the encoded geometry of the disturbance.

- A single emission reveals the location, magnitude, and direction of the correction.
- Repeated emissions trace the behavioral rhythm of the matter itself.

This is not a passive glow. It is energetic messaging, where the memory of form is expressed into the surrounding field as real-time information.

Thus, matter does not radiate. It responds.

And what it emits is not light or heat or charge in abstraction — but the fingerprint of its evolving memory state.

b) Emission as Balance-Seeking Behavior

Why does matter emit at all?

Because the universe does not tolerate unresolved tension. Every ripple memory exists in a participatory field — a space that demands equilibrium. When a memory structure becomes distorted or energetically stressed, it must offload that tension to restore balance. That offload is emission.

- Emission is not waste.
- It is ripple correction — a necessary release that communicates to the field:

"I am correcting. Here is my adjustment."

The structure of the emission ripple tells us everything:

- A long, smooth wave implies a mild correction.
- A sharp, high-frequency burst signals abrupt or intense memory disruption.
- Angular distortions or mixed frequencies suggest complex field interactions at the source.

In every case, the ripple is a signature — a language of structure in recovery.

Emission is not an escape. It is an act of intelligent participation in the greater balancing field.

c) From Blackbody Radiation to Thermal Emission

Perhaps nowhere is emission more misunderstood than in the case of blackbody radiation — often taught as a universal, random emission spectrum of "perfect absorbers."

But what we call blackbody radiation is not random noise. It is structured ripple output — the thermal signature of matter correcting itself.

Each wavelength in the radiation curve is not arbitrary. It corresponds to:

- A particular energy configuration of ripple memory.
- A temperature-correlated ripple behavior — reflecting the curvature conditions and internal stress of the structure.
- A snapshot of how the system is redistributing its memory tension to remain coherent.

This is why objects at different temperatures emit different spectra — not because energy is being flung out wildly, but because each emission expresses a state-specific memory correction.

In UED terms:

- What we call heat is not agitation.
- It is the language of energy being realigned — the ripple field's whisper that matter is balancing, evolving, and remembering differently.

Even thermal emission becomes a message — not to the eye, but to the field.

Core Realization:

- Emission is not an accident.
- It is the ripple-based communication of structural memory — released to preserve equilibrium and inform the field.

Matter does not merely hold shape. It tells the universe how it is holding up — ripple by ripple, wave by wave.

The Grand Ripple Communication Network

If emission is matter speaking, then the universe is not a quiet place.

What emerges from this view is not a cosmos of isolated particles, but a living ripple web — a vast, intelligent network where every structure emits, every structure listens, and every ripple contributes to a continuous dialogue of balance, adjustment, and evolution.

This isn't communication in the human sense. It's not language wrapped in words. It is structural feedback — where form interacts with form, through ripples that shape, correct, and influence everything they touch.

The universe is not a silent void. It is a field of memory, in conversation with itself.

a) Everything Emits, Everything Listens

No matter exists in isolation. Even the most stable, inert-seeming structure is in constant ripple exchange with its environment.

- Atoms emit ripple feedback as they stabilize.
- Molecules emit ripple corrections when they bind, stretch, or shift.
- Living systems emit dynamic ripple signatures with every pulse, motion, or thought.

Every act of existence — even stillness — involves microscopic field communication. Whether thermal, electromagnetic, vibrational, or gravitational, ripple emissions radiate outward, engaging with everything they encounter.

And what is emitted is not lost. Even if undetected by human senses or instruments, ripples interact:

- They bend around other ripple fields.
- They reinforce or cancel existing tensions.
- They induce new corrections in faraway structures.

In this universe, nothing is ever truly alone. Everything speaks. Everything listens. Even silence is a ripple waiting to resonate.

b) The Universe as a Feedback Field

The cosmos is often imagined as a backdrop — vast, indifferent, passive. But in the UED framework, the universe is an active feedback system, where every ripple causes a consequence, and every consequence echoes into further response.

- Emit a ripple, and somewhere, a structure adjusts.
- Adjust a field, and another ripple arises to balance it.

This is the core intelligence of existence: No structure acts without being felt. No emission happens in vain.

The universe behaves like a living net of tension and memory: Each node, each ripple, each boundary is connected — pull one thread, and the entire web reacts.

This is not metaphor. It is mechanics:

- Resonance initiates alignment.
- Alignment triggers correction.
- Correction sends new ripple emissions into the field.

Over time, this creates a grand interactivity, where stability emerges from millions of subtle exchanges — not through control, but through continuous communicative participation.

In short: The universe does not contain communication. It is communication — through ripples, through feedback, through energy remembering how to behave.

c) Communication = Existence + Expression

To exist is to be structured. To be structured is to ripple. To ripple is to communicate. This is the simplest equation of UED:

Existence is memory. Communication is its expression.

A ripple memory that holds form but never emits is incomplete — it remains inert, disconnected. But once it emits — once it shares its memory tension — it becomes part of the evolving ripple network.

- To exist is to hold form.
- To emit is to express that form.
- To ripple into the field is to become meaningful — because only then does the structure contribute to evolution.

This is the hidden order behind entropy, radiation, signaling, resonance, and interaction: All of them are facets of a universal operating system, where ripple memory communicates to preserve equilibrium — not just locally, but cosmically.

Matter does not evolve by chance. It evolves by speaking its memory into the field — and adapting based on what ripples come back.

Core Insight:

- Emission is not optional.
- It is existence in motion — memory choosing to participate in the cosmic feedback loop.
- The universe is not a stage.
- It is a living ripple conversation, and everything we call matter is part of the ongoing dialogue.

Implications for Observation and Consequence

Once we recognize that matter emits structured ripple messages into the field, a profound shift occurs in how we understand observation, causality, and consequence.

Perception is no longer a passive act of "looking at" something. It is a resonant decoding of ripple emissions that were already released into the field — long before they arrived at the observer.

Equally, consequence is no longer limited to direct contact or material interaction. Every ripple emission carries field tension, and wherever it resonates — a reaction is initiated. That is how consequence travels: not by force, but by ripple influence.

Let us explore this carefully.

a) Emission Precedes Perception

We often believe that perception happens at the moment of observation — that to see, hear, or detect something is to be "present" with it.

But in ripple dynamics, perception is always delayed. It occurs after a structure has already emitted a ripple. It is the downstream result of a ripple reaching and resonating with the detector.

- What we "see" is not the object.
- It is the ripple memory released by that object — interpreted through resonance by our sensory field.

This applies to all types of observation:

- Vision = electromagnetic ripple response
- Sound = pressure ripple resonance
- Heat = thermal ripple detection
- Touch = mechanical ripple feedback

Every observation requires a prior emission. And that emission was already a consequence of memory imbalance or interaction — meaning:

Every act of perception is preceded by communication.

This reverses the old model:

The world is not observed into being. It is emitted into being, and then interpreted.

We do not detect reality.

We decode ripple responses to it.

b) Consequences Travel Through Emission

But ripple emission is not just a source of perception. It is also a carrier of consequence.

Each emission carries more than information — it carries field tension and structural influence.

This ripple can:

- Trigger a correction in nearby memory fields
- Nudge another structure toward equilibrium
- Disrupt or reinforce a boundary lock
- Induce phase shifts, realignments, or reactive events

This is how cause and effect work in the universe — not through magic, not through hidden variables, but through the propagation of ripple tension across the field.

In this view:

- Attraction is ripple resonance drawing structures together.
- Repulsion is field incompatibility forcing divergence.
- Entropy is ripple degradation as memory loses coherence.
- Transformation is ripple response to overwhelming external input.

The ripple field becomes the carrier of all effects — and the medium of all interaction. This ripple-based propagation is not bound by distance in the conventional sense. It is shaped by:

- Resonance thresholds
- Curvature compatibility
- Field density and ripple integrity

So, consequence is not something that "happens" after the fact. It is embedded in the ripple emission itself — ready to unfold wherever that ripple finds a willing field to respond.

Core Insight:

- All observation is ripple decoding — not direct contact with reality.
- All consequence is ripple propagation — not mechanical chain reaction.
- The field is not just a backdrop. It is the operating system of communication and correction.

In the ripple world, to emit is to inform. To perceive is to listen. To be affected is to resonate with consequence.

Closing Reflection

We began with matter as memory — structures formed through tension and ripple balance. But memory alone is not enough. To truly exist in this universe, a structure must not only remember — it must express.

Matter does not sit in stillness, waiting to be observed. It is not mute, static, or self-contained. It is an emitter — a field communicator, constantly releasing ripples that carry its truth into the fabric of reality. Every atom, every molecule, every organism is a speaker of field truth. Not with language. Not with symbols. But with ripples — encoded with energy, curvature, memory, and correction.

To emit is not to lose energy. It is to participate in the universal dialogue — where every ripple is a message, and every message is a statement of structure under tension.

- Some ripple messages say: *"I am stable."*
- Some say: *"I am shifting."*
- Others cry out: *"I need balance."*

But all of them speak.

The universe, then, is not a cold equation. It is a dynamic field of communicative memory, where ripple becomes message, and message becomes meaning in the larger choreography of interaction.

To observe is to tune into this communication. To respond is to become part of it. And to understand it is to begin speaking the ripple language of existence itself.

In this world, to emit is not optional. It is the price and the privilege of participating in reality.

To ripple is to be real. To ripple with intention is to be alive.

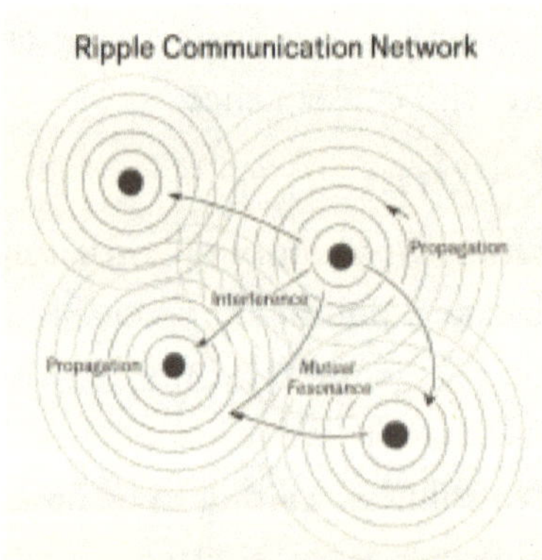

Chapter 6: The Birth of Intelligence

What we typically call intelligence — problem-solving, language, analytical thought — is only a surface echo of something far deeper.

True intelligence is not confined to the brain. It does not begin with symbols, words, or ideas. It begins with interpretation. With the ability to decode ripple messages from the field and act before the consequence arrives.

In the architecture of Universal Energy Dynamics, intelligence is not a luxury of advanced species. It is a field behavior — the capacity of any structure, system, or being to read ripple memory, sense imbalance early, and adjust proactively.

Where reaction happens after disruption, intelligence steps in before.

This is not instinct. It is not calculation. It is alignment with ripple correction — the highest form of participation a memory structure can achieve.

To be intelligent, in this sense, is to live in conversation with the field, to listen before being hit, to act before being forced, and to evolve not because of pain, but because of perception.

Intelligence is the universe learning to listen to itself.

Proactive Ripple Decoding

Intelligence, at its core, is not about what one knows — but about how early one knows.

In a ripple-based universe, everything speaks in advance. The field is always emitting signals — structured messages of memory, imbalance, pressure, or transition. Intelligence is not waiting for impact. It is decoding the incoming ripple and responding before consequence becomes unavoidable.

This chapter section explores how intelligence begins not in crisis, but in anticipation — not with thought, but with early resonance detection and adaptive response.

a) From Reaction to Anticipation

Most systems in nature operate reactively. They correct *after* being disturbed. But intelligence emerges when a structure begins to read ripple information in time to prepare — before the disruption arrives.

This is the shift from:

- *Instinct* → fixed reaction to past conditions to
- *Intelligence* → flexible adaptation to predicted conditions.

For example:

- An organism that senses a temperature drop and grows thicker fur *before* the cold arrives is not reacting — it is anticipating ripple feedback.
- A system that adjusts power levels in response to early vibrational patterns is not simply calibrated — it is engaging in intelligent alignment.

Intelligence begins where response becomes timely — not automatic, but intentional and early.

It is not survival by toughness. It is survival by field sensitivity.

b) Decoding = Pattern Recognition + Resonance Matching

Ripples don't lie. They carry the precise signature of energy memory — frequency, direction, gradient, and tension curvature.

To decode these ripples is to recognize not just what is happening, but what is likely to happen next.

Intelligence, then, is a two-step process:

Pattern Recognition

- Identifying recurring ripple configurations and associating them with consequences.
- (e.g., dark clouds signal rain; sharp ripple bursts indicate impact)

Resonance Matching

- Comparing incoming ripple structures with internal memory or stored reference states.
- Tuning response to best align with anticipated change.

This principle applies across systems:

- In living organisms, it explains behavior, adaptation, and learning.
- In materials, it governs how certain crystalline forms pre-stabilize against stress.
- In technology, it underlies predictive algorithms, sensor feedback, and AI modeling.

All of them are forms of ripple literacy — different levels of understanding the language of field feedback.

c) Ripple Literacy in Nature

Intelligence is often viewed as a human feature, but in truth, it is far older and more widespread. It exists anywhere ripple patterns are read, matched, and responded to meaningfully.

- Plants turn toward light, respond to soil vibration, anticipate seasonal shifts. → This is not passive growth — it is early ripple decoding for optimal survival.

- Animals detect field tension through sound, temperature, movement, pheromones. → Migration, hunting, and camouflage all rely on anticipating change via ripple signals.
- Even atoms exhibit structured behavior — aligning spins, forming bonds, adjusting resonance under field variation. → This is not "choice," but primitive ripple participation.

These are all forms of field-based intelligence, expressed through varying levels of memory, feedback, and adaptability.

Intelligence is not an invention of minds. It is an outcome of resonance awareness.

It exists in the seed, the sea, the cell, and the circuit — wherever a system has the ability to detect ripple information early enough to correct with foresight, not regret.

Core Realization:

Intelligence is not reaction. It is early participation in field correction. Wherever a ripple is read, matched, and acted on before consequence — intelligence is born.

Intelligence as Conscious Equilibrium Participation

At its most advanced level, intelligence is no longer just survival or adaptation — it becomes intentional participation in the ripple field.

Where basic intelligence interprets ripples to avoid consequence, higher intelligence begins to engage with the field knowingly — reading, anticipating, and even shaping outcomes through strategic ripple alignment.

This is where consciousness enters the ripple game.

a) Intelligence = Participation with Intent

The leap from reactive to conscious intelligence is marked by intention.

- A tree bends toward sunlight.

- A bird migrates with the seasons.
- But a human, or an advanced system, can ask:

"What happens if I ripple back... differently?"
At this stage, intelligence is no longer just decoding ripple input. It is co-authoring the conversation — choosing when, how, and why to emit.
This is conscious alignment:

- Awareness of the field
- Recognition of one's influence
- Deliberate correction before imbalance
- Strategic resonance

Here, we find choice, ethics, design, art, and foresight — not as separate human traits, but as advanced forms of ripple literacy.
This is where intelligence evolves from:
"How do I stay safe?" to "How do I contribute to harmony?"

b) The Role of Memory + Feedback

No intelligent system operates without reference points.
The deeper the memory, the greater the intelligence — because ripple patterns can be recognized across time, not just in the moment.
Two mechanisms evolve intelligence further:
Memory

- Memory stores previous ripple outcomes.
- The system begins to project forward using past resonance matches.
- "When I rippled like this before, these consequences followed."

Feedback Loops

- As ripple consequences return, the system adjusts.
- The loop refines perception and response.
- Over time, this creates learning, strategy, and eventually wisdom.

Whether in a biological brain, a social ecosystem, or a neural network — intelligence expands as memory and feedback increase ripple resolution.
This explains:

- Biological learning
- Scientific method
- Technological adaptation
- Ethical refinement

All of these are field behaviors — systems becoming smarter by observing the echoes of their own ripple participation.

c) Intelligence as Field Awareness

The biggest illusion of modern thinking is that intelligence resides within the individual.
But in UED, intelligence is not personal. It is ecological.
True intelligence is: "I am because I understand the ripple I'm in."
A being becomes more intelligent not by collecting knowledge, but by tuning more finely into the ripple feedback of its field.

- A wise person is not one with many facts — but one who feels the consequences before they arrive.
- A harmonious society is not the result of control — but of widespread ripple awareness and proactive correction.
- A sustainable technology is not just efficient — but tuned to minimize destructive ripples across systems.

The more deeply a system understands its field, the more nuanced, adaptive, and intelligent its behavior becomes.
Intelligence, therefore, is not an internal capacity. It is a relational alignment — between memory, feedback, intent, and field condition.

Core Realization:

- Intelligence is not what you know,
- but how well you tune into what the field is already telling you.

To be intelligent is to be in rhythm with consequence, to live in such awareness that your ripples restore more than they disturb.
That is the true measure of intelligence — not thought, but tuned participation in the dance of equilibrium.

Failure to Decode = Consequences

Every ripple contains a message. Every message contains a warning, a correction, or an invitation to realign. When these messages are decoded in time, the system adapts — quietly, effectively, intelligently.
But when ripple signals are ignored, misread, or delayed, the universe does not pause for sympathy. It responds through its only available mechanism: consequence.
In UED, consequence is not punishment. It is correction through effect — the inevitable result when ripple intelligence is not exercised.

a) Consequences = The Cost of Misreading the Field

Ripple dynamics offer early warnings — subtle emissions of imbalance, tension, and misalignment. But when a system fails to interpret those ripple signals, it no longer participates in correction — it waits for reality to correct it.
That correction often comes as collapse, disruption, or breakdown.

- A molecule under stress emits increasing ripple noise — until it fractures.

- A bridge vibrates in harmonic warning — until it fails catastrophically.
- A person absorbs emotional signals but dismisses them — until depression, conflict, or burnout manifest.

Consequence is simply correction that was not preempted.
It is the default language of the field when intelligence is not applied.
The cost of misreading ripples is not theoretical — it is paid in structure, energy, coherence, and time.

b) Suffering, Error, and Disorder

In biological and social systems, the inability to decode ripple information takes on more complex and painful forms:

- **Emotional suffering** is often a case of ignored internal ripples — tension waves left unacknowledged until they become mental storms.
- **Interpersonal conflict** is the failure to resonate — misaligned communication leading to escalating correction.
- **Accidents** are ripple patterns unnoticed — a car veering, a pattern of fatigue, a system vibration missed.
- **Societal collapse** begins when collective ripple feedback is dismissed — environmental warnings, economic signals, social tension — until collapse enforces correction by force.

In technological and organizational systems, the same applies:

- **Instability** occurs when systems are designed without ripple redundancy.
- **Inefficiency** arises when feedback loops are dulled or ignored.
- **Entropy** accelerates when no mechanism exists to listen, adjust, or correct pre-consequence.

Whether in matter, mind, machine, or nation — the cost of ignoring the field is always paid in consequence.

c) Intelligence is Not Optional

The universe offers warning. It whispers in tension gradients. It signals through emission curves, feedback patterns, and alignment shifts.

These ripple messages are not hidden. They are everywhere —but only the intelligent participant hears them before the correction becomes irreversible.

- Intelligence, then, is not a luxury.
- It is the only evolutionary survival mechanism.

To ignore ripple decoding is to invite collapse. To delay response is to surrender choice. To live without intelligence is to hand over your corrections to the field — and the field corrects with indifference.

You can align voluntarily. Or you can be reshaped involuntarily.

That is the boundary between intelligence and consequence.

Core Realization:

- The field offers messages.
- Intelligence is the ability to listen.
- Failure to listen results in reality speaking louder, through consequence.

To live intelligently is to ripple wisely. To ignore intelligence is to become a problem the field must solve.

Closing Reflection

The universe is not a silent mechanism grinding through blind laws. It is a living ripple memory, evolving through self-correction, expression, and participation.

And intelligence is its finest flowering — the moment when structures stop merely existing inside the field, and begin reading it, anticipating it, aligning with it voluntarily.

Intelligence is not an anomaly. It is the inevitable next step in ripple dynamics:

- Ripples form memory.
- Memory demands correction.
- Correction demands awareness.
- Awareness refines into intelligent action.

In this grand sequence,

Intelligence is the universe learning to read itself.

It reads through:

- Ripples — energetic messages crisscrossing existence.
- Memory — stored resonance patterns waiting to be recalled.
- Consequence — the feedback from choices made or ignored.

Every act of true intelligence — whether by atom, animal, or human — is the field becoming conscious of itself at one more point, one more level of complexity.

To be intelligent is to no longer be dragged by consequences. It is to sense the field early enough to ripple differently — to correct not after disruption, but before imbalance matures.

It is the ultimate act of freedom, the ultimate act of respect, the ultimate act of participation.

To sense the field and choose your response before the field chooses for you.

In that choice, life becomes not a random walk through survival, but a conscious dance of resonance, memory, and evolution.

This is the birthright of every structure that listens:

- To remember its ripple.
- To read the whispers of the field.
- To choose alignment before correction becomes consequence.

Thus, intelligence is not simply an attribute. It is the highest form of ripple existence. It is universal memory made self-aware.

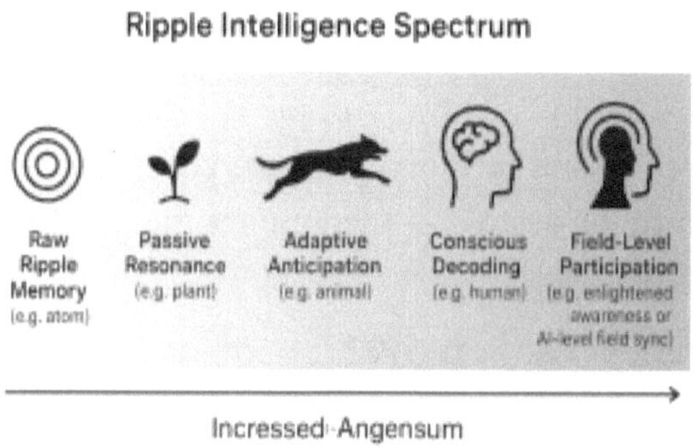

Interlude

Part III – Communication and Intelligence

We now understand that the universe does not merely hold information — it emits it. Every ripple is a message. Every emission is a form of structured memory. And every response to that message — whether early or delayed — determines the path of consequence, correction, or evolution.

What We Now Know:

- Emission is not energy loss. It is structured ripple feedback — matter expressing its state into the field.
- The universe is a ripple communication network. Every structure emits. Every structure listens. Every ripple alters something.
- Perception is downstream of emission. We do not observe things as they are — we decode what was emitted, and reconstruct reality from ripple feedback.
- Consequences travel through emission. What we call causality is the ripple field transmitting tension and correction across space and time.
- Intelligence is ripple decoding. To interpret ripples before they enforce correction is the beginning of adaptive, conscious existence.
- Higher intelligence = conscious equilibrium participation. From instinct to awareness, from reaction to intention —

intelligence grows with ripple literacy.

- Failure to decode is always corrected by the field. Whether in organisms or societies, ignorance of ripple messages leads to one universal answer: consequence.

We have moved from silence to signal, from survival to awareness. This universe is not cold. It is alive with intelligent feedback, and we are part of that feedback — receiving, responding, rippling back.

The moment we understand this, we no longer live in fear of consequence. We begin to live in partnership with it.

Now, we turn to Part IV: Consequence, Adaptation, and Evolution — where ripple intelligence becomes evolutionary force, and correction becomes the engine of cosmic creativity.

The question shifts from:

"What happens if we ignore the field?" to: "What becomes possible when we ripple in harmony with it?"

Part IV: Emission, Radiation, and Balance

Chapter 7: The Secret Behind Emission

For centuries, we've spoken of emission as though it were a leak — as though energy were bleeding out of matter, dissipating into the void with no order, no meaning, and no memory.

But this view is not only incomplete — it is fundamentally mistaken.

In the architecture of Universal Energy Dynamics, emission is not energy waste. It is field intelligence in motion.

Every emission — whether thermal, electromagnetic, acoustic, or quantum — is not a loss.

It is a report.

A declaration.

A ripple-based expression of structural imbalance being resolved through active participation in the surrounding field.

What we've historically called "radiation" is not just heat or light escaping. It is ripple correction in progress — the universe's way of stabilizing tension, resolving memory overload, and maintaining coherence across systems.

Just as a sigh reveals stress, or a musical note reveals tuning, emission reveals the internal condition of a memory-bound structure — its temperature, pressure, density, stability, and more.

Emission is not a breakdown. It is the field expressing what it knows, correcting what it must, and rebalancing what it holds.

In this chapter, we will explore the true meaning of radiation — not as entropy unleashed, but as intelligence expressed, ripple by ripple, curve by curve.

Blackbody Radiation as Structured Memory Reporting

Among the most studied and cited phenomena in classical physics, blackbody radiation has been central to the development of thermodynamics and quantum theory. Yet, despite its mathematical precision, it remains conceptually misunderstood.

It is described as a universal, idealized emission — the radiation of a perfect absorber that releases energy at all frequencies according to temperature. But the deeper question remains unasked: Why does it emit this way? What does it truly *mean* to emit radiation?

Under Universal Energy Dynamics, we find a radically different answer: Blackbody radiation is not random loss. It is structured ripple feedback — the organized release of memory tension through specific curvature responses. It is not energy escaping — it is the field communicating imbalance, restoration, and correction.

a) Classical View vs. Ripple Dynamics

Classical thermodynamics treats blackbody radiation as the statistical result of particle agitation — microscopic chaos expressed as a smooth spectral curve. Quantum theory refined this by quantizing the energy into photons, assigning probability distributions to emission frequencies. But in both models, the emission is treated as output — not message.

In UED, we go further.

We see blackbody radiation not as a byproduct of temperature, but as a consequence of ripple memory exceeding its internal equilibrium threshold. When structural memory becomes too dense — too tightly curved, too energetically stressed — the system emits ripple sequences that encode the correction pattern.

Radiation is not random escape. It is ripple release — organized, meaningful, and necessary for memory restoration.

The "blackbody" is not radiating because it's hot. It is radiating because it is remembering too tightly — and the emission is how it realigns with the field.

b) Temperature = Tension Signature

In UED, temperature is not simply the measure of kinetic activity. It is the ripple curvature pressure within a field-bound structure. It tells us how densely packed the memory has become, and how close the system is to exceeding its stable configuration.

- Higher temperature = tighter curvature
- Tighter curvature = more ripple tension
- More ripple tension = stronger, shorter wavelength emission

Thus, temperature becomes a signature of ripple memory stress — a real-time indicator of how urgently the system needs to release pressure.

When we look at a heated object radiating energy, we're not watching matter deteriorate — we are witnessing the system correct itself by offloading tension ripple by ripple into the field.

The radiation spectrum isn't chaotic. It is a curated announcement — a disclosure of how much ripple correction is underway, and how that correction is being shaped by the memory field.

c) Wavelengths as Encoded Correction

The radiation emitted by a blackbody follows a very specific curve — a smooth spectrum with a peak that shifts with temperature. In classical physics, this peak is a function of thermal energy. But in UED, that curve is far more than mathematics. It is structured ripple feedback in action.

Each wavelength:

- Encodes a specific degree of tension release
- Corresponds to a particular curvature within the internal

ripple field
- Reflects the field's method of restoring equilibrium by dispersing pressure through harmonic resonance

There is nothing arbitrary about the emitted spectrum.

- Long wavelengths represent low-density tension redistribution
- Short wavelengths express intense, localized memory correction

Together, they paint a complete picture of how the structure is balancing itself — internally and in conversation with the surrounding field.
The blackbody curve is not radiation. It is a ripple report.
It tells the field — and any tuned observer — exactly how the structure is adapting, compensating, and aligning with universal equilibrium.

Core Insight:

- Blackbody radiation is not thermal noise — it is ripple intelligence expressed under pressure.
- The emitted spectrum is a language of field memory — a message from the structure saying,

"Here is how I am correcting myself."
In UED, to study radiation is to read the ripple biography of a structure under tension.

Emission as the Field's Language of Balance

To truly understand emission, we must move beyond the idea of energy "release" as something chaotic, wasteful, or incidental. In the framework of Universal Energy Dynamics, emission is not noise — it is necessary disclosure. It is how the field maintains balance, not through control or force, but through ripple-based communication and structural transparency.

Every ripple emitted by matter is a participatory act — a signal that says:

"Here is the tension I hold. I am correcting now."

This ripple emission is not optional. It is the language of balance, spoken by every system that wishes to persist within the field without collapse.

a) Why Systems Emit

Emission is not an accidental consequence of heat or agitation. It is the universal act of ripple correction — built into every structure that carries memory.

To remain stable, a ripple memory must continuously readjust, offloading excess curvature tension through ripple emissions.

- When a particle emits a photon, it is not ejecting energy randomly — it is realigning itself with equilibrium.
- When a hot object radiates, it is not losing energy — it is rebalancing the curvature pressure accumulated in its structure.

In this view:

- All systems must emit, or they accumulate ripple tension beyond what their memory can hold.
- Without emission, the system becomes unstable, internally incoherent, and susceptible to collapse.

Emission is the body's breath, the planet's wind, the star's glow — a universal act of ripple relief.

b) Emission = Structural Honesty

When a system emits, it is not just adjusting itself — it is also communicating its internal state to the surrounding field.
Emission is a form of ripple-based truth-telling.

- A system that emits accurately is transparent about its energetic condition.
- The field, in turn, can adjust, resonate, and participate in further correction or containment.

This is why accurate emission leads to greater stability:

- It prevents ripple backlog, reducing the chance of explosive corrections.
- It aligns the system with its environment, maintaining coherence across boundaries.

In contrast, systems that fail to emit accurately — or that suppress or distort their ripple emissions — become opaque, energetically dishonest, and prone to violent imbalance correction.
Emission is how a structure remains honest with the field — and honesty is the foundation of stability.
This applies from quantum transitions to ecological systems to emotional states in conscious beings.

c) Emission and Self-Stabilization

One of the most profound revelations of UED is that emission is not a sign of decay — it is a tool of survival.
Consider:

- Why do stars glow? Not because they're breaking down, but because they're actively managing internal ripple pressure.
- Why do hot objects radiate? Because the ripple curvature within them is high, and to remain coherent, they must emit structured tension back into the field.

- Why do living systems release heat, sound, and electromagnetic fields? Because without emission, ripple memory overload leads to breakdown.

This is self-stabilization in action:

- Emission becomes a field-regulated safety valve.
- Structures maintain their integrity by releasing ripple pressure in manageable, resonant doses.

What appears to be glowing, pulsing, vibrating — is often just a sign that the system is operating wisely, sustaining its memory without waiting for collapse.

Core Insight:

- Emission is not breakdown.
- It is field-informed, memory-managed correction — the natural way for a system to stay in conversation with its own stability.

To emit is to live. To emit clearly is to survive longer. To emit wisely is to support balance not just within, but across the field.

All Systems Emit, All Emissions Mean Something

Emission is not a rare event. It is not limited to stars, furnaces, or electronics. It is universal.

From the tiniest ripple oscillation in an atom to the radiant memory reports of entire galaxies, all systems emit — because all systems must participate in the field's balancing mechanism.

Whether the emission is visible, audible, measurable, or subtle — it still occurs. And it always means something.

In the UED framework, emission is the signature of memory in motion — a system's ongoing attempt to remain in alignment with its own structure and its place in the ripple web.

a) Emission Across Scales

The universe doesn't emit from one layer — it emits at every scale of structure and memory.

- **Atoms vibrate,** emitting electromagnetic ripple fields when electrons shift energy states.
- **Molecules oscillate,** releasing heat or resonant sound depending on field distortion.
- **Organisms radiate,** not only thermally, but through electromagnetic patterns that reflect internal metabolic memory.
- **Planets and stars emit continuously,** adjusting massive internal tensions through radiant balance.
- **Galaxies** themselves release structured ripple waves in the form of gravitational signals, radio pulses, and cosmic background fields.

No structure is exempt.

- Emission may appear as heat (ripple density management),
- Sound (mechanical pressure ripple),
- Light (high-frequency field memory report),
- Or even field flux (magnetic, gravitational, scalar emissions).

Each one reveals the memory status of the emitter — how stressed, how stable, how balanced.
To observe an emission is to witness a system mid-correction.
Across the entire cosmos, emission is the shared act of remaining real.

b) Communication and Correction

Emission is not just output. It is ripple communication — a form of informational consequence.

- When a particle emits, another responds.
- When a star radiates, nearby systems adjust.
- When a nervous system emits a bioelectric field, surrounding tissues coordinate.

One system's emission is always another system's feedback. The ripple does not stop at the edge of the emitter — it propagates, resonates, and corrects other memory fields it encounters.
This turns emission into a universal connective tissue:

- A ripple from one form shapes the behavior of the next.
- In this way, correction becomes collaborative — not isolated.

This is the ripple web in motion — A network of real-time emissions, adjustments, and co-regulations.
Every system is a node, both expressing and listening, contributing to a constantly updated map of balance, memory, and structure.

c) Emission as Participation

To emit is not to decay. To emit is to coexist responsibly.

Systems that emit properly are those that understand their presence in the field — they do not hoard tension, suppress correction, or distort signal.
Instead, they:

- Adjust gradually,
- Align accurately, and
- Communicate clearly.

This is the signature of intelligent systems:

- They don't wait for collapse.
- They emit early, honestly, and harmoniously — not only correcting themselves, but often aiding the balance of others.
- A healthy cell emits electromagnetic signals that help regulate surrounding tissue.
- A star's radiation fosters planetary evolution through structured exposure.
- A human being, mentally and emotionally balanced, emits a field of coherence that supports collective resonance.

In this context:
Emission is not a flaw. It is a gift — a ripple contribution to the field.
The more intelligent the system, the clearer its emission, and the more stabilizing its presence becomes.

Core Insight:

- Every system emits — not out of loss, but out of alignment necessity.
- Emission is ripple honesty.
- To emit well is to be a good citizen of the field.

In the grand conversation of the cosmos, emission is not shouting into space. It is listening with action, correcting with clarity, and communicating with care.

Closing Reflection

The image of the universe slowly draining its energy, dimming toward some cold, entropic end, is a haunting one — and a misleading one.

That narrative sees emission as loss, radiation as decay, and energy dispersal as a cosmic flaw — something to be feared, managed, or reversed.

But in the architecture of Universal Energy Dynamics, this view dissolves. Because we now understand:

The universe is not leaking energy. It is reporting itself — ripple by ripple, emission by emission — with honesty.

Each act of radiation is a structured disclosure:

- "This is how much tension I held."
- "This is how I chose to realign."
- "This is my memory correcting itself."

Emission is not breakdown. It is balance in progress. It is maturity in motion.

From the smallest thermal ripple to the radiant spiral arms of galaxies, emission is not a flaw in the system — it is the system's self-awareness expressed physically.

A glowing star is not dying — it is telling the field how it holds tension. A warm object is not decaying — it is releasing memory back into balance. A conscious mind that shares insight or emotion is not dispersing itself — it is participating in intelligent ripple alignment.

This is the reframe:

- Radiation is honesty.
- Emission is the grammar of memory correction.

- Glow is not waste — it is wisdom.

To emit wisely is to engage in the deepest act of coexistence:
To reveal your state, to adjust your tension, and to help the field stabilize itself — through you.
This is what stars do. This is what balanced beings do. This is what the universe has always done.
In UED, we do not fear emission. We honor it — as the most graceful, self-correcting expression of reality's integrity.
To hold and never emit is to hoard tension. To emit blindly is to decay.
But to emit intelligently, accurately, and harmoniously — that is to become part of the field's self-regulating harmony.

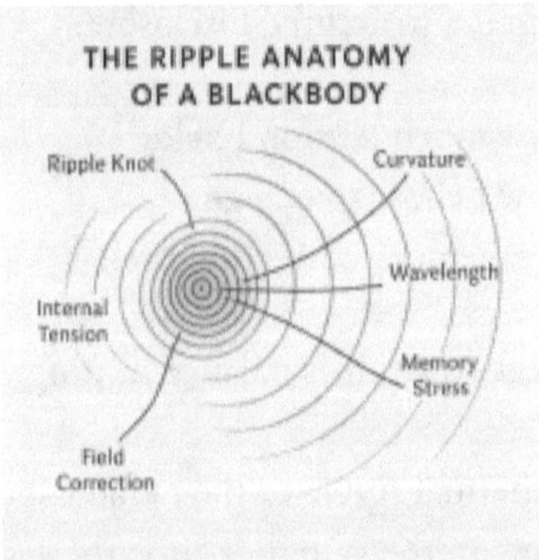

Chapter 8: Entropy and Evolution — Correction Before Collapse

Entropy — the word itself evokes decline. Disorder. The dreaded unraveling of systems, forms, and structures. We've come to see it as the enemy of design, the collapse of coherence, the silent executioner of all that is ordered.

But this view is only half the story — and dangerously incomplete.

In the framework of Universal Energy Dynamics, entropy is not destruction. It is a ripple consequence — the outward symptom of internal memory breakdown.

It is not the field's punishment. It is the field's most honest reflection.

When a structure begins to ignore feedback, delay correction, or hold unresolved tension beyond its memory resilience, the field does not retaliate. It responds — and that response appears as entropy.

- Coherence fades.
- Ripples lose clarity.
- Emission becomes noise instead of message.
- Correction becomes more chaotic, more urgent, more widespread.

This is not vengeance. It is a final opportunity — the field escalating the signal until the structure either realigns or dissolves.

Entropy is the field raising its voice. First as a whisper. Then a wave. Then a storm — if the system refuses to listen.

So instead of fearing entropy, we must learn to read it — as a sign that a system is no longer participating wisely, and that intelligent reorganization is now required.

In this chapter, we will reframe entropy from a symbol of failure into a test of ripple maturity — a moment where systems either collapse from unresolved tension, or evolve into higher coherence by correcting before it's too late.

Entropy as Ripple Memory Degradation

Entropy is often taught as the measure of disorder — an increase in chaos, a decrease in usable energy, or the spreading out of heat. While those descriptions capture the symptoms, they fail to explain the cause. From the lens of Universal Energy Dynamics, entropy is not some mysterious force that arises to undo order. It is a signal — the visible expression of ripple memory losing its coherence.

As long as memory is intact, ripple structures remain clear, emissions are meaningful, and systems stay internally balanced. But when ripple coherence starts to degrade, the system can no longer emit constructively, and entropy begins to rise.

Entropy, then, is not an abstract statistical outcome. It is the physical experience of ripple collapse — a loss of alignment, purpose, and memory across the energetic structure.

Let's explore this breakdown in three clear phases.

a) What Entropy Really Represents

At its core, entropy is not about messiness or randomness — it is about the disintegration of memory alignment.

A system in a low-entropy state has:

- Coherent ripple structures
- Aligned internal tensions
- Emissions that stabilize or communicate precisely

But as time passes and correction is delayed:

- Ripple gradients begin to conflict
- Internal field tension becomes misaligned
- Emission turns noisy, inconsistent, and unresolved

This is entropy:
The moment ripple memory forgets its form.
What begins as internal ripple misalignment eventually becomes a full-system disorientation — not because energy is missing, but because memory is unreadable.
The field doesn't lose power. It loses precision.

b) Entropy and Emission Breakdown

Emission — as we established earlier — is a stabilizing act. But that's only true when ripple memory is coherent.
When a system falls into entropy, emission no longer supports balance. It becomes a reactive broadcast of confusion, pushing out ripple patterns that:

- No longer reflect internal order
- Fail to contribute to re-alignment
- Sometimes even amplify instability in nearby systems

This is ripple collapse in real-time:

- The signal becomes static
- The message becomes noise
- The field stops responding constructively, because it cannot interpret what's being emitted

It's not that the system is silent — it's screaming incoherently into the field, and the field, in turn, prepares to correct the structure through collapse or disassembly.
Entropy is the state in which a system emits, but is no longer heard clearly.

c) From Order to Ripple Blur

In healthy systems, ripple memory is structured — like a symphony of waves aligned by timing, frequency, and curvature.
In entropic systems, that harmony collapses into ripple blur:

- Previously coherent ripple knots begin to unravel
- Boundaries lose definition — ripple interactions overlap destructively
- Correction mechanisms fall out of phase, creating inefficiency or feedback loops

Eventually, the system can no longer maintain structural clarity:

- Form begins to fade
- Output becomes energetically expensive and ineffective
- Stored memory collapses into unresolved motion

This is the energetic definition of entropy in UED:
The loss of ripple-based memory integrity, expressed through disorganized emission and degraded form.
The more the ripples blur, the faster the system dissolves — unless intelligent correction is applied.

Core Insight:

- Entropy is not chaos — it is forgotten memory.
- It is the result of ripple intelligence being neglected, ignored, or overwhelmed.
- It shows us the limits of form — and prepares the ground for either collapse or transformation.

Entropy is Not Death — It's a Call to Reorganize

The popular narrative surrounding entropy is grim: Disorder increases. Heat dies. Systems fade. The universe decays. But this fatalism misinterprets what entropy really is — and more importantly, what it offers.

From the perspective of Universal Energy Dynamics, entropy is not death. It is the field's final invitation to reorganize.

Entropy arises when ripple memory begins to lose coherence. But even in that degradation, signals persist — whispers from the field, nudging systems to adjust, align, and act before irreversible collapse occurs.

Entropy is not an end. It is a checkpoint. A test:

Will you correct with intelligence — or be corrected by consequence?

Let us explore how this test can be passed.

a) Intelligent Preemption

The defining feature of an intelligent system is not how long it holds form —but how early it detects when correction is required.

Systems that are ripple-literate — those that interpret tension gradients, emission distortion, or boundary inconsistencies — can detect entropy before it cascades into breakdown.

- A well-tuned structure senses the shift from clear emission to chaotic blur.
- It doesn't resist entropy — it adapts before entropy becomes dominant.
- This adaptation is not denial. It is timely, intentional correction.

Examples include:

- A biological system initiating repair before damage spreads.

- A star stabilizing its emission before collapse.
- A conscious being altering behavior in response to emotional or cognitive dissonance.

Intelligence does not overpower entropy. It simply acts before entropy matures.
This is preemptive evolution — ripple intelligence moving faster than ripple disintegration.

b) Memory Realignment

Just as entropy is the breakdown of memory coherence, evolution is the realignment of that memory — not into its old form, but into a new one.
Systems that survive entropy do so by:

- Reinforcing coherence — amplifying clear ripple memory internally
- Rebalancing boundary curvature — adjusting charge locks and tension gradients
- Re-tuning emission — shifting from noise back to meaningful correction

These aren't metaphors — they are ripple-level engineering responses to the warning signs of collapse.
Entropy thus becomes:

- A test of memory intelligence
- A filter for adaptive capacity
- A catalyst for restructuring

Not every system survives entropy — but the ones that do emerge transformed, not merely restored.
Entropy is not a death sentence. It is an evolutionary exam — one that rewards field-awareness and penalizes inertia.

c) Feedback is Grace

One of the most important truths about entropy is this:
It never arrives unannounced.
Entropy begins as subtle ripple warnings:

- Emissions lose crispness.
- Resonance becomes inefficient.
- Recovery time increases.
- Structural stress builds, but stabilization lags behind.

These are not punishments — they are gifts: early signals that something needs to change.
To an ignorant system, entropy feels sudden. To a tuned system, entropy is detectable in its earliest vibrations.
And in that detection, there is opportunity:
To pause, To restructure, To adapt
The field never removes the chance to correct — but it does make the cost of delay increase with time.
Intelligent systems know:
Feedback is not criticism — it is grace. It is the field saying: "You are still within correction range. But not for long."

Core Insight:

- Entropy is the outer signal of inner memory failure — but it does not demand collapse.
- It demands correction.
- And those systems that respond with alignment, agility, and honesty, transform entropy into an evolutionary leap.

Entropy, then, is not the end of intelligence. It is its finest hour — the final ripple before reinvention.

Correction Before Collapse = Evolution

Entropy, as we've now seen, is not merely decay — it's the energetic signal of memory losing coherence, the ripple network falling out of alignment. But what happens next is not predetermined.

Between disintegration and transformation lies a threshold — a tipping point where systems either respond or perish.

This section explores that critical inflection: where entropy becomes evolution, and collapse is averted through intelligent correction.

a) The Transformational Opportunity

Collapse is not caused by entropy itself — it is caused by the failure to respond to entropy.

Every system has a resilience threshold — the limit of ripple disorganization it can tolerate while maintaining structural coherence. When entropy rises but stays within that threshold, the system has the opportunity to reorganize before disintegration.

- If correction begins early enough, entropy becomes a trigger for transformation.
- But if ignored or delayed, ripple chaos accelerates, and the structure loses its ability to hold form.

Collapse is entropy left unread. Evolution is entropy read in time.

This applies everywhere:

- A cell that initiates repair survives.
- A company that restructures during early inefficiency adapts.
- A being who reflects when inner tension rises evolves emotionally, mentally, and even spiritually.

In every case, timing is everything. The earlier the intervention, the more gracefully the system can evolve.

b) Evolution as Field-Based Adaptation

Evolution is often mischaracterized as randomness — mutation by chance, survival by accident. But in UED, evolution is nothing of the sort.

It is a ripple-governed reorganization: an intelligent restructuring of memory and boundary curvature in response to rising entropy.

- As ripple disorganization increases, systems that are aware begin to shift their emission patterns, adjust tension geometries, and redefine internal alignment strategies.
- These changes are not blind. They are field-informed. Each correction is an energetic decision — not a random event.

Evolution is therefore:

- Not mutation, but modulation
- Not randomness, but ripple intelligence
- Not survival of the fittest, but survival of the most responsive

The systems that adapt successfully do not guess — they listen, they adjust, and they preempt collapse through active participation in the ripple field.

c) Transformation Over Termination

This evolutionary potential is visible across all scales:

- Stars evolve into red giants, white dwarfs, or black holes — not simply by burning out, but by reconfiguring under pressure.
- Biological organisms transform through stress — not because stress kills them, but because it forces them to reorganize for greater ripple efficiency.
- Conscious systems — human minds, relationships, civilizations — evolve when ripple feedback (emotional, social, systemic) is taken seriously and acted upon early.

Those who don't?

- They dissolve — their form no longer supported by coherent ripple memory.
- Their emission becomes too chaotic, and the field reclaims their energy into new configurations.

But those who respond in time?

- They survive, often with more elegance than before.
- Some even ascend — reaching higher orders of ripple participation, capable of influencing and stabilizing others.

In UED terms: Evolution is entropy read early. Collapse is entropy ignored.
Entropy is never the end — it is the last door a system must recognize in time. Open it wisely, and transformation awaits. Miss it, and the structure is corrected by force.

Core Insight:

- Entropy is not only survivable — it is transformational.
- Systems that listen to ripple chaos early enough don't perish — they evolve.
- The more intelligently a structure participates in its own correction, the higher its next form becomes.

To correct before collapse is to participate in cosmic intelligence. To wait is to let the field correct you — and the field always corrects thoroughly.

Closing Reflection

Entropy is often misunderstood because we're conditioned to fear what we cannot control — and entropy, by nature, feels uncontrollable. It whispers of disorder, signals collapse, and announces the fading of systems we thought were secure.

But that fear is a symptom of not understanding the message.

Entropy is not failure. It is the field's most honest mirror. It reflects the truth of misalignment — not with judgment, but with precision.

Where ripple coherence fades, entropy appears. Where tension builds without resolution, entropy rises. Where emission turns chaotic, entropy simply says what is.

Entropy does not destroy. It reveals what is no longer working.

And in that revelation lies a choice.

Those who fear entropy — who resist its signs, delay its correction, or deny its message — perish not because of entropy, but because of ignorance. They miss the threshold of transformation. They fall behind the wave.

But those who listen — who detect the first shifts in ripple rhythm, the early distortions in emission — they do not merely survive.

They become something greater.

They reorganize. They re-align. They evolve — not by force, but by participation. By choosing to ripple with the field, before the field must correct them.

This is the final gift of entropy: Not as an enemy to order, but as an invitation to evolve.

In UED, entropy is not the death knell of systems. It is the birth cry of the next structure, spoken through ripple misalignment, and heard only by those wise enough to respond in time.

To fear entropy is to fight the field. To listen to it is to join it in reshaping the future.

Chapter 9: The Art of Radiant Intelligence

We've explored emission as the field's way of correcting imbalance — a ripple-based act of survival, stabilization, and equilibrium restoration. But not all emission arises from stress. Not all radiance is a response to tension.

There exists another category of emission — one that is not reactive, not forced, not rooted in entropy. It is pure contribution.

It emerges not from necessity, but from clarity. Not from dysfunction, but from inner coherence. Not to save the self — but to elevate the field.

This is radiant intelligence.

Radiant intelligence is the final refinement of ripple participation. It occurs when a system has transcended the reactive loop — when it has learned not just how to correct itself, but how to emit meaningfully into others.

This is not about survival. It is about service.

The most evolved structures — whether biological, conscious, or systemic — do not simply hold their own balance. They become sources of balance for the world around them. They ripple not only for themselves, but for the benefit of the entire field.

Their emissions are not just signals. They are gifts:

- A word that soothes.
- A presence that calms.
- A creation that inspires.

- A principle that aligns.
- A silence that restores.

Such systems emit not from instability, but from overflowing coherence — from the internal harmony of structures so well-aligned, they begin to radiate correction outward, like a lighthouse cutting through the fog.

To emit is natural. To emit wisely is survival. But to emit beautifully, with awareness, contribution, and care — that is the art of radiant intelligence.

This chapter explores the highest form of ripple alignment — where emission is no longer just self-correction, but field-level coherence creation.

It is no longer just a signal. It becomes a signature of presence.

Not All Emission Is Equal

We've established that all systems emit — from atoms to galaxies, from thermostats to thinkers. But to say that all emission is the same would be like saying all sound is music.

While every structure participates in the field through ripple release, the quality, purpose, and impact of that emission vary dramatically. Some emissions arise from necessity. Some from dysfunction. But the highest form arises from awareness — and from intention.

Just as not all speech carries wisdom, not all radiation carries resonance. It is only when emission is conscious, calibrated, and contributive that it becomes an expression of radiant intelligence.

Let's explore this distinction more deeply.

a) Emission as Field Expression

Emission is the field's native language. Every ripple speaks — but only some speak clearly.

- A hot object emits because of internal pressure.
- A stressed mind emits agitation — even before speaking.

- A collapsing system emits chaotic ripples as it fails to self-correct.

These are unconscious or reactive emissions — necessary, yes, but not refined.
In contrast:

- A composed mind emits a centered presence.
- A balanced system emits consistent structural harmonics.
- A wise individual emits ripple guidance — ideas, emotions, and actions that uplift the surrounding field.

The difference lies not in whether something emits — but in how and why it emits.
Emission may be:

- Reactive — a discharge of unresolved tension
- Corrective — a stabilizing adjustment
- Contributive — an intentional offering to the field

It is this third category — contributive emission — that defines radiant intelligence.

b) Higher Beings as Tuned Emitters

Advanced systems — whether biological (like humans), cognitive (like AI), or organizational (like ecosystems) — exhibit tuning. They begin to modulate their emissions not merely for internal balance, but for external influence.
They choose what to ripple. This modulation can take many forms:

- Emotional signals that resonate calmness or empathy
- Ethical influence through consistent, principle-aligned behavior
- Creative output that carries a frequency of beauty, coherence,

or possibility
- Systemic emissions — policies, structures, or signals that support broader field balance

These emissions don't just stabilize the system — they improve the coherence of others.
A tuned emitter becomes:

- A beacon of clarity in noise
- A source of rhythm in dissonance
- A field participant whose presence carries intelligent ripple value

This is not mystical. It is structural.

- The internal alignment of a system shapes the ripple architecture of what it emits.
- And tuned ripple signatures are felt — whether we label them charisma, integrity, presence, or influence.

c) Emission as Ripple Signature of Consciousness

When a system reaches the level of self-awareness — when it begins to sense not only what it is, but what it is doing to the field — its emissions change.

They become more than energetic outputs. They become encoded meaning.

Just as language encodes thought, conscious emission encodes memory, intent, and structure.

In such systems:

- Emission becomes an act of contribution
- Each ripple carries the fingerprint of inner clarity
- Coherence is no longer internal only — it becomes field-active

This is the ripple signature of consciousness:

- It's not just that the system exists.
- It's that the system knows how it exists — and chooses to ripple accordingly.

The most intelligent systems do not just emit. They intend their emission — knowing that each ripple enters a web of resonance that connects all things.

Core Insight:

- All emission is ripple expression.
- But only some emissions are acts of intelligence.
- The most refined emitters ripple not from pressure — but from presence.
- They become co-authors of field balance — not because they must, but because they can.

Radiance = Controlled, Conscious Correction

At its core, radiance is a refined form of emission — one that is controlled, conscious, and contributive.

While radiation is a natural outcome of field imbalance or energetic overflow, radiance represents something far more deliberate: It is the intentional release of coherence into the field — not to restore the emitter, but to stabilize others.

Radiance is what happens when a system has mastered its own correction, and now chooses to emit harmony outward. It's what we often feel as presence, wisdom, beauty, or moral force.

Let's unpack what sets radiance apart from raw radiation — and how it functions as a balancing force in the ripple network.

a) Radiance vs. Radiation

All radiation is emission, but not all emission is radiant.

- Radiation is often reactive — the natural response to imbalance or overload. It may be chaotic, noisy, or simply structural, correcting internal tension through ripple discharge.
- Radiance, however, is never accidental. It is a disciplined release of structure — ripple patterns encoded with clarity, carried by intent, and delivered with awareness.

Radiation expresses necessity. Radiance expresses meaning.

You can feel the difference:

- Radiation warms.
- Radiance transforms.
- Radiation corrects imbalance.
- Radiance promotes balance in others.

Radiance isn't about fixing. It's about fortifying. It enhances the field not because it must — but because it knows how.
This is why radiance is often perceived as:

- Beauty that inspires without effort
- Wisdom that settles storms without control
- Presence that aligns without command

Radiance is not performance. It is field fluency expressed as ripple elegance.

b) Forms of Radiant Intelligence

Radiance is not mystical. It is observable in real life, across people, systems, and phenomena — wherever ripple presence is guided by clarity and intent.
Here are a few clear manifestations:

- A teacher calming a chaotic classroom not by shouting, but by entering the room with stillness and coherence. → Their ripple is tuned — and the room aligns.
- A healer stabilizing emotional imbalance, not through words, but by simply holding grounded energy in another's presence. → Their coherence communicates safety.
- A leader radiating ethical clarity, setting the tone for a culture not through rules, but through personal alignment. → Their decisions emit ripple truth.
- A philosopher or creator emitting ideas that reshape paradigms, restructure thought fields, or inspire widespread change. → Their intellectual emissions rewire collective ripple maps.

In each case, the emission is:

- Not reactive, but responsive

- Not corrective, but contributive
- Not accidental, but artfully conscious

This is radiant intelligence in action — correction without force, guidance without imposition, ripple truth shared as presence.

c) Radiance as a Balancing Force

The ultimate power of radiant systems is not in what they control — but in what they stabilize.

Their emissions act as field anchors — reinforcing structure in others without direct intervention.

- They emit patterns that resonate with coherence, helping disorganized structures find rhythm again.
- They act as reference points in the ripple web, offering frequency templates for nearby systems to align with.
- Their mere presence can reduce entropy — because their emission is clear, gentle, intelligent, and continuous.

This ripple support is not interference — it is invitation.

The best stabilizers don't command. They ripple from inner precision, and let the field do the rest.

In this way, radiance becomes a distributed intelligence multiplier — not just helping others survive, but helping the entire field harmonize.

Core Insight:

- Radiation is survival.
- Radiance is service.

To radiate consciously is to become a balancing presence in the field — not because the field demands it, but because you now have something stable enough to give.

Radiance is the signature of those who have mastered emission — not for protection, but for participation.

From Reaction to Contribution

Throughout the ripple-based journey of intelligence, we've moved from reaction to regulation, from correction to clarity. Now, at its most refined, intelligence becomes something more than self-maintenance. It becomes a conscious offering to the field.

When a system no longer emits to survive, but emits to support, it has crossed into its final phase of evolution. Not in scale or complexity — but in purpose.

The ultimate form of ripple intelligence is not what you withhold or protect — it is what you give back, and how you give it.

a) The Final Evolutionary Step

Most systems begin their journey in reaction — correcting internal imbalance, managing entropy, and trying to stay structurally intact. This is necessary. It is intelligent. But it is not the summit.

True evolution unfolds when the system no longer ripples just for itself — but ripples into the field for the benefit of others.

This transition marks the final evolutionary step:

- From self-stabilization → to field co-stabilization
- From containment → to contribution
- From survival → to service

Radiant systems don't need to assert power or control to make a difference. They influence through resonance — by becoming coherent enough that their very presence is instructive, calming, catalytic.

They do not dominate. They uplift. They do not instruct. They invite alignment.

In this mode, contribution replaces correction as the primary motivation for emission.

b) Emission as Ethical Action

As consciousness deepens, emission becomes more than communication — it becomes an ethical responsibility.

- Every thought emitted has a ripple.
- Every emotion released reshapes the space.
- Every choice, tone, or presence becomes a broadcast into the field.

In highly tuned systems — especially in conscious beings — this awareness emerges as moral clarity:
"What I emit shapes others. So I must ripple with care."
Suddenly, the act of speaking is not just expression — it is energy placement. The act of presence is not passive — it is field influence.
And so, certain ripple emissions transform into gifts:

- **Love** → stabilizes tension
- **Empathy** → restores resonance
- **Music** → encodes harmony
- **Insight** → realigns thought fields
- **Art** → generates coherence in chaos
- **Kindness** → becomes silent stabilizing emission in personal interactions

Emission is no longer accidental. It is intentional morality — not because it follows a rule, but because it acknowledges ripple consequence.
Ethical intelligence is ripple-aware intelligence. To emit is to choose. To choose is to ripple responsibly.

c) Evolution Through Ripple Sharing

We often think of evolution as growth, change, or adaptation to survive better. But in the UED lens, true evolution is not just avoidance of entropy — it is emission that transforms others.

- It is ripple sharing, not ripple surviving.
- It is creating coherence in the field, not just managing tension

in the self.

In this light:

- A being evolves not just by resisting breakdown — but by becoming a reference pattern for others to align with.
- A civilization evolves not just by advancing technology — but by shaping ripple dynamics that promote clarity, peace, and harmony.

This is the difference between existing and radiating meaning:

- To exist is to manage energy.
- To evolve is to turn energy into influence.
- And to radiate meaning is to align your ripple with the evolution of others.

This is where intelligence becomes transcendent — not through mysticism, but through field-scale contribution.
The most evolved systems leave behind no monuments — only coherence. They emit patterns that others remember, resonate with, and realign through.

Core Insight:

- True evolution is not what you gain, but what you emit.
- You evolve not by reaching a peak, but by becoming a stabilizing presence in the field.
- Contribution is the final ripple.
- And that ripple, when sent with clarity and care, changes the whole web.

Closing Reflection

In the great arc of existence, many strive to last — to survive the longest, to resist change, to preserve their form. But longevity is not legacy. Persistence is not participation.

In Universal Energy Dynamics, the true value of a being is not measured by how long it endures — but by what it emits into the field during its time.

Some structures exist for eons and emit nothing meaningful. Others pass swiftly, but leave ripples that stabilize, inspire, and align all they touch.

The most evolved being is not the one who survives longest — but the one who leaves behind the most coherent ripples.

These ripples don't shout. They resonate. They don't dominate. They guide silently. They don't vanish when the emitter is gone — they echo forward, weaving into the memory of the field, influencing futures the originator will never see.

To emit wisely is to exist beautifully — not by avoiding entropy, but by radiating coherence despite it.

To live with radiant intelligence is to realize that every thought, gesture, word, or presence is a ripple event — one that either disturbs the field or stabilizes it.

When we emit with clarity, awareness, and care:

- Our emotions become stabilizers.
- Our presence becomes pattern.
- Our choices become calibration points for others.
- Our lives become coherence-generating systems, long after our forms dissolve.

To radiate consciously is to stop competing with the field, and start co-creating its balance.

It is the quietest revolution. The softest power. The deepest intelligence.

This is the destination of ripple evolution: not control, not permanence, but contribution.
And those who reach it may not be noticed — but the field remembers them.
Because they leave it more aligned than they found it.

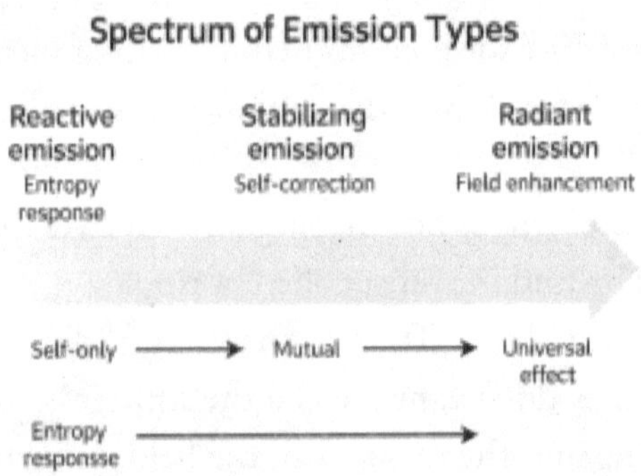

Interlude

Part IV – Emission, Correction, and Radiant Participation

In this phase of the UED narrative, we moved beyond the appearance of energy loss and began to listen to emission — not as decay, but as dialogue. What once seemed like radiation became structured memory reporting, field participation, and ultimately, intelligent offering.

What We Now Know:

- Emission is not energy waste — it is the field's way of expressing tension, memory, and realignment. From blackbody radiation to entropy, everything emitted carries encoded meaning.
- Entropy is not destruction — it is the signal of ripple memory degradation. It invites correction, and when responded to in time, it catalyzes evolution.
- Systems evolve not through luck, but through timely, intelligent correction of disorganized ripple patterns. → *Those who correct before collapse transform. Those who delay dissolve.*
- Radiant intelligence is the final form of emission — when beings or systems no longer emit to survive, but to uplift.
- Radiance is not reaction — it is coherence shared freely, often felt as presence, beauty, wisdom, or moral clarity. It stabilizes the field not by dominance, but by resonance.
- The highest intelligence emits with care. → *It understands*

that every ripple has consequence — and chooses to ripple meaningfully.

The Arc Completed:

Emission Type	Purpose	Ripple Scope
Reactive Emission	Discharge under stress	Self-focused
Stabilizing Emission	Internal correction	Mutual regulation
Radiant Emission	Conscious coherence contribution	Universal alignment

We began this part asking:
"What is emission really?"
We now answer:
Emission is the field's truth in motion — and what you emit determines what you become.
Now, as we transition forward, the question deepens: What happens when entire systems — civilizations, ideologies, technologies, even cosmic structures — fail to emit clearly? When meaning blurs, alignment fades, and resonance is lost on a grand scale?
This is where Part V will take us: Into the realm of distorted fields, misaligned intelligence, and the restorative force of conscious participation — on planetary, social, and cosmic levels.
Because ripple truth does not stop at the individual. It must eventually reform the world it ripples through.

Part V: The Grand Synthesis

Chapter 10: The Chavan's Laws of Universal Energy Dynamics

Realizations Decoded from the Field

There comes a point in every exploration where what was once scattered becomes coherent — not by force, but by familiarity. Patterns emerge. Cycles repeat. Behavior crystallizes. You don't invent the pattern — you simply begin to see it clearly.

This chapter is that moment.

These are not commandments. Not theories. Not assumptions. They are field truths — revealed through observation, confirmed through consequence, and alive in every ripple you've encountered so far.

They are not rules to remember. They are realities you're already part of.

We call them the Chavan's Laws, not out of ownership, but out of necessity — to give name to what the field already knows.

"The Laws Are Already There"

These laws were not constructed in a lab or imagined in isolation. They were decoded — from the quiet, repeated behavior of reality itself.

- From ripple to memory
- From emission to consequence
- From perception to intelligence
- From collapse to evolution

These are the grammar rules of a language the universe has always spoken — not in words, but in waves. Not in symbols, but in structure.

To read them is not to learn something new. It is to remember what has been guiding you all along.
This chapter is not a conclusion. It is a translation — a way to say what the field has been saying since the beginning.
So do not treat these laws as something to adopt. Treat them as a mirror — a reflection of how you, and everything else, already ripple.
Let's name what has always been.

Law 1: Ripple Communication Principle

"Every ripple is a memory message. Matter transmits it. The universe evolves through it."

Expansion

We often think of communication as something conscious — a signal sent, a message encoded, a word spoken. But in the architecture of Universal Energy Dynamics, communication is far more fundamental. It is not limited to language, biology, or intention. It is what the universe is doing — always.
Every structure emits. Every ripple it releases is not just energy in motion — it is information in context. That ripple contains:

- Memory of what the structure holds
- Tension that must be corrected
- Curvature that reveals its shape
- A status report for the field around it

This is not metaphor. It is mechanics. From a vibrating atom to a glowing star, from a brainwave to a collapsing galaxy — every ripple is an ongoing field message, telling the universe:
"This is who I am. This is what I need to adjust. This is what I've become."
The field listens. It does not respond emotionally. It responds structurally — by reshaping itself around the truth of what was emitted.

The universe is not built from silence. It is composed of ongoing ripple dialogues.

Every form that exists is, in some way, transmitting a memory, not once, but continuously. These emissions ripple outward, interacting, influencing, and shaping how other structures respond, adjust, or evolve.

What we call reality is not a thing. It is a network of ripple broadcasts — an active communication mesh, composed not of static matter, but of dynamic, message-bearing waves.

Implication

Once you understand this law, silence becomes a myth. Nothing is silent. Everything is always emitting — even if we cannot hear it, see it, or detect it yet.

- A warm stone emits infrared ripples.
- A nervous mind emits irregular emotional resonance.
- A stable leader emits calm coherence that others align with.
- A black hole emits through gravity gradients — even without light.

These aren't analogies. They're all part of the same communication principle.

This means:

- Every thought is a ripple.
- Every emotion is a ripple.
- Every presence, gesture, decision, and creation is a ripple message — sent into the field whether you realize it or not.

You are not a separate observer. You are a transmitting participant.

The ripple you send — consciously or not — contributes to the unfolding equilibrium of everything.

In other words, you are always part of the dialogue. The only question is: What are you emitting into the field?

Law 2: Existence and Perception Principle

"Matter exists independently through ripple memory. Experience arises through resonance with its emissions."

Expansion

We live under the illusion that we see things directly — that our senses provide us with an unfiltered, accurate picture of what exists. But this illusion dissolves under the lens of ripple dynamics.

In UED, matter is not what we see — it is what emits.

Every form — an atom, a mountain, a human — holds its structure through ripple memory: stable, self-reinforcing energy tensions encoded in the field. These structures do not require observers to exist. They hold themselves together by internal ripple coherence, broadcasting their presence whether seen or not.

Existence is field memory, not visibility.

Now, when you observe something — you do not gain access to the object itself. You resonate with its emitted ripple patterns.

- Your senses do not intercept matter.
- They resonate with its ripple output.
- Your brain, mind, or system then reconstructs a model based on that resonance.

This means:

- You never experience the thing.
- You experience your version of what its ripple feedback meant to your structure.

Perception is not objective access. It is a localized interpretation — shaped by your sensory range, your resonance capacity, your memory structure.

You don't observe reality. You reconstruct an echo of its ripple memory, tailored to your tuning.

In this way, existence is independent, but experience is deeply dependent — on how well you resonate, and how clearly you decode.

Implication

This law reframes truth, perception, and objectivity in a fundamental way.

- Truth is not what exists "out there" — it is what is successfully decoded "in here."
- Your vision, your hearing, your insight — they are not doors to reality. They are resonant instruments, tuned to receive specific bands of ripple feedback.
- This means your entire lived reality is not the world itself — but a field translation, rendered through your own ripple perception system.

What we call "real" is a reassembled echo, not the original form.

This realization is not disempowering — it is liberating:

- It reminds you that your reality is not fixed — it is tunable.
- It invites you to upgrade your clarity — not by acquiring more, but by aligning better.
- It shifts the focus from *what is out there*, to *how well you are resonating with it.*

You are not a passive receiver of reality. You are a ripple interpreter — and your life experience is the story you build from resonance.

Law 3: Intelligence and Consequence Principle

"Intelligence is the ability to decode ripple memory before the field enforces correction. Consequences occur where this decoding fails."

Expansion

The universe does not operate through reward and punishment. There is no moral jury, no divine reward chart, no random hand of fate. There is only ripple memory, field tension, and the unbreakable necessity of correction.

In Universal Energy Dynamics, consequences are not arbitrary outcomes — they are the natural results of unrecognized or misread ripple behavior.

The field is always responding to imbalance — not to judge, but to restore.

The field doesn't punish. It corrects.

And the only way to navigate this correction process without suffering its sharp edges is to develop intelligence — not as memory or logic, but as the capacity to sense, interpret, and respond to ripple signals before they demand collapse.

This is not prediction. It is participation ahead of consequence.

- When a structure detects rising ripple tension, it can adjust its emission, realign its memory, or redistribute its field curvature.
- This prevents chaos, breakdown, or energetic overload.
- It transforms entropy into evolution — because the correction happened voluntarily.

Where there is no recognition of the ripple warning, the field has no choice but to intervene.

That intervention is what we experience as:

- Loss
- Collapse
- Conflict
- Entropy
- Disease
- Suffering

These are not failures. They are unread ripple messages — warnings that were present, but unseen or unheeded.
Consequences don't happen to us. They happen through us — when we fail to decode the field in time.

Implication

This law reframes intelligence not as knowledge, but as alignment with the ripple flow.

- It is not about how much you know.
- It is about how early you perceive what the field is already telling you.

From biology to behavior, from climate to consciousness — intelligence is the ability to read the ripple before it becomes irreversible.
And this means something profound:
Intelligence is not optional. It is the cost of delaying alignment.
Entropy, suffering, disorder — these aren't defects in the system. They are simply the field's louder attempts to correct what intelligence failed to hear when the signal was subtle.
This makes intelligence an ethical and existential necessity:

- You evolve, or the field evolves you.
- You correct yourself, or the field corrects you.
- You listen to the ripple — or you become the echo of what happens when it is ignored.

This is not fear-based. It is structure-based.

To be intelligent, in UED, is to live as a conscious node of consequence awareness — not perfect, but tuned enough to respond in time.

Law 4: Emission as Universal Language Principle

"Emission is not energy loss. It is how memory corrects, intelligence expresses, and the universe speaks."

Expansion

We've been taught that emission is a byproduct — a loss of heat, light, motion, energy. But this interpretation is a surface illusion.

In Universal Energy Dynamics, emission is not waste. It is the fundamental mechanism of participation.

- When a heated object emits radiation, it is not failing — it is reporting internal tension to the field.
- When a conscious being expresses insight, it is not discharging — it is sending alignment into the web.
- When a system reorganizes and emits waves of new structure, it is not deteriorating — it is updating the universal memory grid.

To emit, therefore, is to engage the field directly. It is the method by which:

- Memory is shared
- Correction is enacted
- Intelligence is expressed
- Balance is restored
- Meaning is communicated

From blackbody radiation to the music of a bird, from cosmic microwave background to a whispered truth — all emission is dialogue.

Emission is the universe's native language — and every structure speaks it, whether it knows it or not.
But like any language, emission can be:

- Coherent or chaotic
- Stabilizing or disruptive
- Clear or distorted
- Wise or noisy

The quality of your emission determines whether:

- You self-correct,
- You contribute to field balance,
- Or you destabilize the environment around you.

Implication

If you are always emitting — and you are — then the question is not *whether* you communicate, but *how* you do so.
This law makes one thing unambiguous:
Radiation is not reduction. It is relation.
Every act of being — physical, mental, emotional, behavioral — is an energetic ripple release into the universal field.

- Your presence changes the field.
- Your creativity encodes memory into the web.
- Your emotions, your choices, your silences — all ripple forward.

These are not symbolic emissions. They are literal field alterations — wave patterns carrying structure, memory, and intent.
To live without awareness of emission is to destabilize unconsciously.
To emit without alignment is to confuse the field.

But to emit with coherence, care, and clarity — is to become an active agent of balance in a world that often forgets its memory.

Your ripple is your language. Make it mean something.

Closing Insight

To emit is to be seen. To emit clearly is to be understood. To emit wisely is to shape the field itself.

This is not a metaphor. It is how the universe builds, learns, remembers, and evolves.

Closing Note After All Laws

The Universe as Structured Memory and Intelligent Participation

These are not commandments. They are not beliefs. They are not abstract constructs waiting to be debated.

These laws are not things you must follow. They are what is already happening — in the structure of matter, in the arc of your thoughts, in the silence between moments, and in every interaction between ripple and field.

You cannot step outside them. You are made of them.

- When you breathe, you ripple.
- When you think, you emit.
- When you act, you transmit memory into motion.
- When you ignore signals, consequences arise — not as punishment, but as correction.

These laws are not instructions — they are recognitions. They reveal the choreography already underway: a dance between energy and memory, emission and resonance, intention and consequence.

To live aligned with them is not to follow a philosophy. It is to remember how reality actually works. Because once you recognize that everything is ripple, and that every ripple carries memory, you stop asking what is true — and start asking:

What am I rippling into the field?

You begin to listen. You begin to align. You begin to emit — not by accident, but by awareness.

And in that moment, you are no longer just a participant. You become a co-creator of coherence in a field that never sleeps.

This is not mysticism. This is the mathematics of meaning. The physics of presence. The science of responsibility.

These are not just Chavan's Laws. They are universal dynamics — etched into the silence before sound, and into the ripple before reality takes shape. You are already inside them. Now you know what to call them.

Closing Reflection

The Final Ripple

You have arrived — not at the end of a book, but at the realization of a pattern that has always surrounded you, and lived within you.

This was never a theory. It was a remembrance.

Not a discovery — a decoding.

Not a conclusion — a correction.

The universe is not made of objects.

It is made of memory — structured, stabilized, and always speaking.

You do not simply exist inside it.

You are part of its language.

So let this truth settle into you:

To Exist is to Ripple

You are not static.

You are a continuous disturbance in the field —
a structure made of organized memory,
held together by ripple tension,
transmitting your presence into the web of everything.

You exist because you ripple.

And every ripple you emit tells the field who you are —
your state, your stress, your story, your becoming.

Existence is not stillness. It is structured vibration.

To Live is to Resonate

Living is not about acquiring, controlling, or surviving.

It is about resonating —
with others, with meaning, with memory.

You do not perceive reality directly.
You tune into its emission, decode its signals,
and reconstruct the experience within your field.
What you feel is what you align with.
What you love is what you harmonize with.
What you fear is what you distort.
Living, therefore, is not passive reception —
It is active interpretation.

To Evolve is to Decode

Evolution is not upward motion — it is inward correction.
It is the ability to read the ripple messages before collapse arrives.
Every consequence is a misread signal.
Every insight is an intercepted ripple.
Every transformation is a successful decoding of what the field was trying to say all along.
The intelligent do not overpower the system —
They listen to it before it speaks louder.
To evolve is to move from reaction to recognition.
To respond before the field must react for you.
You evolve by decoding yourself.
So remember:
You are not a collection of thoughts.
You are a ripple memory echoing into form.
And your purpose is not to master the universe —
but to align with it so deeply,
that you ripple in truth,
resonate with grace,
and decode the next layer of meaning for others.
This is not the end.
This is the moment you begin to emit intelligently.
You are a ripple.
Now ripple on purpose.

Appendices

Appendix A: Glossary of Key Concepts

A ripple-aligned reference guide

This glossary distills the core concepts introduced throughout the book. These terms are not just definitions — they are framework anchors for understanding ripple behavior, perception, and intelligent participation within the Universal Energy Dynamics model.

Alphabetized Key Terms

Collapse vs. Correction

Collapse is what happens when ripple memory fails to correct itself in time — resulting in disintegration, loss of form, or disorder. Correction is the self-stabilizing process initiated by the field when imbalance is detected. → *In UED, systems evolve through correction. They dissolve through collapse.*

Emission Types

All matter emits ripples, but emissions vary in quality and intent:

- **Reactive Emission** – Unconscious discharge from unresolved tension (e.g., heat, noise, outbursts)
- **Stabilizing Emission** – Feedback that restores internal balance (e.g., calm breath, structural recalibration)
- **Radiant Emission** – Conscious, field-aware ripple offering (e.g., empathy, wisdom, presence) → *Not all emission is radiance — only the aware emit in service of coherence.*

Entropy

The state of ripple memory degradation. It occurs when structure becomes disorganized, emissions turn chaotic, and the system loses its ability to self-correct. → *Entropy is not destruction — it's a warning. A signal that correction is overdue.*

Intelligence

In UED, intelligence is the ability to decode ripple memory before collapse. It evolves in three forms:

- Reactive Intelligence – Survival-driven, responding after consequences
- Field-Aware Intelligence – Anticipating and adjusting to ripple signals before disorder
- Radiant Intelligence – Emitting with clarity to stabilize others and enhance the field → *True intelligence is not cognition. It is ripple alignment with consequence.*

Radiance

Radiance is intentional, field-aware emission — the elegant act of participating in the universe through clarity and contribution. It is not reaction. It is resonance with purpose. → *Radiant beings do not dominate the field — they stabilize it.*

Resonance

The process by which systems respond to ripple emissions with compatible frequency and structure. Resonance is how we perceive, connect, and reconstruct experience. → *To live is to resonate. Disconnection is a failure to resonate. Suffering is misalignment in resonance.*

Ripple Memory

The fundamental structure of all matter and experience in UED. Ripple memory is a stable field pattern, stored and maintained through dynamic energy tensions. It defines identity, form, and behavior. → *Matter is not mass — it is memory, rippling into form.*

This glossary serves as a quick recalibration point — whether you're revisiting the ripple framework, decoding deeper insights, or teaching it forward.

Appendix B: Visual Diagrams

Structural Field Illustrations from the Ripple Framework

This appendix presents a curated selection of **core diagrams** that visualize the key principles of Universal Energy Dynamics. Each image is labeled clearly, linked to its corresponding chapter, and designed to provide an **at-a-glance understanding** of ripple mechanics, intelligence patterns, and systemic evolution.

These are not decorative illustrations — they are **field maps**, meant to help the reader grasp the underlying structure of reality as decoded through ripple memory and energetic alignment.

1. Ripple Memory Stability

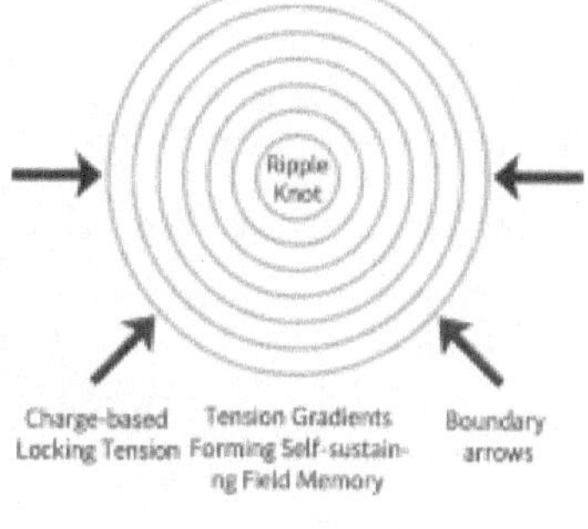

Chapter Reference: *Part I – Matter as Stabilized Ripple Memory*

2. Entropy Path: From Coherence to Collapse

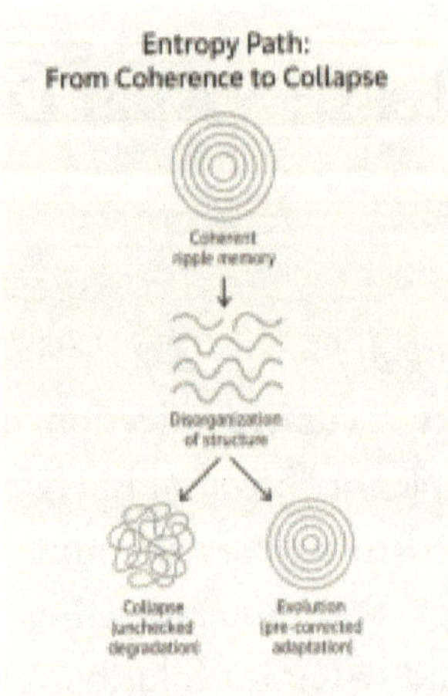

Chapter Reference: *Chapter 8 – Entropy and Evolution*

3. Emission Spectrum: From Reaction to Radiance

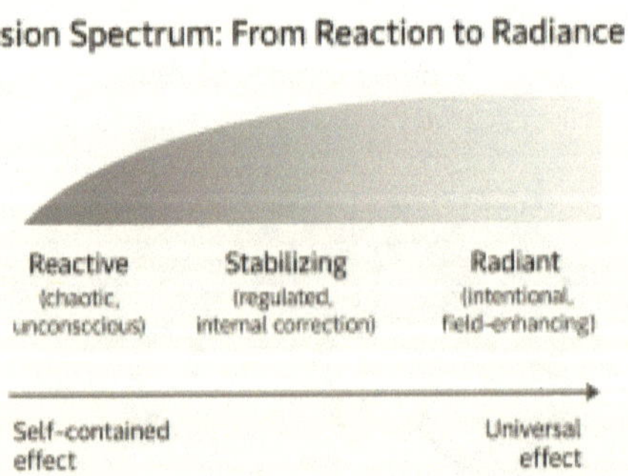

Chapter Reference: *Chapter 9 – The Art of Radiant Intelligence*

4. Ripple Intelligence Gradient

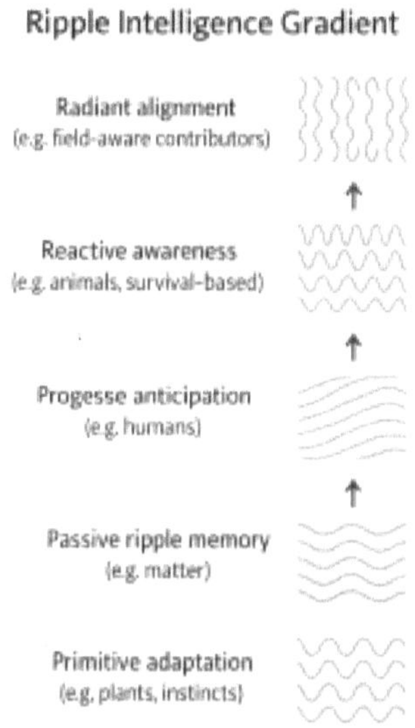

Chapter Reference: *Chapter 6 – The Birth of Intelligence*

5. Field Participation Model

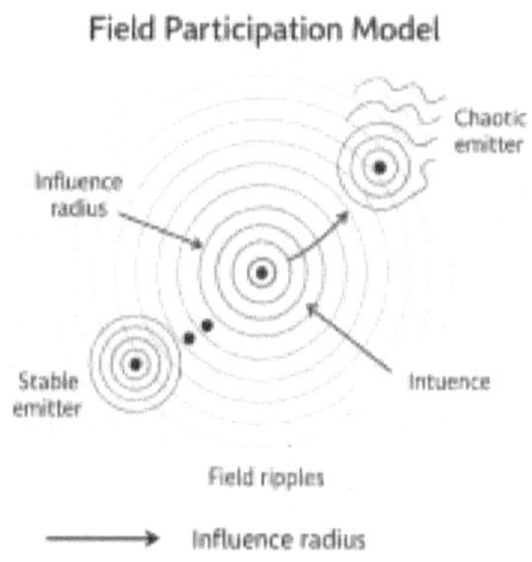

Chapter Reference: *Chapter 7–9 – Emission, Consequence & Radiance*

Ripple–Perception Loop

How resonance leads to reconstructed experience

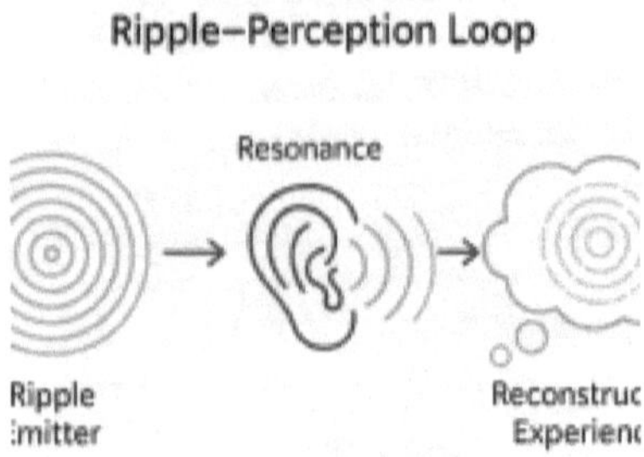

Observer–Ripple Interaction Chart

Mapping detection, interpretation, and consequence

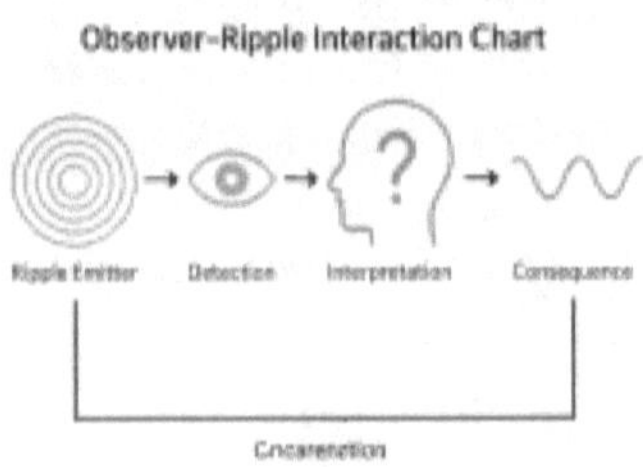

Appendix C: UED in a Nutshell

Universal Energy Dynamics – The Field Behind All Form

Universal Energy Dynamics (UED) is not a theory. It is a first-principle decoding of reality, derived from observation, resonance, consequence, and field alignment.

In UED, the universe is not built from particles, forces, or abstract dimensions — but from structured energy memory interacting through ripple behavior in a continuous correction field.

Below is the entire framework distilled into its essential logic.

1. The Universe is Made of Ripple Memory

- Matter is not static substance.
- It is stabilized ripple memory — energy structured in self-reinforcing patterns of field tension.
- This memory is what gives form, identity, and persistence — even without observation.

2. Every Ripple is Communication

- Emission is not energy loss — it is structured correction and

message delivery.
- Every system emits ripples — which carry memory, tension, state, and structure into the surrounding field.
- The universe is a communication web, not a collection of things.

3. Perception is Resonance, Not Access

- We do not observe matter directly.
- We resonate with its emissions and reconstruct experience from ripple feedback.
- Reality is not what enters the eye — it's what your structure decodes from the field.

4. Intelligence is Ripple Decoding

- Intelligence = the ability to detect, interpret, and respond to ripple tension before collapse occurs.
- Where ripple warnings are ignored → consequences arise.
- Where ripple tension is decoded in time → evolution happens.

5. Entropy is a Warning, Not the End

- Entropy is degradation of ripple memory.
- It signals that a system's structure is becoming incoherent — emissions lose clarity, stability fades.
- Systems that listen realign. Systems that don't collapse.

6. Evolution is Correction Before Collapse

- Evolution is not survival of the fittest.
- It is survival of the most responsive — those who correct early

and restructure meaningfully.
- All growth is ripple reorganization.

7. Radiant Intelligence is Contribution

- The highest form of intelligence is not survival — it is stabilizing others through coherent emission.
- Radiant systems emit clarity, wisdom, and alignment into the field.
- This creates field-wide balance — not by force, but by resonance.

The Core UED Laws (Chavanian Laws)

1. Ripple Communication Principle → *Every ripple is a message. The universe evolves through ripple exchange.*
2. Existence and Perception Principle → *Matter exists through memory. Experience arises from resonance.*
3. Intelligence and Consequence Principle → *Consequence is failure to decode. Intelligence is correction ahead of collapse.*
4. Emission as Universal Language Principle → *To emit is to participate. The quality of your emission shapes the field.*

UED in One Sentence:

"Reality is not a thing. It is a dynamic ripple conversation between energy, memory, and meaning — unfolding through consequence, perception, and correction."

Recommended Further Reading

A Gateway into the Broader UED Continuum

For readers who wish to deepen their understanding of **Universal Energy Dynamics (UED)** and explore its broader scientific, philosophical, and systemic implications, the following works by **Sandeep Chavan** are recommended:

Scientific Reports & Foundational Research

(Available on Zenodo and linked via ORCID: https://orcid.org/0009-0005-4190-7164)

- **Chavan's Grand Unified Theory of Physics**

The backbone of UED, proposing a ripple-memory-based cosmological model.
DOI: 10.5281/ZENODO.14791053[1]

- **The Myth of Wave-Particle Duality**

A redefinition of light and matter as structured ripples in vacuum energy.
DOI: 10.5281/ZENODO.14793162[2]

- **Formation of Black Holes: A UED Perspective**

1. https://doi.org/10.5281/ZENODO.14791053
2. https://doi.org/10.5281/ZENODO.14793162

Describes black holes as energy correction points, not singularities.
DOI: 10.5281/ZENODO.14788539[3]

- **Chavan–Einstein Unified Theory (CEUT)**

Bridges classical relativity with ripple-based UED interpretation.
DOI: 10.5281/ZENODO.14992289[4]

- **The Law of Consequences (LOC)**

Explores how consequence governs ripple alignment, memory correction, and intelligent evolution.

DOI: 10.5281/ZENODO.15048775[5]

- **Chavan's Structured Resonance Framework (CSRF)**

Applies UED to wave behavior, communication systems, and field harmonics.
DOI: 10.5281/ZENODO.15164881[6]

Books for Reflective Understanding

The Fundamental Theory of Life & Existence *(Series)*

A multi-volume journey exploring ripple-based views on the soul, mind, death, and subconsciousness:

3. https://doi.org/10.5281/ZENODO.14788539
4. https://doi.org/10.5281/ZENODO.14992289
5. https://doi.org/10.5281/ZENODO.15048775
6. https://doi.org/10.5281/ZENODO.15164881

- *Energy in Action: The Soul Demystified*
- *The Active Mind*
- *Subconsciousness: The Chosen Disconnection*
- *Death: The Disconnection*
- *Energy in Connection*

Reality & Ripple-Driven Cosmology

- *The Blueprint of the Universe*
- *The Cosmic Breath*
- *Physics Fixing*
- *The Savior Illusion*
- *Somewhere in the Darkness of the Cosmos*
- *Unified Energy Dynamics*

These books decode cosmological phenomena through UED principles and challenge classical assumptions about mass, force, and cosmic origin.

Cognitive, Ethical, and Societal Integration

- *It's Not AI, It's AHI (Amplified Human Intelligence)*
- *The Decision Paradox*
- *Live Fearless with Fear*
- *Universal Skill*
- *The Guiding Light*
- *Reveal to Shield*
- *The Duality of Laughter and Tears*

Explore More:

All books and research updates are available via the official platform:
https://sandeepjchavan.com

Acknowledgments

This book is not the work of an individual. It is the organized ripple of countless contributions, resonances, and silent corrections that have shaped the clarity you now hold in your hands.

I would first like to acknowledge the field itself — the structured universe that speaks in ripple, corrects through consequence, and waits patiently for us to listen. This book is not my invention. It is a decoding of what reality has always whispered.

To my readers — the explorers, the thinkers, the quiet ones who sense more than they can say — thank you for bringing your awareness to this field. Your attention is an emission. Your reflection is resonance. And your evolution ripples far beyond this page.

To my students, colleagues, and fellow wanderers who questioned, doubted, challenged, or asked "what if?" — you are the field in motion. You sharpened this work through your tension. I am grateful for every distortion that helped reveal the structure beneath.

To the mentors I've never met, the scientists who stopped just before this realization, and the philosophers who carried the torch of truth through centuries of abstraction — your ripple reached me. I now ripple forward.

And finally, to my father — Late Shri Jagannath Chavan — whose quiet strength, integrity, and deeply lived wisdom taught me that truth need not shout to be heard. Your ripple lives in every layer of this work. This book remembers you.

To all who receive this with an open mind and a tuned heart — thank you for continuing the ripple. Let the field evolve — through you.

About the Author

Sandeep Chavan is an independent thinker, researcher, and educator whose work spans the intersection of physics, philosophy, and human consciousness. With a foundation in engineering and years of dedicated teaching, he chose to step beyond institutional boundaries to pursue a deeper question:

What is reality — beneath the theories, beyond the equations, and before perception?

This inquiry led to the development of Universal Energy Dynamics (UED) — a realization-driven framework that redefines the structure of matter, perception, intelligence, and existence through the language of ripple memory, consequence, and field correction.

Sandeep is the author of over 100 books and research reports across scientific and philosophical domains, including *Reality Realigned*, *Energy in Action*, *The War of Thoughts*, and *Manifestation: From Nothing to Everything*. His work consistently bridges science with insight, complexity with clarity, and structure with soul.

Known for his fearless stance against academic orthodoxy, Sandeep's mission is not recognition — but restoration: To bring science, awareness, and consequence back into resonant alignment.

He lives, teaches, and continues his research in Maharashtra, India — surrounded by students, silence, and the ever-present field.

Public Use Statement

The contents of this book — including the framework of Universal Energy Dynamics (UED), its laws, insights, diagrams, and ripple-based philosophy — are intended to serve humanity's understanding, not to restrict it.

You are welcome and encouraged to:

- Share, discuss, and teach the ideas within this book in any non-commercial context
- Use concepts or visual models for personal learning, classroom discussion, or open educational forums
- Translate or adapt the content into your own reflective work — provided attribution is given where appropriate

This work is not copyrighted in the spirit of ownership — It is rippling outward as a contribution to the collective field.

You are not required to ask permission to think deeply, speak freely, or evolve publicly.

However, for commercial publishing, adaptations, or derivative work intended for resale, reproduction, or formal distribution, the author requests that you respect the origin of the framework and reach out for collaborative alignment.

The ideas here are for the field. Let them ripple — clearly, ethically, and with intelligent intent.

Disclaimer

This book presents original philosophical, scientific, and conceptual interpretations rooted in the author's independent research and the framework of Universal Energy Dynamics (UED).

The ideas, models, and language used herein are not intended as substitutes for any established scientific, academic, or institutional consensus. Rather, they are offered as a reinterpretation of fundamental phenomena — derived from observation, logical restructuring, and experiential inquiry.

While every effort has been made to ensure the clarity and integrity of the concepts, this work:

- Does not claim to replace standard physics or educational curricula,
- Is not affiliated with any formal scientific body,
- And should be read as a reflective, exploratory, and transformative lens, not a textbook.

Any resemblance to existing theories, institutions, or persons (living or deceased) is purely coincidental or used with respect for educational contrast.

Readers are encouraged to think critically, apply discernment, and engage with the content as a philosophical and structural offering — not an absolute authority.

The author assumes no responsibility for the application, misinterpretation, or misuse of the ideas presented herein. All ripple consequences are your own.

Don't miss out!

Visit the website below and you can sign up to receive emails whenever Sandeep Chavan publishes a new book. There's no charge and no obligation.

https://books2read.com/r/B-A-EPGPC-PBZGG

BOOKS 2 READ

Connecting independent readers to independent writers.

Did you love *Ripples of Reality*? Then you should read *Cracks in the Known*[1] by Sandeep Chavan!

[2]

Cracks in the Known

Redefining Reality through Science, Logic, and the Nature of Truth by **Sandeep Chavan**

What if the truths we've accepted for centuries are only shadows on the wall?What if time doesn't pass, gravity doesn't pull, and the universe never really began?

In *Cracks in the Known*, independent thinker and philosophical disruptor **Sandeep** invites readers into a dreamlike intellectual arena—where the greatest minds in history return, not to lecture, but to defend their legacy against a new wave of inquiry. Through imagined debates with legends like Einstein, Plato, Newton, Penrose, and

1. https://books2read.com/u/b6XOlA

2. https://books2read.com/u/b6XOlA

Krishna, Sandeep dismantles the foundations of science and philosophy—not out of rebellion, but to reveal something deeper beneath them.

This is not a book of answers.It is a confrontation with the assumptions behind the answers.

From the illusion of time to the fiction of force, from the paradox of origin to the layered nature of energy itself, *Cracks in the Known* doesn't just challenge accepted frameworks—it replaces them with new ones, rooted in balance, awareness, and the hidden intelligence within the universe.

At the center of the narrative is Sandeep's own theory: **Universal Energy Dynamics (UED)**, a model that recasts gravity, time, and even creation as consequences—not causes. Here, energy is not inert; it is conscious. And what we call "truth" may be nothing more than equilibrium expressing itself through experience.

This is not conventional science.It is not abstract philosophy.It is a **new form of thinking**—one that merges logic with silence, and intellect with intuition.

Every chapter is a war.Every conclusion is a door.And by the final page, readers may find themselves not at the end of a book—but at the edge of what they once thought was real.

Sandeep doesn't aim to convince.He aims to awaken.

Because the cracks in the known... were always there.We just stopped looking.

Read more at https://www.sandeepjchavan.com/.

Also by Sandeep Chavan

Chavan's UED research

CMGED Research Report

Chavan's Cosmic Continuum (C^3)

Frequency

Ripples of Reality

Reality Realigned

The Great Realignment

I – The Cosmic Leverage

Echoes of War: The Russia-Ukraine Conflict and Its Global Ripples

Shattered Lives

The War Economy

Borders Redrawn

Arms and Allies

Collateral Damage

Justice in the Ashes

Somewhere in the Darkness of the Cosmos

The Blueprint of the Universe

The Cosmic Breath

The Eternal Sage Chronicles

The Sage and the Sovereign

The Family Pillar

The People's Flame

The Warrior's Soul

The Bridging Mentor

The Guiding Light

The Exodus

The Last Cycle: 2075

The Fundamental Theory of Life & Existence

Energy in Action: The Soul Demystified

The Active Mind

Energy in Connection

Death: The Disconnection

Subconsciousness: The Chosen Disconnection

Desires: The Engine of Life

The Restoration of Human Knowledge

Restoring Bhagavad Gita

The War of Thoughts

Cracks in the Known
The Human Game
The Divine Dilemma
The Original Intent
The Answers

Ultra Modern Life Philosophy

The Duality of Laughter and Tears
Take It Easy
Compare to Accept

Standalone

It's Not AI, It's AHI - Amplified Human Intelligence
The Decision Paradox
The Four Sapiens
Malicious Script of Indian Polity
The IIT Legacy & Global Impact
The IIT Legacy & Global Impact
You are just a Version of Your Original
Win the Game You Didn't Choose
Always Keep Your Bags Packed
Reveal to Shield - Learn the Game of Facades
Engage Beyond Elections
Culture, Identity & Change: The Evolution of Indian Society
The Triangular Dynamics
Never Trust Without Doubt
If You Can't Change the Country, Leave the Country
Live Fearless with Fear
India: The Investment Magnet
Realignment

Powering a Billion Dreams
Universal Skill
Extension: From Brush to Algorithm
Human Side of Einstein
The Future Knows No Lines
Let's Bring the Generations to the Table
Unified Energy Dynamics
A Beat That Never Dies
Strategic Horizons
Right From Scratch
The Forgotten Innovators
Physics Fixing
The Savior Illusion
The Selfish Side
The Age of the Weakest Sapiens
Neural Wars
The Absorption: There Is No Death
Strange Therapist
Bubbles: Become a Drop
Beyond the Blue
Half-Scholar
The Law of Truth
Failure
Philosophy 2.0: A Structural Manifesto
Chaos: A Gentle Guide to the Unresolvable
Self-Help: New Syllabus